# 时空胶片

## 星座漫游指南

李德范 · 著

COSMIC ATLAS

AN OVERVIEW OF THE CONSTELLATIONS

北京时代华文书局

**图书在版编目（CIP）数据**

时空胶片 / 李德范著 . -- 北京 : 北京时代华文书局 , 2020.1
ISBN 978-7-5699-3368-0

Ⅰ . ①时… Ⅱ . ①李… Ⅲ . ①星座－普及读物 Ⅳ . ① P151-49

中国版本图书馆 CIP 数据核字 (2019) 第 285269 号

**时 空 胶 片**

ShiKong JiaoPian

著　　者 | 李德范

出 版 人 | 陈　涛
选题策划 | 高　磊
责任编辑 | 赵　岩　高　磊
装帧设计 | 孙丽莉　迟　稳
责任印制 | 刘　银　范玉洁

出版发行 | 北京时代华文书局 http://www.bjsdsj.com.cn
北京市东城区安定门外大街 136 号皇城国际大厦 A 座 8 楼
邮编：100011　电话：010 - 64267955　64267677
印　　刷 | 北京富诚彩色印刷有限公司　010-60904806
（如发现印装质量问题，请与印刷厂联系调换）
开　　本 | 787mm×1092mm　1/16　　印　　张 | 17　　字　　数 | 180 千字
版　　次 | 2020 年 4 月第 1 版　　印　　次 | 2020 年 4 月第 1 次印刷
书　　号 | ISBN 978-7-5699-3368-0
定　　价 | 128.00 元

前言

# 我们的征途是星辰大海

灿烂的星空是最宝贵的自然遗产，人们只要有机会看上一眼，就会被它深深吸引，正如德国哲学家康德的那句名言：

世界上有两样东西能够深深震撼人们的心灵，一样是心中崇高的道德准则，另一样是头顶上灿烂的星空。

从宇宙孕育而出的人类，对星空有着与生俱来的好奇，每个人都渴望在星辰大海中遨游，却难得其门而入，本书可以帮助你简单快捷地实现这个愿望。它具有以下特点：

第一是实用性。它以每个季节最容易辨认的亮星为主线，这些星即使在现代城市里，也不难看到。读者在每个晴朗的夜晚都可以很方便地认星，不需要跑到荒郊野外。

第二是通俗性。本书的主要阅读对象不是发烧级的天文爱好者，而是广大少年儿童和家长们，书中有星星的传说故事、历史典故，兼具科学与人文。

第三是通史性。星座关联着重大天文事件，比如第一张黑洞照片在哪个星座？天关超新星爆发在哪个星座？最遥远的宇宙图景——哈勃超深空在哪个星座拍摄？当读者在星座间轻松漫游的时候，不经意间就串起了人类探索宇宙的历史，宇宙的轮廓也就渐渐清晰了。

愿此书伴随读者朋友们畅游神奇的星辰大海。

李德范

2020年1月

# 第一部分

# 宇宙图景

每一颗星星都是一个时空穿梭机。

# 永恒的画卷

## 仰望星空的故事

2500 多年前的一个夜晚，天空晴朗，繁星密布，哲学家泰勒斯走在旷野的一条小路上，时而停下来仰望一下星空。他用目光快速在星空扫过，一下子便看到了醒目的北斗七星，他利用北斗七星定了定方位，确认自己的方向感觉是对的。

泰勒斯的目光很快又被星空里一条银色的光带吸引，那是熟悉的银河，它高高升起，从东北流向西南，大十字架形的天鹅正好在银河上方，沿着银河的流向展翅飞翔。天鹅的前方，银河开始变得波澜壮阔，一个半人半马的射手张弓搭箭从东方追来，前蹄已经踏入银河，一只天蝎正竭力爬上银河西岸逃窜，它那独特的弯钩尾巴高高翘起，似乎在警告射手不要靠近。

“银河里流淌的是什么呢？”泰勒斯陷入了沉思，“水，云气，还是星星？或者，是造物主用两个半球焊接天空，留下的拼缝？”

泰勒斯一边想着，一边迈步前行，不料路上有个深坑，泰勒斯只顾看星星，一脚踩空，摔了下去。等他清醒过来，发现自己已躺在坑底，泰勒斯试了试爬不上去，就索性躺下来，看着天上的星星，沉沉睡去。

第二天早上，一个农夫从这里路过，发现了坑底的泰勒斯，很热心地把他拉了上来。泰勒斯在当地非常有名，大家都认识他，农夫困惑不解地问：“大哲学家怎么睡到坑里去了？”

泰勒斯答道：“昨天夜里，我一边走路，一边仰望星空，没有留意脚下有个坑，就摔下去了。”

农夫哈哈大笑：“大哲学家能看清天上的星星，却看不见脚下的坑。”

泰勒斯心中掠过一丝不快，没办法，燕雀安知鸿鹄之志？走自己的路，让别人说去吧。

时光荏苒，转眼过去了 1000 多年，德国哲学家黑格尔看到了泰勒斯这个故事，感慨道：“有些人不会跌倒，因为他们一直在坑里，在坑里的人也许更安全，但他们从未看到更高远的东西。”于是，黑格尔又说了下面这段著名的话：

“一个民族有一些仰望星空的人，这个民族才有希望；一个民族只是关心自己脚下的事情，这个民族是没有未来的。”

## 晶莹的天球

泰勒斯在2500多年前看到的星空，和我们现在看到的星空是一样的吗?

答案是，几乎完全一样。无论是北斗七星，还是天鹅、天蝎、人马等形象，在泰勒斯眼里，和我们眼里是一模一样的。

这就是恒星天空，千年不变的永恒画卷。

这幅恒星画卷初看上去是半球形的，就像一个张开的大伞，高高悬在大地之上，这就是中国古人的宇宙观：天圆如张盖。

作为现代人，你清楚地知道，大地在宇宙中只是一个微不足道的小球，小球的下方，还有另一半天空。这样，你就建立起了最基本的宇宙图景：

天空像一个球，一个无限大的天球，包裹在小小的地球周围，恒星就像透明球壳上镶嵌的一颗颗钻石。

## 恒定不动的星

恒星就像镶嵌在天球上!

这句话的重点是，每一颗恒星在天球上的位置是固定的，它们看起来是恒定不动的，这就是恒星这个词的含义。

繁星密布的夜空让人眼花缭乱，其实肉眼可见之星数量是很有限的，任何时候，你的肉眼在夜空里看到的星星数量，最多不过3000颗左右。

这3000颗左右只是天球的一半，还有另一半在地面以下。整个天球上的肉眼可见之星，不过6000来颗。就是它们，把夜空妆点得星光灿烂，那是宇宙赐给人类的宝贵财富。

## 星座

因为恒星天空是一幅永恒不变的画卷，人们就可以在星空里划分一个个星座。如果一组星今年看起来像只蝎子，明年看起来像条鱼，就没法划分星座了。

划分星座的事情在5000年前就开始了，它并没有多么神秘。游牧民族在旷野放羊，夜间闲来无事，就数星星玩，今天联想出这个图案，明天联想到那个图案，于是就有了星座。到公元2世纪，古希腊的托勒密就已经记录了48个星座。

1928年，国际天文学联合会开了个大会，明确了星座的数量和边界，使天空每一颗恒星都属于某一特定星座。会议确定的星座数量是多少呢?

88个!

不是12个，而是88个，这就是当今世界通用的星座体系。

# 遥远的距离

## 一把量天尺——光年

恒星为什么看起来恒定不动呢?

因为它们非常遥远。

衡量恒星的距离，必须用一个新的单位——光年，就是光走一年的距离。

光的速度是每秒钟 30 万千米，1 光年有多远呢? 计算起来很简单:

300000×60×60×24×365 ≈ 9.5 万亿千米

或者你可以简记为 10 万亿千米。

光年是一个距离单位，也是一个时光穿梭机，可以带你穿梭到很远的过去。

## 最近的恒星

在肉眼可见的约 6000 颗恒星中最近的一颗位于半人马座，也是它里面最亮的星——南门二，它与地球的距离是 4.3 光年。

南门二发出的光照射到地球需要 4.3 年时间，假如你今天晚上看到了南门二，那其实是它 4.3 年前的样子。

假如你乘坐一艘宇宙飞船去南门二，这艘飞船每秒飞行 30 千米，需要的时间是 43000 年!

地球距离太阳 1.5 亿千米，太阳发出的光照射到地球，需要的时间是 8 分 19 秒，同南门二的 4.3 年相比，简直不值一提。

地球绕着太阳的轨道，是一个直径约 3 亿千米的大圆，这在我们看来大得不可思议，但从南门二的位置来看地球轨道，就像从 4 千米之外看一枚 1 元硬币。

这样，即便地球从轨道一端走到另一端，跨越 3 亿千米的空间，相对于恒星的距离来说，也是微乎其微。

也就是说，想象中的那个恒星天球是非常巨大的，无论是地球，还是地球轨道，同恒星天球相比都微小得可以忽略不计。这个结论，早在 2000 年前的古希腊，已经被那批哲人搞得非常清楚了。

这样，处在地球上的人们看来，恒星就必然是恒定不动的了。

# 繁星的深度

恒星太遥远，人们根本看不出恒星的距离差别，因而恒星天空就像一个球面——这正是古人把恒星天空想象成一个透明球壳的原因。

天球上划定的一个个星座也只是球面上的一个个区域，只代表你眺望太空的方向。

比如，当你眺望大熊座的时候，视线投向的是北方天空的某个区域；当你眺望猎户座的时候，视线投向的是赤道上空的某个区域。

星座只能告诉你方向，无法告诉你深度。

但星空是有深度的，组成每一个星座的每一颗恒星，到我们的距离都不一样。

以猎户座为例，它有七颗亮星，分别是参宿一至参宿七，看上去远近是一样的，但这七颗星与地球的距离大不相同：

参宿一：817 光年；

参宿二：1976 光年；

参宿三：916 光年；

参宿四：500 光年；

参宿五：252 光年；

参宿六：647 光年；

参宿七：863 光年。

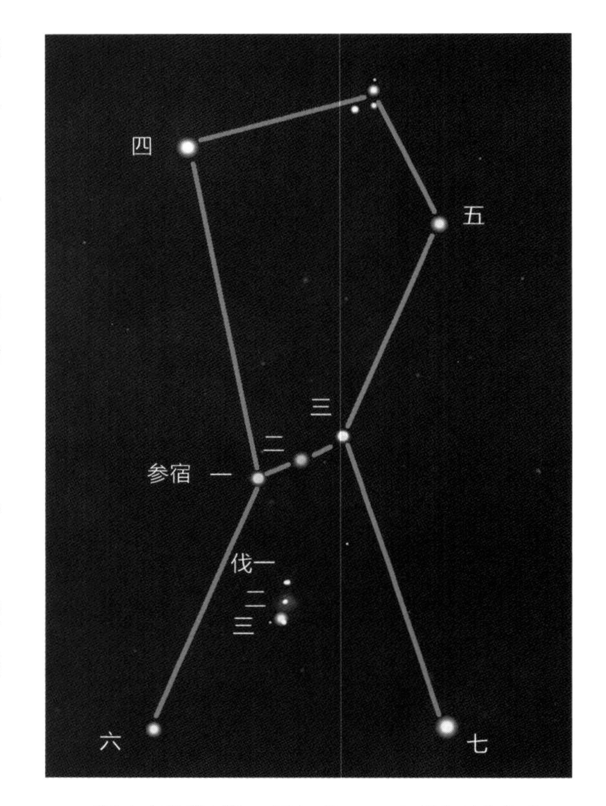


猎户腰间佩带一把匕首——三颗看起来小一点的星——伐一、伐二、伐三，这三颗星与地球的距离分别是：

伐一：884 光年；

伐二：1896 光年；

伐三：2329 光年。

人类肉眼所见的 6000 多颗恒星，绝大多数

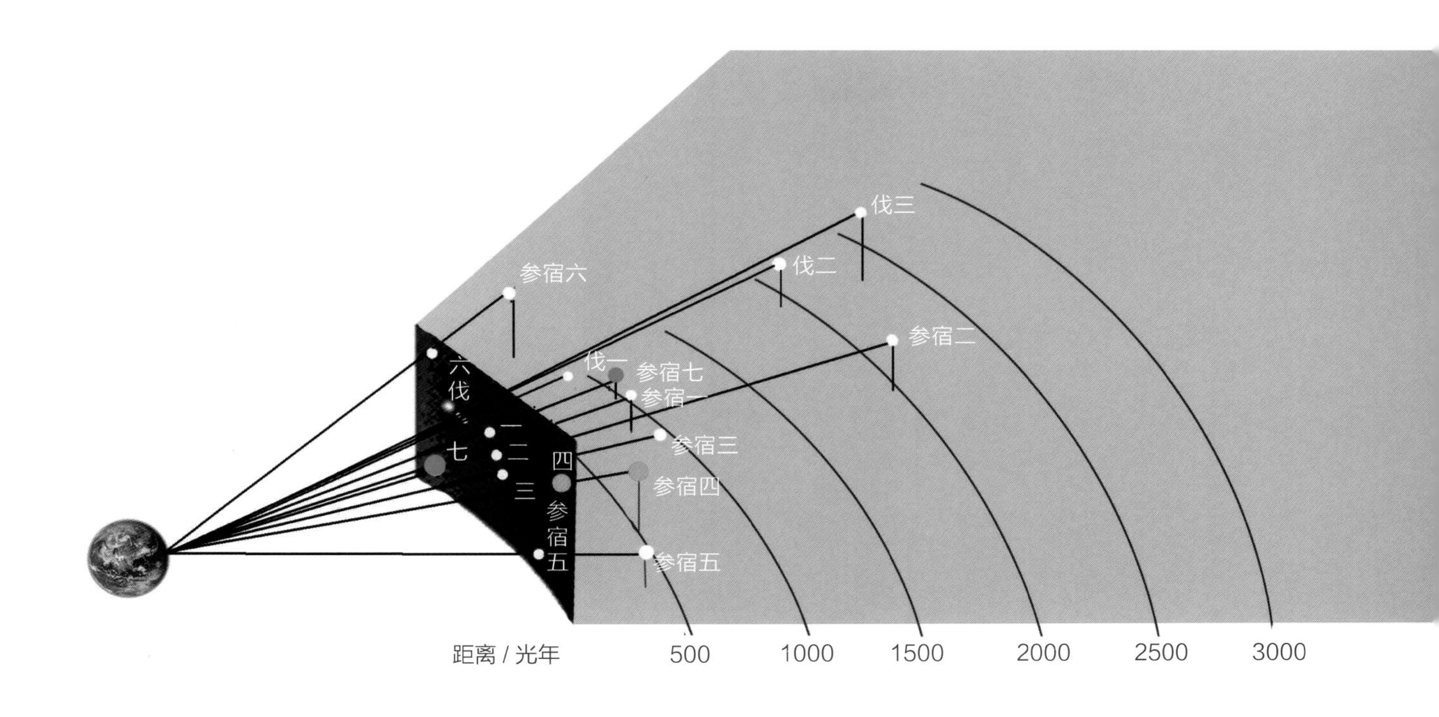


与地球的距离都在 3000 光年以内，如果把这些恒星全部拿掉，地球的夜空将暗然无光。

然而，肉眼看上去的那满天繁星，其实只是银河系的一小部分。从银河系的角度来看，无论是 4.3 光年之外的南门二，还是 1000 光年之外的参宿二、伐二、伐三等恒星，全部都是太阳系的近邻。

# 从银河系到宇宙

银河系是一个庞大的恒星帝国，其主体是一个扁平的盘状体——银盘，直径约 10 万光年。一艘每秒 30 千米的宇宙飞船，沿着直线穿越整个银盘，需要的时间是 10 亿年。

从正面看，银河系是一个巨大的旋涡，中央有一个长达 2 万多光年的棒，从棒的两端伸展出两条巨大的旋臂，两条大旋臂又有若干小的分叉。

银河系里约有 3000 亿颗恒星，太阳只是其中的一颗，它距离银河系中心约 27000 光年。

如果以地球为中心，以 3000 光年为半径在银河系作一个大球，地球夜空的满天繁星基本上都在这个球内。除了肉眼可见的约 6000 多颗星星外，这个大球里还有好几亿颗恒星，它们都是肉眼看不见的，默默无闻地潜伏在太空里。

在望远镜时代以前，人类几乎全部视线都在这个球内，所有的星空故事都在这个球内上演。

自从使用望远镜观察天空以来，人类的视线穿越天上的群星，深入到银河系内部；又穿越巨大的银盘，窥视到银河系之外。在银河系外面，是更广阔的宇宙太空，那里有无穷无尽的河外星系，银河系只是星系中的普通一个，这就是宇宙的大尺度图景。

地球夜空的满天繁星基本上都在这个蓝色小圈内，
都是太阳系的近邻。

# 两种运动

恒星非常遥远，无论地球怎样运动，对恒星天空几乎都没有任何影响，把恒星天空想象成一个静止在宇宙太空的一个大球——天球，不但很合理，而且还可以帮助人们很好地理解恒星天空的运动。

恒星天球静止不动，天球中央是微小的地球绕着太阳旋转，由于运动的相对性，站在地球上的我们就会看到恒星天空在运动了。

地球主要有两种运动，相应地，我们会看到恒星天空也有两种运动。

夜间长时间曝光拍摄的星迹，显示星空在转动

## 周日视运动

第一种运动由地球自转引起，它导致我们从地球上看去，恒星天空每天围绕地球旋转一周，这叫恒星的周日视运动。

恒星也会东升西落，这是一个常识，但现代社会里人们几乎从来不去长时间观察星空，很多人竟然不知道星星会升落。

假如你在晚上 8 点钟看到一颗恒星位于头顶正上方，明天晚上它还会运动到你头顶，时间不是 8 点钟，会提前约 4 分钟。恒星从你的头顶开始，再次运动到你的头顶，需要的时间是 23 小时 56 分 4 秒，这正是地球的真正自转周期，称为一个恒星日。

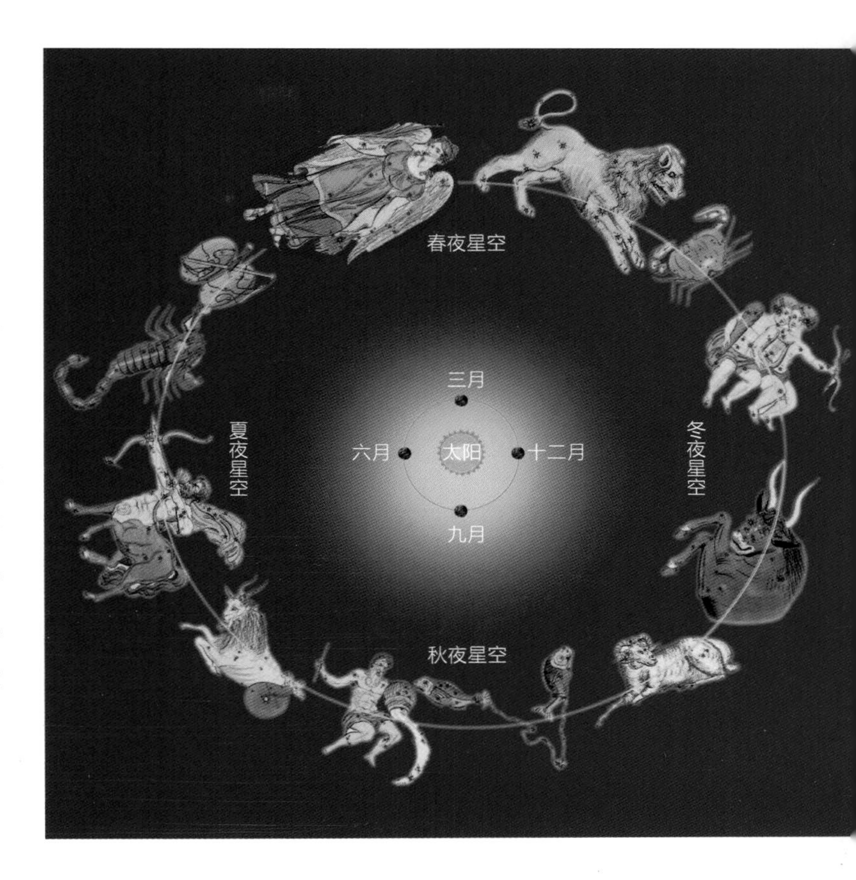


## 周年视运动

恒星天空的第二种运动由地球的公转引起。

午夜时候头顶的星空，是和太阳恰好相对的——太阳在轨道中央，头顶星空在轨道外侧。地球在轨道上前行，午夜时分，你头顶指向的星空就不断变化。地球围绕太阳一年公转一周，午夜头顶的星空也正好变化一周，这叫星空的周年视运动。

这就是四季星空变化的原理。

春天夜晚，闪耀在星空舞台中央的是巨蟹、狮子、室女等星座；夏天，则是天秤、天蝎和人马等星座；秋天换成了摩羯、宝瓶和双鱼等星座；到了冬天则是白羊、金牛和双子等。

由于地轴指向北方天空，对于中国大部分地区来说，北天极附近的一些星在一年四季中都可以看见，比如北极星和小熊星座、北斗七星和大熊星座；而南天极附近的一些星座，哪个季节也不会被看到。

我们的星座漫游将从著名的北斗七星开始，先去探访北天的星空，然后顺着地球公转轨迹，依次游历春、夏、秋、冬的星空，再接着是本地看不见的南天星空。

# 第二部分

# 北天星空

大熊座

天龙座

小熊座

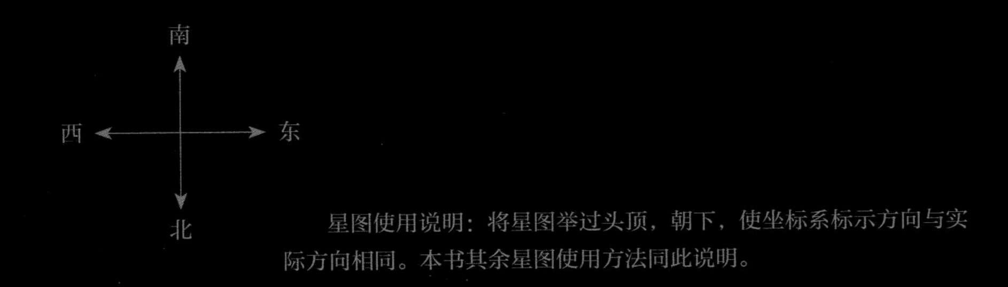


星图使用说明：将星图举过头顶，朝下，使坐标系标示方向与实际方向相同。本书其余星图使用方法同此说明。

# 巍巍北斗星

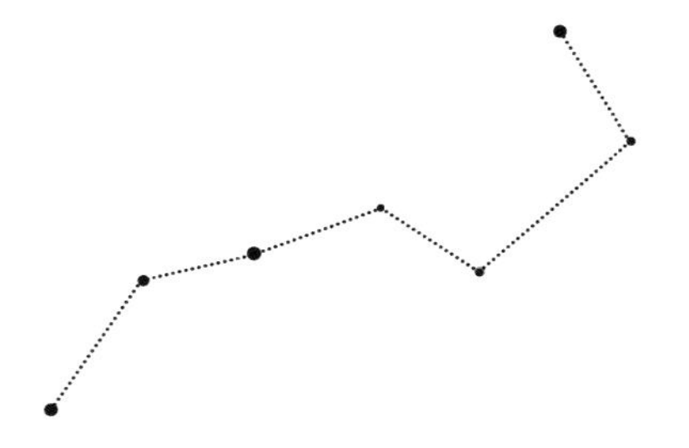

## 星空故事1

### 星陨五丈原

祁山脚下的五丈原上，秋风萧瑟，寒露凝霜，星斗高挂，银河低垂。蜀汉北伐的军营里，旌旗不动，寂静无声。

交战已经持续多日，蜀军虽多有斩获，奈何司马懿坚壁深垒，据守不战，诸葛亮无计可施，心中烦闷，加之军务繁重，渐渐积劳成疾。

一夜，诸葛亮转辗反侧，难以入眠，于是叫来大将姜维，让他搀扶着走出帐外。

抬头仰望，只见浩瀚星海中，北斗七星闪烁不定，诸葛亮忽然心中黯然神伤，回头跟姜维说道："我怕是命不久矣。我小时候从水镜先生那里学了祈禳之术，可以设坛祈禳北斗星，你可引兵护卫。若七日内主灯不灭，我可增寿十二年，否则，复兴汉室的重任就要落到你们头上了。"

于是诸葛亮在帐中地面上分布七盏大灯，按照北斗七星的位置摆放，外面又摆放七七四十九盏小灯，中央安置本命灯一盏。

姜维亲率士兵四十九人，身穿黑衣，手执黑旗于帐外守护。闲杂人等，一律不得靠近大帐，违者立斩。

每到夜晚，诸葛亮仗剑执法，按照北斗七星的阵法走来走去。几天过去，主灯越发明亮，诸葛亮心中稍安。

谁知司马懿也是能够夜观天象的人，他在营中坚守，夜来仰观天文，喜出望外，对夏侯霸曰："诸葛亮怕是快要死了。你可引一千军去五丈原骚扰蜀军，若蜀军纷乱，不出来迎战，说明诸葛亮必然病重，我们就可以乘势出击。"夏侯霸引兵而去。

第六夜，诸葛亮见主灯明亮，心中甚喜，精神焕发。姜维进帐欲禀报军情，见诸葛亮披发仗剑，按着北斗七星走阵法，只得静立一旁。正在这时，忽听得寨外呐喊，方欲令人出问，魏延飞步闯入大喊："魏兵至矣！"

魏延闯帐带来一阵急风，竟然将诸葛亮的本命灯扑灭了！诸葛亮怔了半天，扔下了手中的剑，仰天长叹：“死生有命，不可得而禳也！”

于是让姜维扶着走出帐外，仰观北斗，遥指一星曰：“此吾之将星也。”众视之，见其色昏暗，摇摇欲坠。

是夜，天愁地惨，月色无光，诸葛亮逝。

司马懿步出帐外，见一赤色大星，自东北划向西南，坠于蜀营内，隐隐有响声，于是高声惊叫：

“诸葛亮死啦！”

## 星空故事2

### 掌管生死的北斗星

北斗七星在古人心中有着极为重要的地位，甚至掌管着人的寿命，三国的另一个故事也说明了这一点。

有一个叫管辂（lù）的人，八九岁的时候，就很喜欢看天上的星星，甚至整夜不睡，是一个发烧级的天文爱好者。父母怕他睡得少，影响健康，就禁止他看星星。管辂说：“星星的出没都有规律有时间，这些家鸡野鸟都知道，人难道不应该更清楚吗？”

管辂长大后，精通天文地理，占卜看相，能够和鸟兽对话，是历史上著名的术士。

有一个叫颜超的人，请管辂相面，管辂告诉他面相不好，有夭折之相。颜超很着急，请求补救的办法。管辂告诉他，十天之后有一个机会，让他带一大包熟鹿肉和一大壶清酒，去某某山中，那儿有一片割过的麦田，麦田边有一棵大桑树，树下有两个老人在下围棋。见到这两个老人后，什么也不说，用酒肉恭敬地服侍他们。

颜超按照吩咐赶到大桑树下，果见有两个老人在那儿下围棋，颇有仙风道骨。颜超悄悄近前，将酒肉摆在两边，自己默默观棋。两个老人下棋下得入了迷，顺手端起酒就喝，摸过肉便吃，不知不觉间把颜超的酒肉吃喝光了。坐在北边的老者抬头看见了颜超，说道：“你不是颜超吗？你的寿数将尽，还来这儿干什么？”南边的老者说：“老兄，你吃喝了人家的酒肉，怎么可以这样无情呢？给人家增加几岁吧！”北边老者说道：“生死簿子都定好了，怎么增加？”

南边的老者说：“你不好意思，我替你来。”说着，他伸手从北边老人怀中抽出一个大账簿来，翻到一页，上面写道：颜超，一十九岁。于是他拿出笔来在“一”字上面加了两笔，成了“九十九岁”。后来，颜超真的活到九十九岁。

原来，坐在这里下棋的两个老人，北面的是北斗，南面的是南斗。南斗位于人马座，和北斗七星遥遥相对，古人把北斗和南斗看成掌管人生死的星官，有“南斗注生，北斗注死”之说。

## 观测指南1

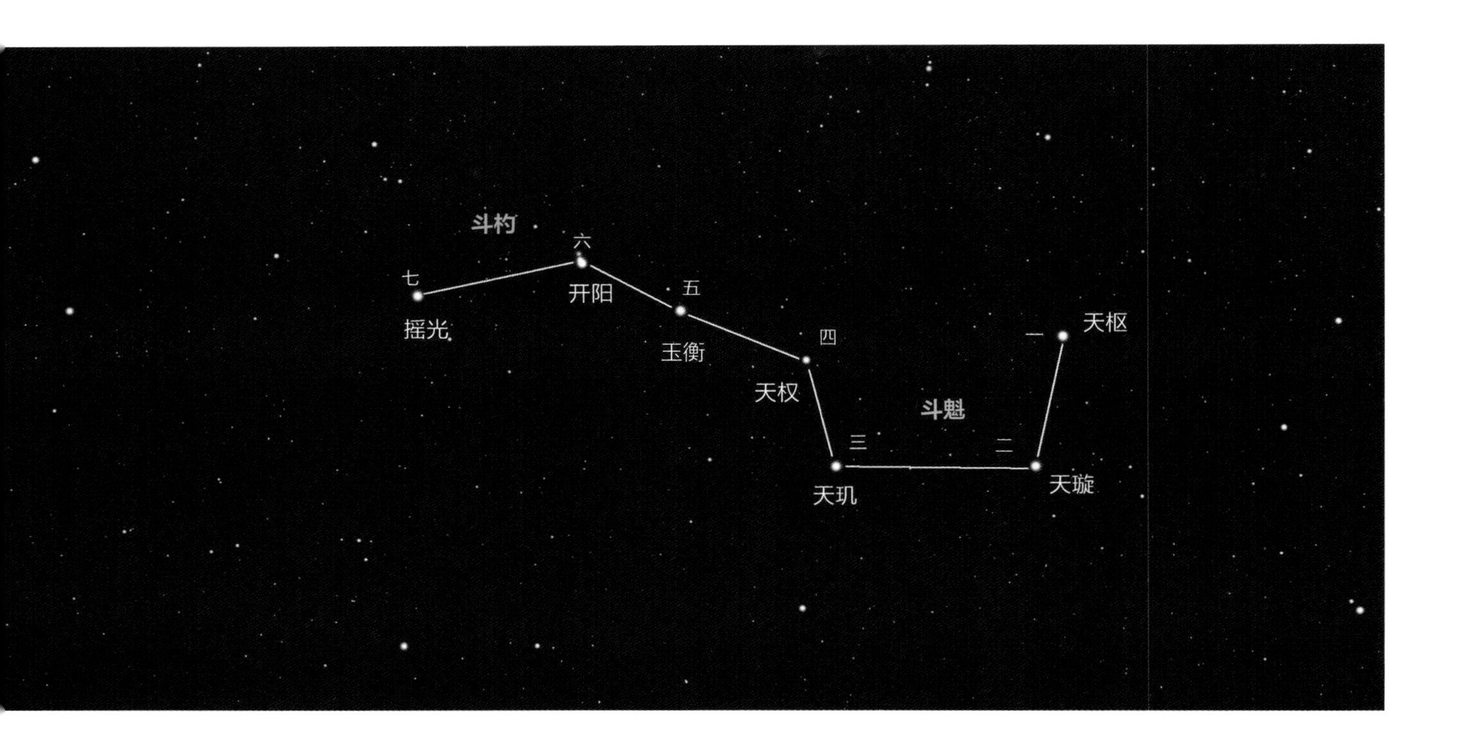


### 初识北斗星

北斗七星的形状像个勺子，所以人们又称它为“勺子星”。勺子口的四颗星分别是北斗一、北斗二、北斗三、北斗四，它们合称为斗魁。勺子把的三颗星分别是北斗五、北斗六、北斗七，这三颗星又合称为斗杓（biāo）。

七颗星中的每一颗都还有一个很好听的名字，从北斗一至北斗七依次是：天枢、天璇、天玑、天权、玉衡、开阳、摇光，从这些名字可以看出来，北斗七星在古人心目中的地位非常重要。

## 星空故事3

### 独占鳌头

北斗七星的勺口四星——斗魁，自古以来特别受到读书人的尊崇，因为斗魁是主宰人世间功名禄位的星神。

在传统的画像里，魁星神并不是一副文质彬彬的文人形象，而是一个赤发蓝面的鬼的形象，这个鬼一手握笔，一手拿着一个方形的容器，这容器象征着魁星。魁星神左脚金鸡独立，踩在海中一条大鳌头上，象征着“独占鳌头”，右脚扬起，脚上即是北斗七星。

魁星的故事，和一个古代读书人有关。这个读书人学问很好，才高八斗，出口成章，可是长相奇丑无比，满脸麻子，一只脚还瘸了。不过由于文章写得非常好，还是被一级级地考试录取，最后一直到皇帝主考的殿试。皇帝见他一瘸一拐地走上来，第一印象很不好，就问他：“你怎么走路一瘸一拐的呢？”读书人回答：“回圣上，这是‘一脚跳龙门，独占鳌头’。”

皇帝见他回答挺机敏，印象好了些，又看到他满脸的麻子，就问：“你那一脸的麻子又是怎么回事？”读书人回答：“回圣上，这是‘麻面映天象，捧摘星斗’。”

皇帝觉得此人确实有点不凡，没有嫌弃他的长相，钦点他为状元，此人就成了魁星神的原型。

## 观测指南2

### 斗柄指四方

春天是欣赏北斗七星的好时候。晚上八九点钟，你到户外观察北斗七星，发现它在东北方向高高升起，斗柄遥遥指向东方。

炎炎夏季，同样是晚上九点钟，你会发现北斗七星的位置升得更高，斗柄也指向了南方。

到了秋天晚上，你会发现北斗七星很难看到了，因为它跑到了西北的低空，很容易被树林遮挡，斗柄则遥遥指向西方。

寒冷的冬夜，北斗七星出现在北方偏东的低空，斗柄指向北方。

不同季节的晚上，斗柄的指向不一样。有一部中国古书《鹖（hé）冠子》就这样记载：

斗柄东指，天下皆春；
斗柄南指，天下皆夏；
斗柄西指，天下皆秋；
斗柄北指，天下皆冬。

## 星空故事4

### 霍去病倒看北斗

在中国大部分地区，无论春夏秋冬什么时候看，北斗七星总是出现在北方天空，它成了北方星空的代表。

西汉年间有一位大将叫霍去病，是另一位史称“不败将军”卫青的外甥。那时，北方的匈奴经常对汉朝边境进行掠夺。霍去病十八岁时就曾率兵北征匈奴，他率领八百骑兵冲入敌阵，一气斩杀匈奴兵两千多人，生擒匈奴单于的叔父，威名勇冠全军，被汉武帝封为两千五百户冠军侯。

公元前 120 年秋天，匈奴骑兵又向南进犯，深入到河北北部一带，烧杀抢掠，汉朝边民上千人死于匈奴铁骑之下。汉武帝大为震怒，决定派兵远征北方大漠，彻底消灭匈奴力量。于是，汉武帝调集骑兵和步兵几十万人，由卫青和霍去病率领，分东西两路向漠北进军。霍去病带领着一支人马，在大沙漠向北驰骋，行军两千多里，终于捕捉到敌军主力，发动了一场极其惨烈的战斗，直打得山河变色，日月无光。几天血战之后，汉军歼敌七万余名，取得大胜。霍去病又率军乘胜追击，一直追到贝加尔湖（那时称北海）附近，然后刻了一块记功的石碑，埋在那里。

晚上，霍去病在营中散步，抬头仰望满天的繁星，觉得既熟悉又有些异样。那熟悉的北斗星高高升起在头顶，倒挂在稍稍偏南的天空。霍去病甚觉奇异，就招呼将士们一同观看。生长在中原地区的将士看到如此奇异的星象，都感到惊讶和震撼。

三百多年后，时局颠倒，东汉衰弱社会动荡，才女蔡文姬被匈奴掳掠，流落塞外十二载，唐代刘商在长诗《胡笳十八拍》中感慨道：

怪得春风不来久，胡中风土无花柳；
天翻地覆谁得知，如今正南看北斗。

## 观测指南3

### 再识北斗七星

在古人心目中，天上的星星都是精灵般的小点点，现在你已经知道，它们都是非常巨大非常遥远的大火球。以下是北斗七星与地球的距离和真实亮度（用光度表示）：

北斗一（天枢星）：

距离124光年，光度180个太阳；

北斗二（天璇星）：

距离79光年，光度55个太阳；

北斗三（天玑星）：

距离84光年，光度59个太阳；

北斗四（天权星）：

距离81光年，光度24个太阳；

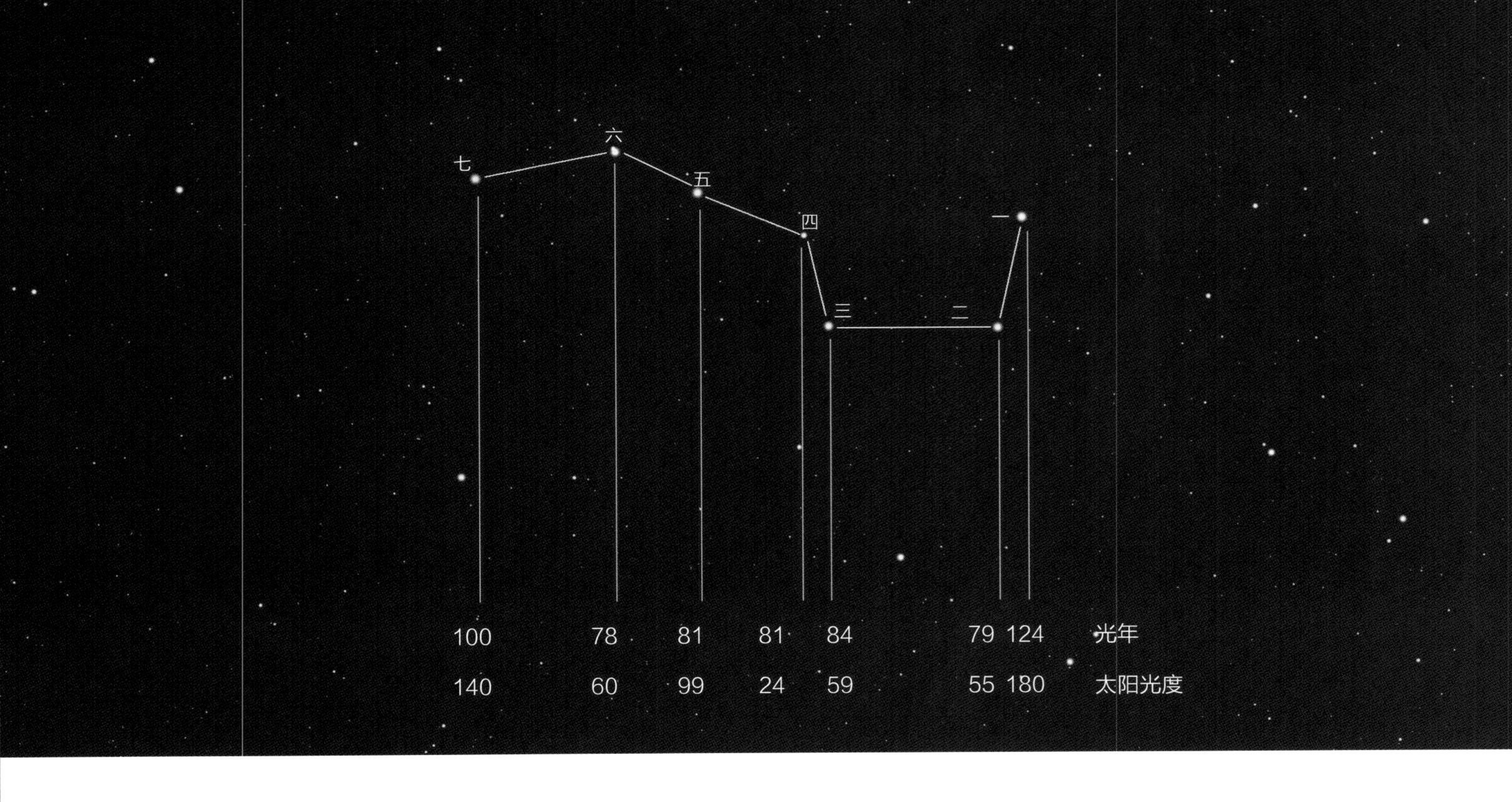


北斗五（玉衡星）：

距离81光年，光度99个太阳；

北斗六（开阳星）：

距离78光年，光度60个太阳；

北斗七（摇光星）：

距离100光年，光度140个太阳。

北斗七星的每一颗，真实亮度都比太阳亮得多，如果把太阳换成它们的任何一颗，地球很快就成为一片焦土了。

仰望北斗七星，想一想它们的距离，想一想它们的真实亮度，体会太空的浩瀚和天体的庞大。

## 天文扩展1

### 星星的亮度

北斗七星除北斗四（天权）稍暗一些，是3等星外，其余都是2等星。七星亮度较高，距离均匀，在星空里非常醒目。

3等星、2等星是什么意思呢？

2000多年前，古希腊天文学家喜帕恰斯把肉眼可见的恒星按亮度划分为6个等级，最亮的那一批定为1等星，暗一点儿的是2等星，再暗一点儿的是3等星，肉眼勉强看到的最暗弱的星定为6等星。

比1等星更亮的呢？就定为0等星、－1等星，依次类推；更暗的则是7等星、8等星，依次类推，每等星之间亮度相差2.512倍。

这种星等叫视星等，它只能表示出在地球上看到的星体视亮度，无法表明其真实亮度，因为各星体的距离并不相同。

假想把星体都移到相同距离——比如32.6光年，所观测到的星等，就可以表示星体的真实亮度了，这种星等叫绝对星等。

比如，太阳移到32.6光年处，绝对星等是4.83等；织女星的移到这个距离，绝对星等是0.57等。

为什么是32.6光年，不是10光年、100光年这样的整数呢？原来，天文学家们还习惯用另外一个天文单位——秒差距，32.6光年就是10秒差距。

| 天体 | 视星等 | 描述 |
| --- | --- | --- |
| 太阳 | −26.7 | 天空最亮者 |
| 满月 | −12.7 | 夜空最亮者 |
| 弦月 | 约 −10.7 | 一半亮的月亮 |
| 金星（最亮时） | −4.9 | 最亮的星 |
| 木星（最亮时） | −2.9 | |
| 火星（最亮时） | −2.9 | |
| 天狼星 | −1.47 | 最亮的恒星 |
| 老人星 | −0.72 | 恒星第 2 |
| 南门二 | −0.27 | 恒星第 3 |
| 大角星 | −0.06 | 恒星第 4 |
| 织女星 | 0 | 恒星第 5 |
| 五车二 | 0.08 | 恒星第 6 |
| 参宿七 | 0.11 | 恒星第 7 |
| 心宿二 | 1.0 | 恒星第 16 |
| 轩辕十四 | 1.3 | 恒星第 21 |
| 北斗一 | 1.8 | 恒星第 32 |
| 北极星 | 2.0 | 恒星第 47 |
| 天王星 | 5.8 | 肉眼看到的最暗行星 |
| 比邻星 | 11 | 距太阳系最近的恒星 |
| | 29 | 哈勃太空望远镜极限星等 |

## 观测指南4

### 开阳星

北斗六——开阳星的近旁，还有一颗小星，叫辅，它们俩组成了一对光学双星。辅是一颗4等星，如果肉眼能把开阳星和辅星分辨开，则表明视力还可以；古代阿拉伯征兵的时候，就用开阳和辅星来测试视力。西方有一句俗语："能看见辅星，却看不见圆圆的月亮"，就是讽刺那些只专注在小事上，却对大事糊涂的人。

开阳和辅距离地球分别是78光年和81光年，所以它们两个实际上相距很远，并不是物理双星。所谓物理双星，就是彼此间有引力作用相互环绕的两颗星。

用稍大的望远镜观察开阳星可以发现，开阳星是由两颗星组成的双星，人们把这两颗星分别称为A星和B星。有趣的是，组成开阳星的两颗恒星也不是单个的，A星是由3颗星组成的三合星，B星是由2颗星组成的双星。开阳星是一个五合星。

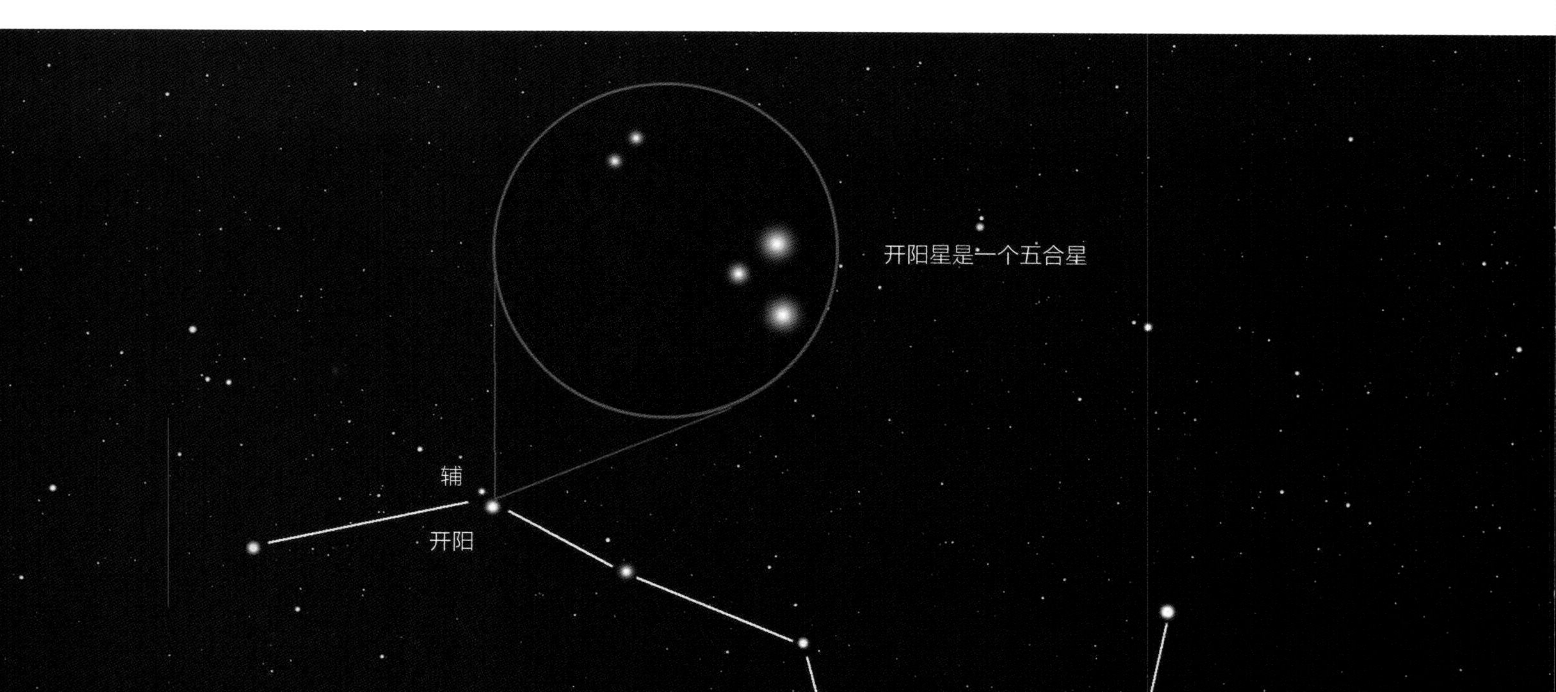

## 天文扩展2

### 喜欢结伴的星星

肉眼看去，天上的星星都是单独的一颗一颗，但是用望远镜看的时候，会发现它们很多是双星。

双星中有一些有真正的物理联系，彼此用引力牵手，互相环绕，这样的双星叫物理双星。

也有一些双星仅仅是看起来很近，实际相距很远，彼此间并无物理联系，这样的双星叫光学双星。

## 天文扩展3

### 恒星不恒

恒星并非永恒不动，它们都在非常快速地移动，每秒钟几千米、几十千米，甚至几百千米。但太空实在辽阔，以人类的观感，短时间内——成百上千年，很难发现星空有明显的改变。

但若把时间尺度拉长，所有星座都会面目全非。

比如北斗七星，它现在的形状像个勺子，十万年后，它看起来会像一个小铲子；而在十万年前，它看起来更像古代农夫种地用的犁或者铁锹。

恒星在星空里的这种移动，称为自行。

# 天上群星朝北辰

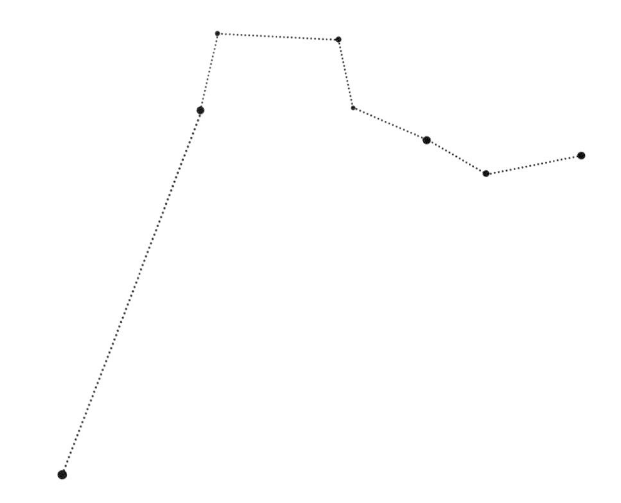

## 星空故事1

### 孔子的感慨

2500 年前的一个晚上，孔子漫步在小路上，抬头仰望，灿烂的星辰布满苍穹，这景象虽然已经看了无数遍，但每一次仰望星空，他都会感到深深的震撼和敬畏。为了探索人生的真理，他已经思考了许多年，他感到自己正在逼近真理的源头，那源头是如此宝贵，世间的一切完全无法与之比拟，假如付出生命代价能够换取它，也就心满意足了。孔子感慨道:“朝闻道，夕死可矣！”

孔子停下来，犹如雕塑般静静伫立，眺望着北天的星星，熟悉的北斗星遥遥指向东方的天空。

时间静静地流淌，北斗星越来越高，它那巨大的勺把高高翘起，开始偏向南天。

其他星星也都随着北斗星起舞，是的，它们都在旋转。

在众星的中央，孔子看到了一颗星，它并不是特别亮，同北斗七星相仿，但它显得相当淡定悠然，其他众星和北斗星一起环绕着它旋转，那颗星叫北辰。

众星环绕北辰，这是一幅多么和谐的画面，孔子立刻从天上联想到了人间，如果主政的人能够有相匹配的德行，该有多好，臣民们就会心甘情愿地环绕在其周围，犹如众星环绕北辰一样，那样的社会当然要和谐多了。孔子说道：

“为政以德，譬如北辰，居其所而众星拱之。”

孔子看到的那个众星环绕的北辰星，就叫帝星。

顾名思义，帝星就是众星之帝，它的地位非常特殊，众星环绕，就像在天的中央一样。

## 观测指南1

### 你能看出北方的星星在转圈吗？

找一个晴好的晚上，长时间观察北方的星空。你能发现星空在旋转吗？是顺时针，还是逆时针？

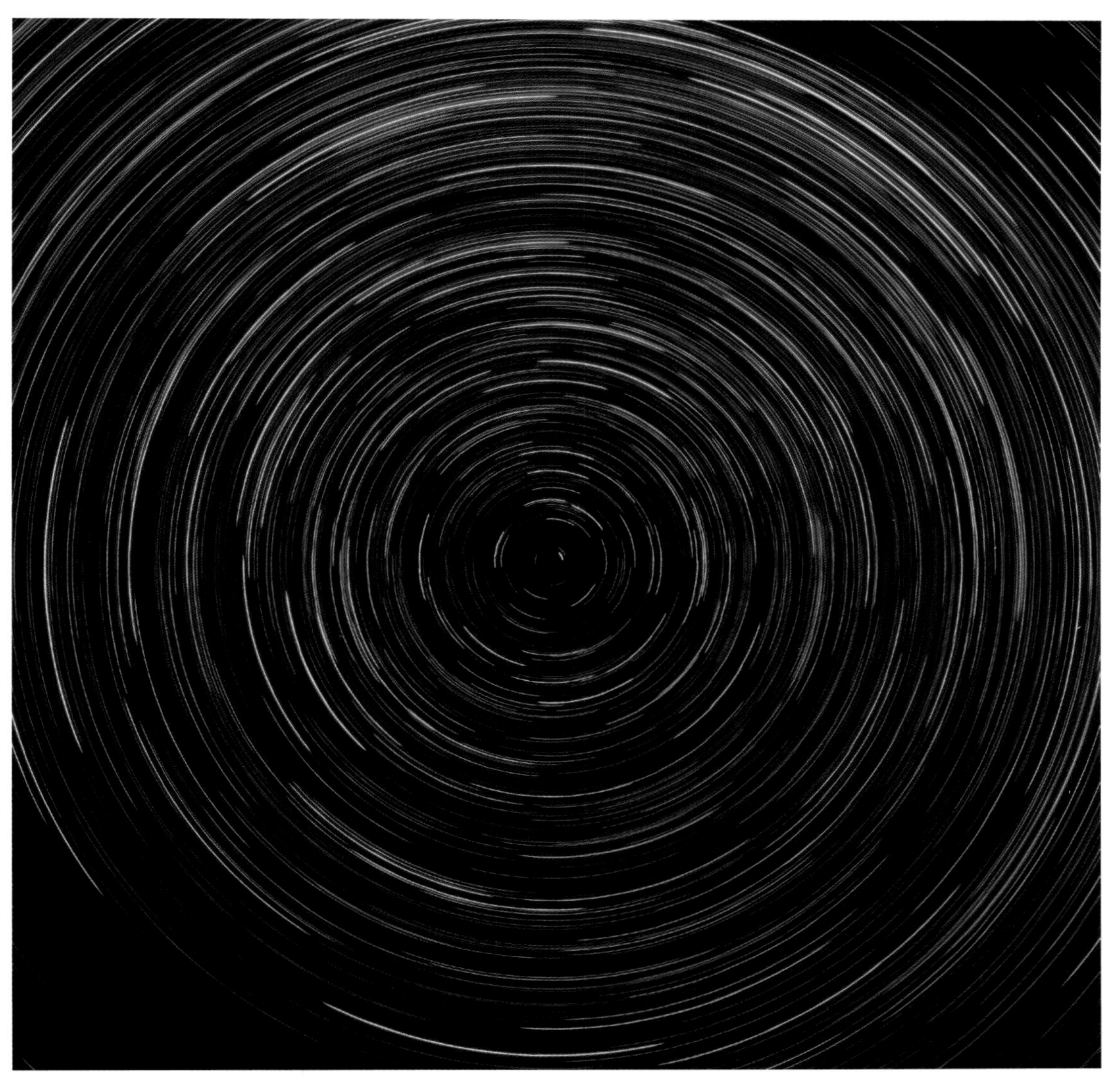

夜间长时间曝光拍摄的北天星迹，显示恒星围绕着北极星转动

## 星空故事2

### 天上的紫禁城——紫微垣

既然帝星是天帝，古代天文学家们就把帝星周围那片星空称为紫微垣，也就是天上的紫禁城，星空中一个非常重要的地方。

紫微垣仿照地上的朝廷组成，外围有两道恒星垣墙，每颗星都代表一个高级官员。右垣也就是西垣，从北向南分别为少丞、少卫、上卫、少辅、上辅、少尉、右枢。左垣即东垣，自北向南分别为上丞、少卫、上卫、少弼、上弼、少宰、上宰、左枢。丞是丞相（相当于现在的总理），左右枢是内阁高级首长（相当于现在的副总理），辅、弼是高级阁员（相当于现在的国务委员），尉负责司法（相当于现在的司法部长），卫则负责军事和安全（相当于现在的安全部长），上与少则是官职的正职与副职的区别。

紫微垣有两个门——南门和北门，北斗七星在南门口，那是皇帝巡视天下的车子。在北门口，有一个巨大的华盖，那是天子出行打的黄罗伞，旁边又有弯曲的杠星九颗，那是用来支撑华盖的杆。天子打着黄罗伞，出紫微垣北门，就上了一条长长的阁道。阁道上有一排豪华的馆驿，那是传舍九星。阁道旁边，优秀的驾车手王良驾车等候。

帝星两旁，分别是太子和庶子。

紫微垣正中央，是一颗叫勾陈一的星，它代表的是皇后。

时光荏苒，孔子之后两千多年，帝星已经悄然退位，现在登上北极星大位的，是两千多年前的皇后之星——勾陈一。

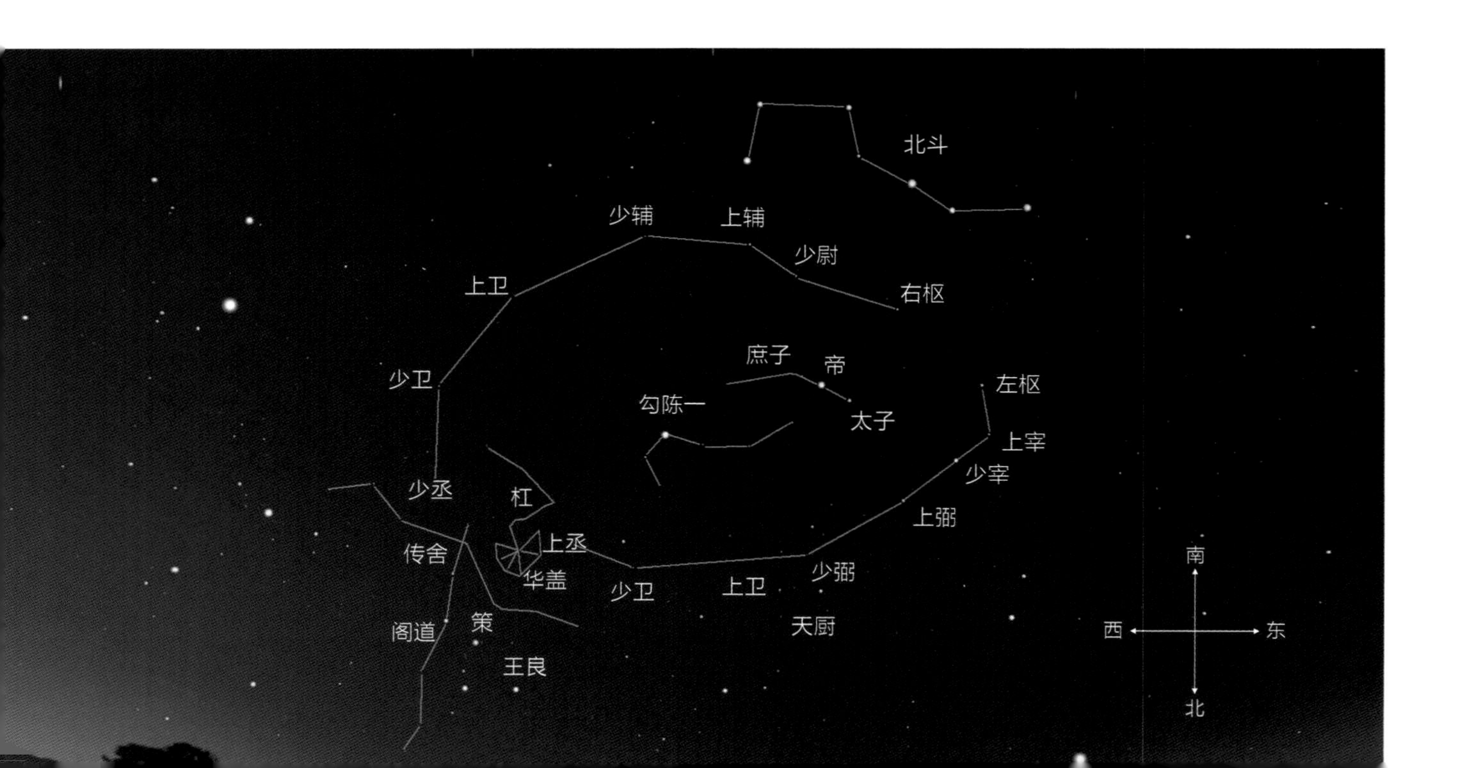

## 观测指南2

### 寻找北极星

北极星地位之所以特殊，因为它是自然界给人类设计的指路明灯——一年四季几乎总在正北方向，只要找到北极星，就辨清了方向。

怎样找北极星呢?

北斗星勺口有两颗星——北斗二和北斗一，把这两颗星用线连起来，再向北斗一方向延长出去5倍远，就是北极星，所以这两颗星又称指极星。

当你第一次看到北极星的时候，你可能会很惊讶，它并不是特别亮呀!

是的，北极星并不是最亮的星，它只是一颗二等亮星，亮度在全天恒星中排名第47位。因为它的名气太大，人们总是误以为它是天上最亮的星。

## 天文扩展1

### 北极星为什么总位于正北方向?

答案是，地球那个假想的自转轴指向了北极星附近，因此，无论地球怎样自转，你在地球上看北极星，它都是基本不动的。

## 天文扩展2

### 恒星的命名

对于中国人来说，恒星命名有两套体系。

一种是西方的，也是世界通用的，1603年由德国天文学家约翰·巴耶提出，一个星座中最亮的恒星称为α，第二亮称为β，接着依次是γ、δ……

勾陈一是小熊座最亮的星，就是小熊座α；帝星是小熊座第二亮星，就是小熊座β。由于恒星亮度变化或者当时目视观测的误差，现在有些星座的β星比α星还亮。

中国古人在星空里划分了283个星官（也就是星座），恒星命名是星官名加上序号，比如角宿一、心宿二，天津四、轩辕十四等，序号与亮度无关。有些星官只有一颗恒星，就没有序号，比如北落师门、天狼星。

三个大而重要的星官——三垣，紫微垣、太微垣、天市垣，其中的恒星名字是对应的官职、器物、地名等，也没有序号。

## 天文扩展3

### 北极星轮流当

地球自转轴的指向看起来很稳定，其实它本身也在转动，只不过非常缓慢，25800年转动一周。

地轴的旋转导致的后果是，北极星由不同的恒星轮流担任。

夏商朝三代的两千年间里，北天极指向了小熊座的帝星附近，帝星就是那时的北极星，帝星的名字就由此而得。

此后很长时间，地轴指向的北天极附近没有亮星。直到几百年前，北天极渐渐指向勾陈一，于是勾陈一成为众星环绕的北极星。勾陈一的地位目前还在不断加强，因为地轴还在继续靠近它。100年后，22世纪初，北天极最接近勾陈一，然后渐渐偏离而去。

公元130世纪，地轴将指向北天耀眼的明星——织女星。在那前后上千年时间里，织女星将是引人瞩目的北极星，正如公元前130世纪，它曾是冰川时期我们祖先的北极星一样。上一次织女星作北极星时，地球上是荒芜的冰河世纪。地轴进动了半圈之后，地球上迎来了高度繁荣的现代文明。地轴再转动半圈，织女星再次成为北极星时，大地上又会是什么样子呢？

## 星空故事3

### 金字塔里的神秘通道

建于四五千年前的埃及金字塔，是古埃及法老的陵墓，其中最大的一座，是第四王朝法老胡夫的金字塔。这座大金字塔原高 147 米，经过几千年来的风吹雨打，顶端已经剥蚀了将近 10 米。这座金字塔的底面呈正方形，每边长 230 多米，绕金字塔一周，差不多要走一千米的路程。

古代埃及的法老们为什么要建造如此巨大的金字塔坟墓呢？原来，他们认为，自己既然是地上的王，死后也要是天上的神。《金字塔铭文》中有这样的话：

"为他（法老）建造起上天的天梯，以便他可由此上到天上。"

金字塔就是这样的天梯，其形状象征着刺向青天的光芒，表示对神的崇拜与连接。《金字塔铭文》中有这样的话：

"天空把自己的光芒伸向你，以便你可以去到天上，犹如神的眼睛一样。"

法老在金字塔墓室里如何升上天空呢？在金字塔内部，有一条通向北方的墓道，墓道与地面呈 27 度夹角，这正是在当地看到的北极星的高度。

原来，墓道正指向北极星！

在古埃及人看来，北极星最能象征帝王，因为其他星星都永不停歇地围绕北极星转动，那里无疑是法老死后灵魂最好的归宿。金字塔的墓道正好指向北极星，法老的灵魂就可以通过墓道升到北极星那里，在天上继续当帝王。

建造金字塔的时代，地球自转轴指向天龙座的右枢星附近，右枢就是那时的北极星。当法老憧憬着死后升到天之中央继续做天帝的时候，他们做梦也不会想到，天中央的北极星竟然也会像地上的朝代那样更替！几百年后，随着一代法老王朝的结束，这颗暗弱的北极星也从金字塔隧道的视野中渐渐隐去了。

地球自转轴的旋转，使北天极在星空里画了一个大圆，靠近大圆的恒星轮流当北极星。（见右图）

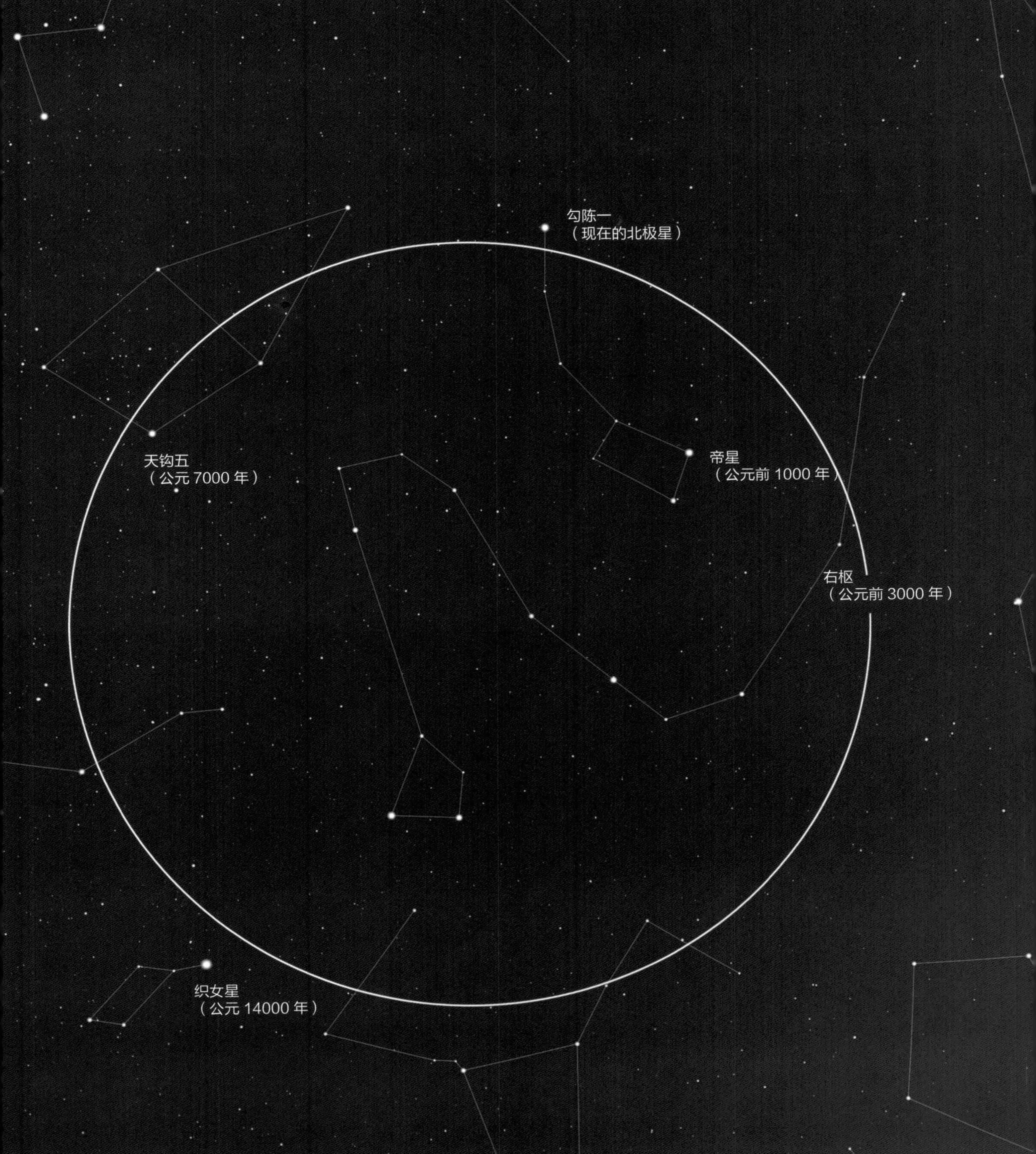
勾陈一
（现在的北极星）
天钩五
（公元 7000 年）
帝星
（公元前 1000 年）
右枢
（公元前 3000 年）
织女星
（公元 14000 年）

# 大熊和小熊

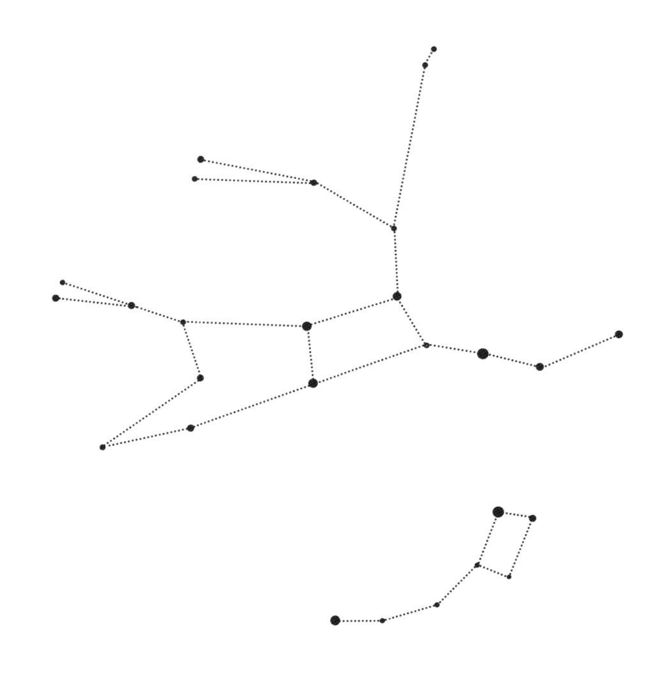

## 星空故事1

### 熊的故事

北斗七星这把大勺子虽然地位显赫，但在现代星座体系里却不是一个独立的星座，而是大熊座的一部分，北斗的斗柄就是大熊的尾巴。这头熊很是硕大，它在全天 88 星座中排名第 3。

别看这头熊现在的样子很粗笨，最初她可是一个美丽的公主呢。

这个公主名叫卡利斯忒，长得清秀苗条，身体强健，喜欢拿着弓箭和长矛，跟随着狩猎女神阿耳忒弥斯，在高山密林中勇猛地追逐野兽。后来，卡利斯忒被宙斯所爱，为他生了一个儿子，叫阿尔卡斯。天后赫拉对卡利斯忒非常忌恨，就施魔法把她变成了一头大熊。从此，卡利斯忒只好在森林里流浪。

十五年过去了，一天，卡利斯忒遇见了一位年轻而英武的猎人，她眼睛一亮，这不是自己的儿子阿尔卡斯吗？卡利斯忒惊喜万分，张开双臂扑向阿尔卡斯，准备拥抱他。

但阿尔卡斯怎么会知道这头熊竟然是自己的母亲呢？看到大熊扑来，以为是要攻击自己，便举起长矛，用力向大熊刺去。

就在千钧一发之际，天神宙斯从天上看见，立即把阿尔卡斯变成一头小熊。小熊认出了自己的妈妈，一场悲剧避免了。后来，宙斯把大熊和小熊都升到天上，成为大熊座和小熊座。

大熊和小熊母子相见，多么快乐呀。小熊总是想扑向大熊的怀抱，大熊则总是护卫着小熊，永远不知疲倦地在小熊的四周快乐地奔跑，一圈一圈地转个不停。

下台
中台
上台
北斗星
M81，M82
M101

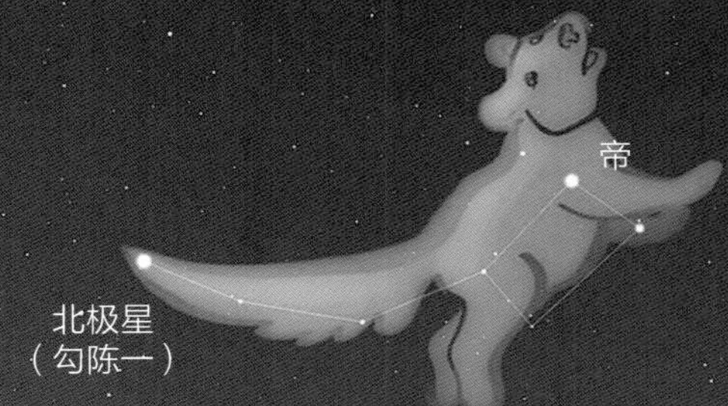
帝
北极星
（勾陈一）

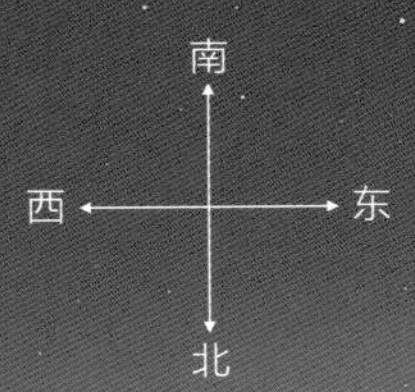
南
西
东
北

## 观测指南1

### 小勺子

小熊星座主要由七颗星组成，形状也像一个勺子，人们称它为小北斗。小勺子的勺把就是小熊的尾巴，大名鼎鼎的北极星勾陈一就在小熊的尾巴尖上。2000多年前的北极星——帝星，也在小熊星座里。

帝星和勾陈一亮度差不多，都在北方天空，人们很容易把这两颗星混淆，通过北斗七星勺口的两颗星，才容易判断出哪一颗是真正的北极星。

## 天体鉴赏1

### 大风车星系

北斗勺子把的摇光和开阳星附近，有一个暗淡的云雾状天体——M101，肉眼看不见，用小型天文望远镜可见模糊的光斑。

M101是一个河外星系，距离地球2100万光年，它是一个旋涡星系，正面正好对着地球。借助哈勃太空望远镜，我们可以看到它那动态感很强的旋涡，就像一个旋转的风车，人们又称它为大风车星系。M101的直径约17万光年。

## 观测指南2

### 大熊的脚——三台星

大熊有三只脚很好辨认，每只脚有两颗星，这两颗星挨得很近。这三组星，分别叫上台、中台和下台，合称为三台。三台星是天帝进出紫微垣的台阶，也是主管阶层的星神，古代占星家们常用三台星进行占卜。

## 天体鉴赏2

### 旋涡与雪茄

在大熊的头部耳朵附近，有一对星系：M81和M82，用双筒镜或小型望远镜可以看到，黑豹天文台大型望远镜拍摄的图片则显示出更清晰的细节。

M81是一个美丽的旋涡星系。M82被称为雪茄星系，它是一个正在形成大量恒星的星暴星系。雪茄冒出的滚滚红烟，是恒星风吹出的气体和尘埃，那是一股股超级星系风，红色的细丝延伸超过10000光年。（图见下页）

大风车星系

## 天文扩展1

### 梅西耶星云表

M101、M81、M82，为什么前面都带个“M”呢?

200多年前，法国有一个著名的观测天文学家——梅西耶（Messier），是一个很厉害的彗星猎手。彗星是云雾状的，星空里有很多固定的云雾状天体，很容易和彗星混淆，于是梅西耶就下了很大功夫，把这些云雾状天体记录下来，编成了一个表，就是梅西耶星云表。这个表里一共有110个天体，这些天体都以梅西耶名字的首字母M开头，比如，M101就排在这个表的第101位。

后来天文学家用更大的望远镜，看到了更多的云雾状天体，编了一个《星云星团新总表》，简称NGC星表，表中包括星云星团星系7840个。M101排在这个星表的第5457位，它又叫NGC 5457。

以M开头的天体，都是较近较亮的深空天体，用小望远镜就可以看到。但要注意，小望远镜里看到的是模糊的云斑；绚丽的彩色图片大多是哈勃太空望远镜或者别的大望远镜拍摄的。

M81（左）和M82（右）

## 天文扩展2

### 哈勃深场

当你眺望大熊座的时候，视线是远离银河的。远离银河有什么好处呢？银河就是巨大的银盘，它里面有很多气体尘埃，很容易遮挡视线，如果你向银河方向看去，很难看到银河系外面。

大熊座方向远离银河，受银盘的气体尘埃影响较小，是瞭望宇宙深处的极佳窗口。

1995年12月18日，哈勃太空望远镜对准了大熊座内一个很小的区域，进行了长时间拍摄，得到的图像称为哈勃深场。

哈勃深场可见几千个星系，其中一些星系是目前已知最遥远因而也是宇宙最早期的星系。

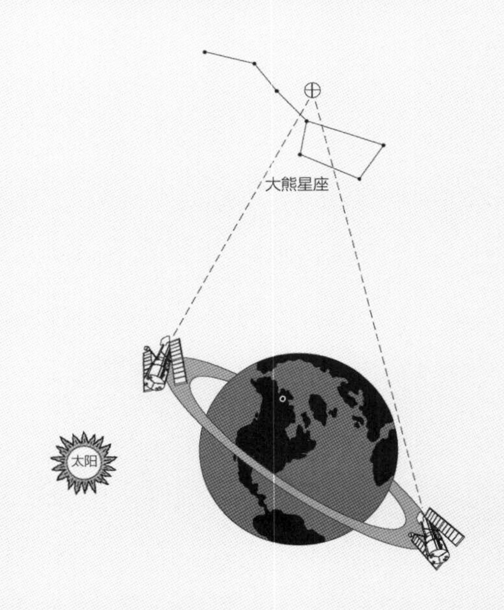

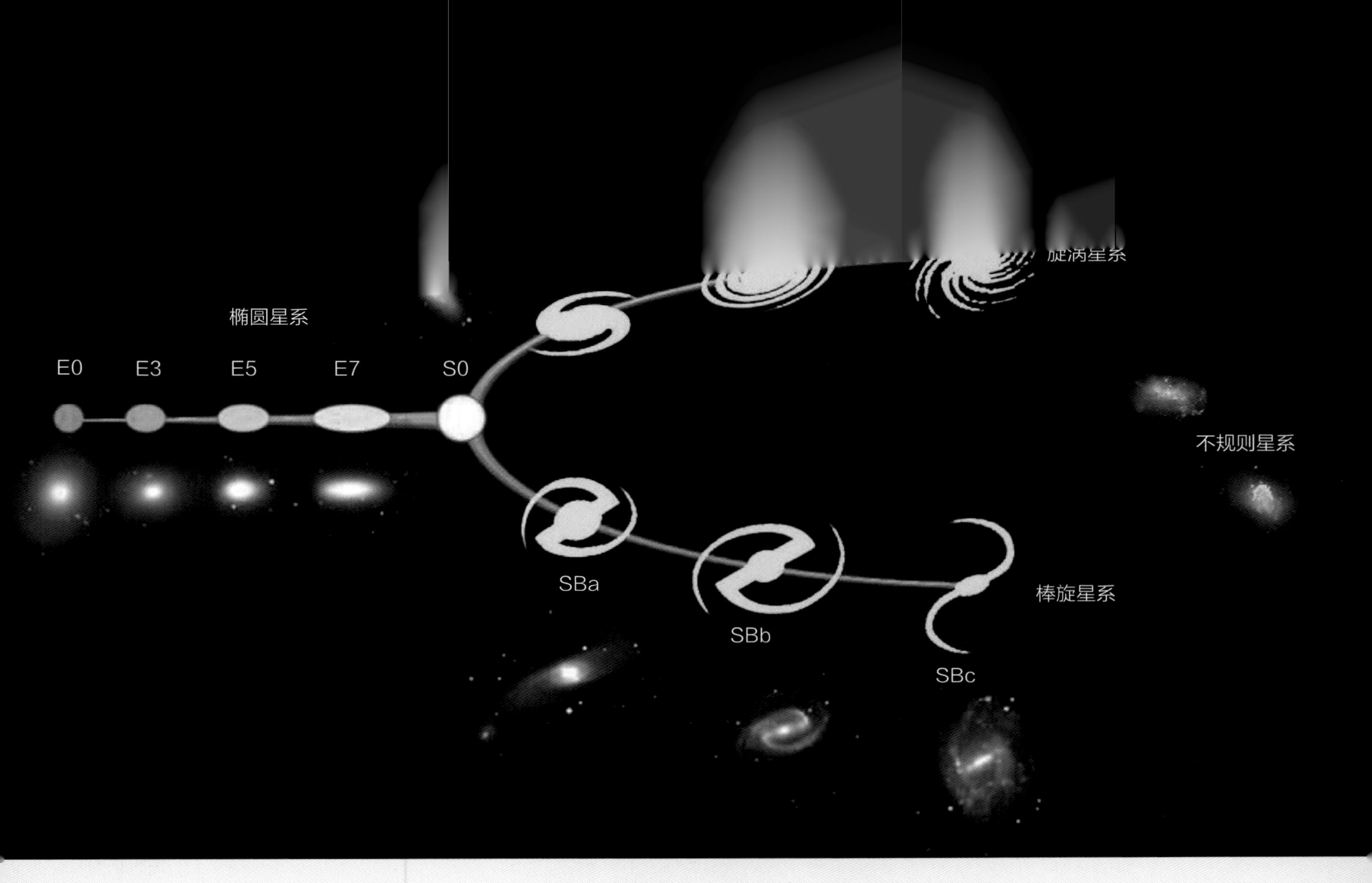


## 天文扩展3

### 哈勃音叉图

河外星系数量众多，却并非千姿百态。美国天文学家哈勃发现，星系根据形状大致可分为三类：椭圆星系、旋涡星系、棒旋星系。这三类星体画在一张图上，很像一个音叉，称为哈勃音叉图。

还有一些星系形状很不规则，不能归入以上三类，称为不规则星系。

椭圆星系呈椭圆形或正圆形，没有旋涡结构，通常中央较密，包含一个核，至外围亮度逐渐下降。椭圆星系用字母E表示，后面跟一个表示扁度的数字，正圆形的就称为E0，E1稍扁一点，E7最扁。

旋涡星系具有明显的旋臂结构。中心有一个核，从核心向外伸出两条或多条旋臂。旋涡星系用字母S表示，根据核球大小和旋臂伸展程度分为Sa、Sb、Sc三种次型。

棒旋星系与旋涡星系有相似的旋臂，但中心不是椭球而是一个棒。按旋臂缠卷的松紧程度，棒旋星系分为SBa、SBb、SBc三种次型。

# 天龙

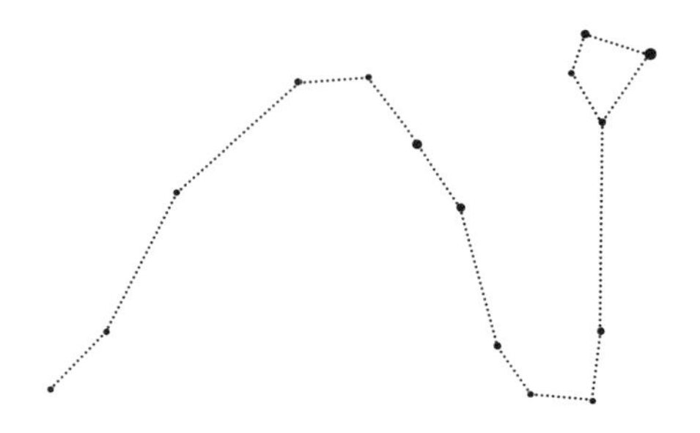

## 星空故事1

### 一条会喷火的大龙

大熊和小熊之间，有一串星星清晰可见，那是天龙的尾巴。

天龙凶猛无比，能够喷火，还长了100个脑袋，而且从不合眼睡觉。天龙看守着赫拉的金苹果树，人若吃了那树上结出的金苹果就可以长生不老，后来金苹果还是被大力神赫拉克勒斯偷走了。

大熊和小熊幸福地在天上团聚在一起，天后赫拉就很不高兴了，正好这时候大龙弄丢了金苹果无事可干，赫拉就把它派到北天，天龙那巨大的尾巴横亘在大熊和小熊之间，不停地骚扰他们。

## 观测指南1

### 高昂的龙头

天龙座是一个较大的星座，全天排名第8，虽然大，却没有什么亮星，但是天龙的头还是很容易辨认出来的。

星座里最亮星叫天培四，它和附近的天培三、天培一、天培二组成一个不规则的四边形，那就是天龙高昂的头。这龙头四星的亮度分别是2等、3等、4等、5等，正好可以当作练习辨认星等的参照。

## 观测指南2

### 观右枢，遥想当年的显赫

天龙尾部有一颗不起眼的4等星——右枢，别看它暗弱，5000年前却很显赫，因为那时地球的自转轴指向了它。也就是说，5000年前，右枢是众星环绕的北极星。

那时候，人们把右枢这颗暗弱的恒星当成天帝膜拜，金字塔里的法老梦想着从塔内的隧道升到它那里。现在，随着地轴的离开，右枢已经成了一颗默默无闻的小星。

## 天体鉴赏1

### 猫眼星云

天龙的头部下方，有一个著名的云雾状天体，哈勃望远镜拍摄的图片为我们展示出它清晰的细节，它看上去酷似猫的眼睛，人们叫它猫眼星云。猫眼星云距离我们约3000光年，是一颗类似太阳的恒星在生命最后阶段抛出自己的气体形成的。在它的中央有一颗星，就是那个死亡恒星的残骸。

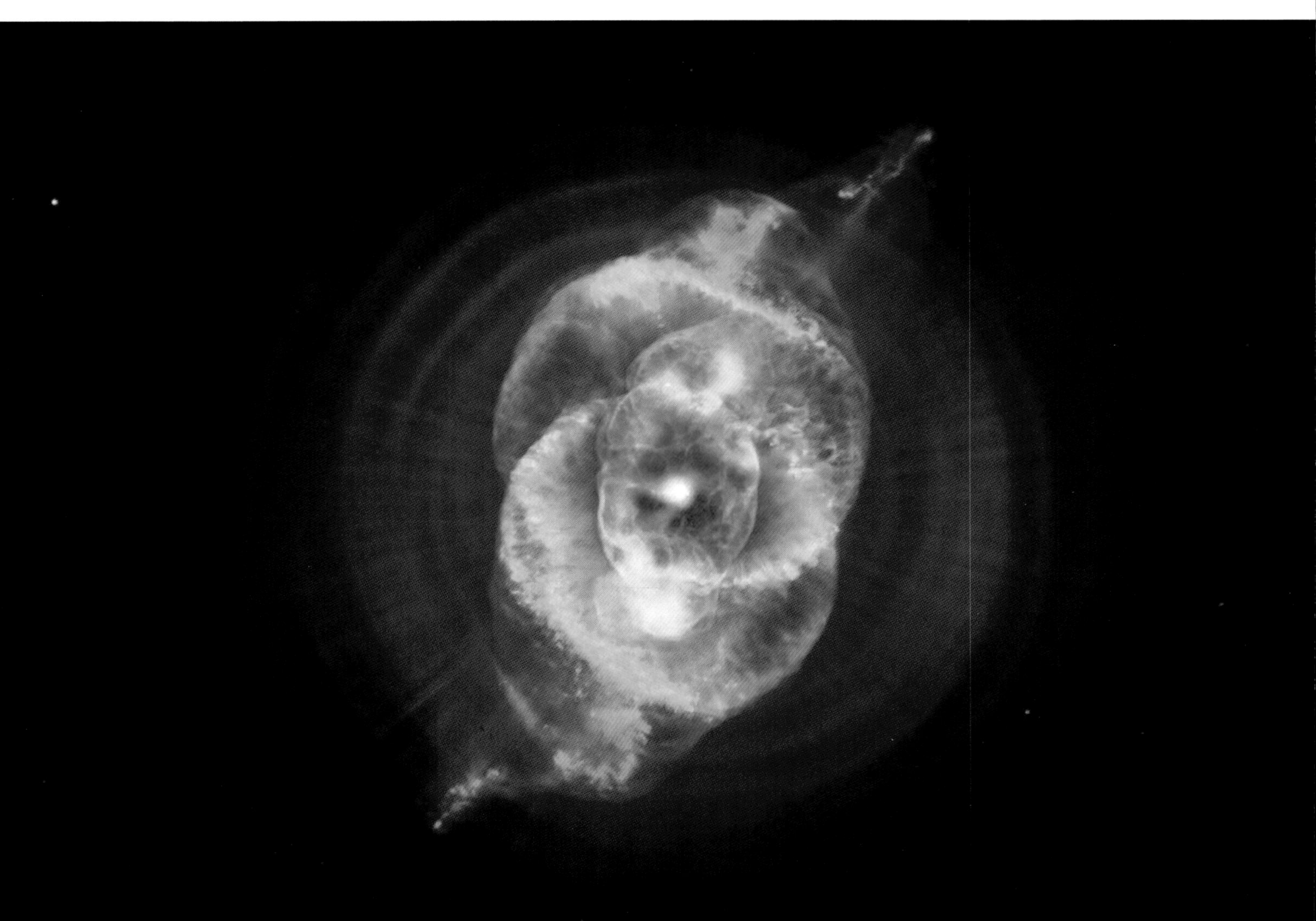

## 观测指南3

### 象限仪座流星雨

北半球每年有三次规模较大的流星雨，分别是象限仪座流星雨、英仙座流星雨、双子座流星雨。象限仪座是一个古老的星座，现在已经取消，其地盘被划入天龙座、牧夫座和武仙座。

象限仪座流星雨的活动期为1月1日到1月5日，高峰期一般在1月3日前后，峰值平均流量可达每小时120颗，这是一个理想极限值，在实际观测时因受种种条件限制，观测到的流星数量会大大减少。

## 天体鉴赏2

### 一个星系被吃掉了

海里的大鱼会吃小鱼，宇宙里的大星系也会吞吃小星系。

天龙座有一个巨大而奇特的星系，叫NGC 5907，它正好以侧面对着我们，看起来几乎是一条直线，天文学家又称它为刀锋星系。这个星系直径超过15万光年，距离地球约3900万光年远。这个大星系在遥远的过去曾经捕食了一个小星系，小星系被NGC 5907撕扯和吞并，散落在轨道上的碎片是小星系挣扎逃亡直到被吞并时留下的痕迹。

## 天体鉴赏3

### 被袭击的星系

天龙座里还有一个形状非常奇特的星系，这个星系有着长长的尾巴，像一只游弋在太空的蝌蚪，蝌蚪的尾巴长达28万光年。蝌蚪星系距离我们很遥远，远在4.2亿光年之外。蝌蚪星系的特殊形状，是受到了另一个较小星系碰撞造成的。这个入侵者幸运地逃离了作案现场。

# 第三部分 春夜星空

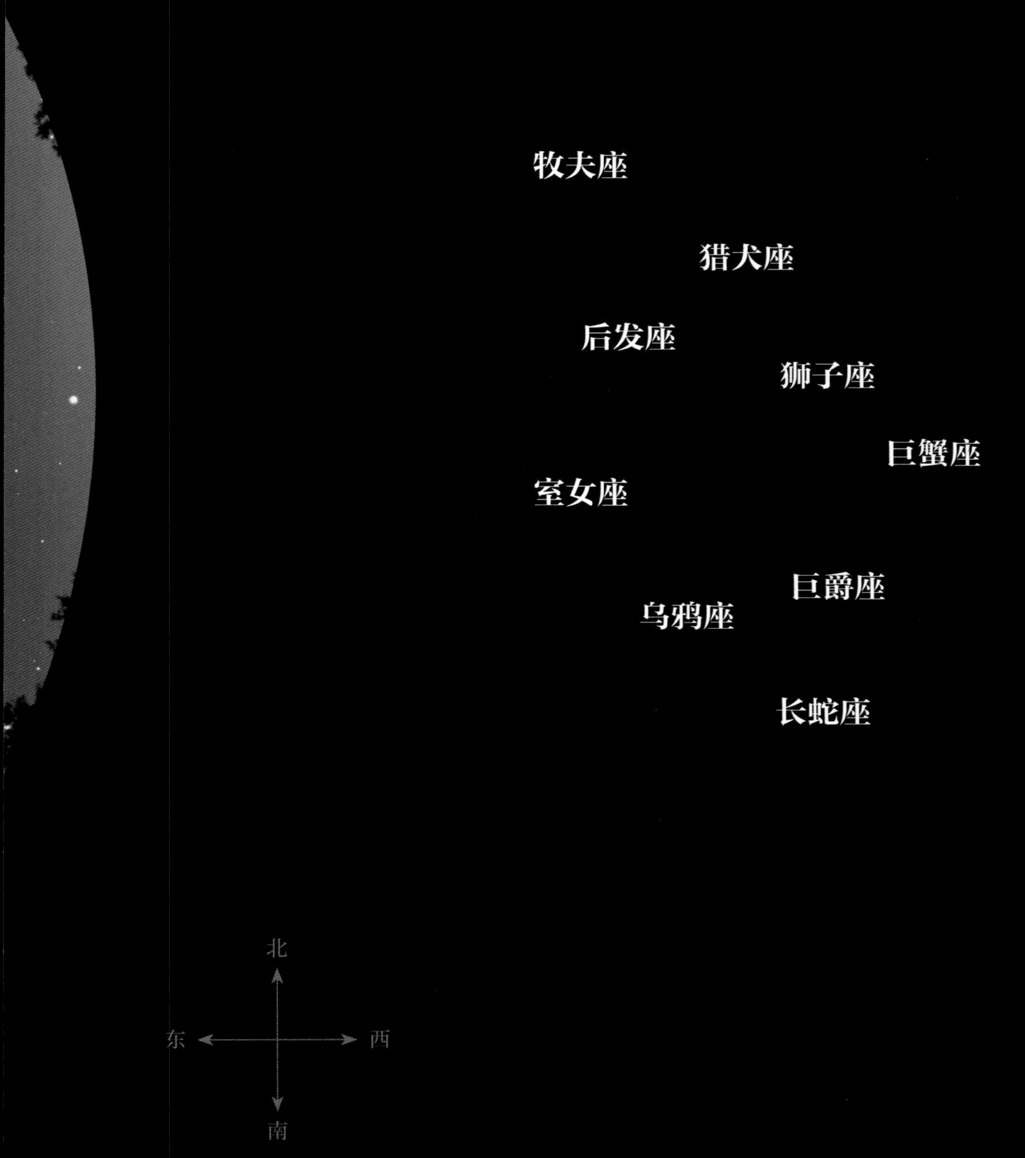

牧夫座

猎犬座

后发座

狮子座

巨蟹座

室女座

巨爵座

乌鸦座

长蛇座

北

东 西

南

时间：3月15日：0点；
4月15日：22点；
5月15日：20点。

恒星每天比前一天提前约四分钟升起到同一位置。

# 牧夫和猎犬

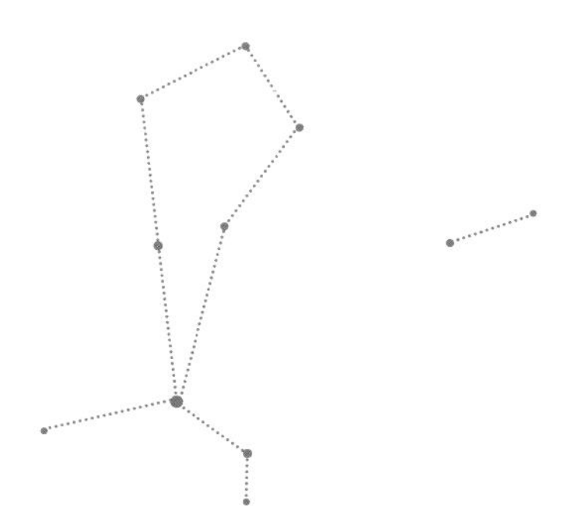

## 观测指南1

### 牧夫座

北斗七星是认星星的参考指针，从斗柄三颗星的弧线延长出去，可以找到一颗非常明亮的星，它就是大角星，全天第4亮星。

大角星北方，有5颗暗一些的星组成一个五边形，像一个大风筝，大角星就像风筝下面挂着的一盏明灯，它们一起组成了牧夫星座。

## 星空故事1

### 大熊的看守者

牧夫是一位猎人，他是赫拉的心腹。赫拉对大熊和小熊母子在北天星空里团聚非常嫉妒，先派出天龙去骚扰，后又派出自己的心腹猎人，牵着两只猎犬，紧紧地追赶在大熊的后面，使她一刻也不能安心休息。

大角星在西方的意思就是熊的看守者。牧夫的两只猎犬蹲在牧夫前面，狂吠着扑向大熊，就要咬着大熊的后腿了，这两只猎犬就是猎犬座。

牧夫座
大角星
M51
猎犬座
常陈一
大熊座

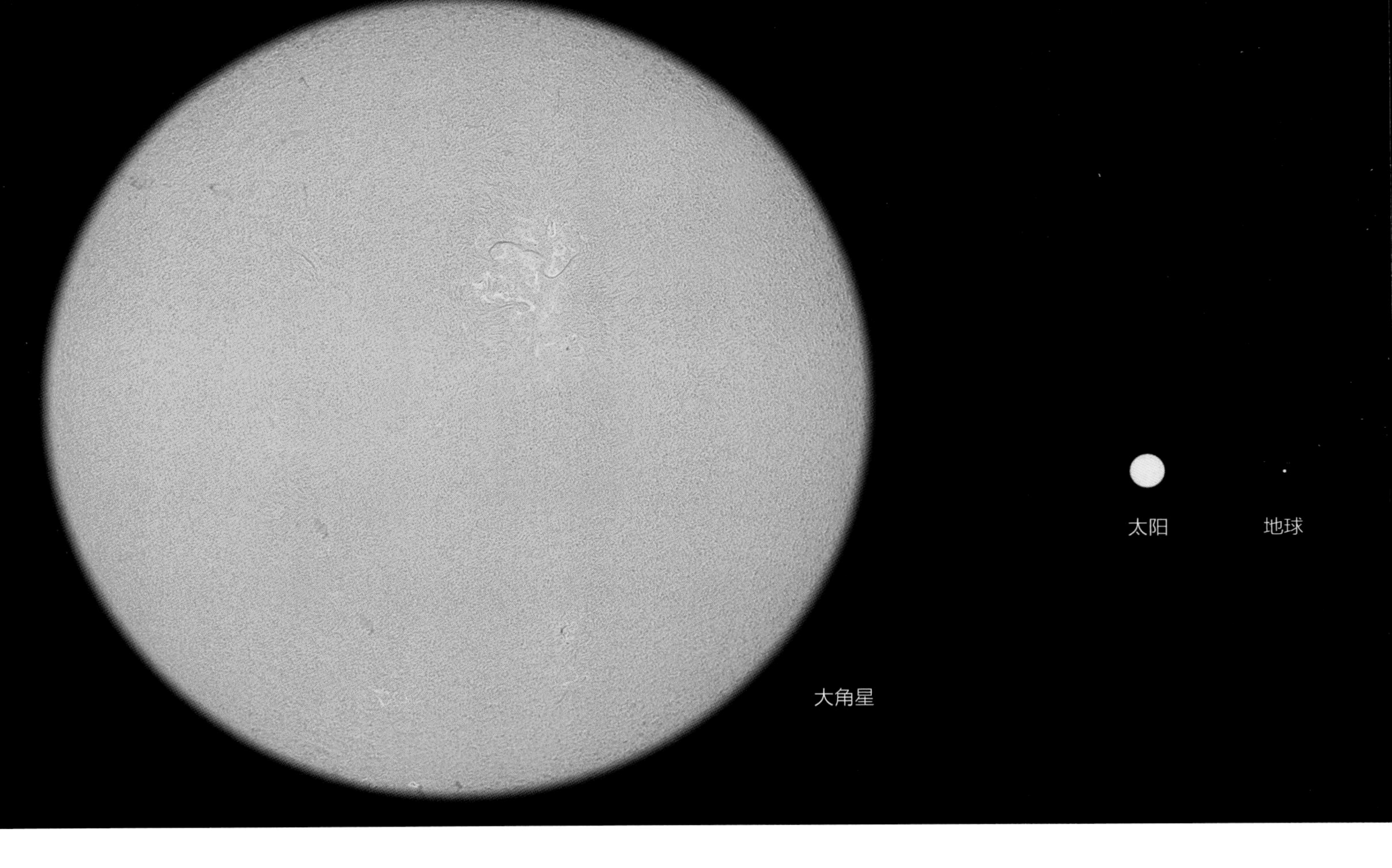


## 观测指南2

### 橙色大角星

大角星是一颗光彩夺目的恒星，它是一颗0等星，在春末和夏天的傍晚闪耀在头顶附近的天空，发出明亮的橙色光辉，被人誉为“众星之中最美丽的星。”

即使在星星稀少的城市上空，人们也很容易看到它，如果空气非常清洁，你可以看到它发出淡淡的橙色。

大角星质量比太阳稍大，因为演化到晚期，体积大大膨胀，约是太阳的8000倍，亮度约是太阳的100倍，距离我们约36光年。

晴朗的夜晚，到户外找到大角星，仰望它，想一想高悬于天空的那颗亮星，有多远，有多大，有多亮，体会太空的浩瀚和天体的伟大。

大角星光来自36年前，你今天看到的它，其实是它36年前的样子。假如今天有高级智慧的生命从大角星处看地球，他们看到的你，会是多大年龄呢?

## 天文扩展1

### 恒星的颜色之谜

大角星的颜色是橙色。如果天空很洁净，你观察夜空中的恒星，会很容易发现恒星有各种各样的颜色，有的发蓝，有的发白，有的发黄，有的发红。恒星的颜色为什么不同呢?

恒星的能量来自核心的原子核聚变，它们是熊熊燃烧的核聚变火炉，有的炉火很旺，温度很高，就发出蓝色火焰；温度低一些，就发出白色火焰；再低，就发出橙色火焰；最低的，就发出红色火焰。

天文学家们根据恒星的光谱颜色，把它们划分成七大类：

O、B、A、F、G、K、M。

不同光谱型恒星的温度与颜色如下：

O 30,000-60,000开 蓝色

B 10,000-30,000开 蓝白色

A 7,500-10,000开 白色

F 6000-7500开 淡黄白色

G 5000-6000开 黄色

K 3500-5000开 橙色

M 2000-3500开 红色

（注：开，绝对温标，0开等于摄氏零下273.15度。）

恒星的温度为什么不同呢? 最主要的因素是质量。质量越大，核聚变的炉火就会烧得越旺，质量越小，炉火相对就越弱。所以，通常情况下，O型星是大质量的蓝色超巨星，而M型星则是小质量的红矮星。

太阳的质量超过95%的恒星，它是一颗黄色的G型星。

大角星是橙色的K型星，表面温度比太阳低，但它的质量比太阳还大一点，原因是它已衰老，体积膨胀得很大，导致表面温度降低。未来它的体积会膨胀得更大，表面温度更低，颜色变红，成为一颗红巨星。

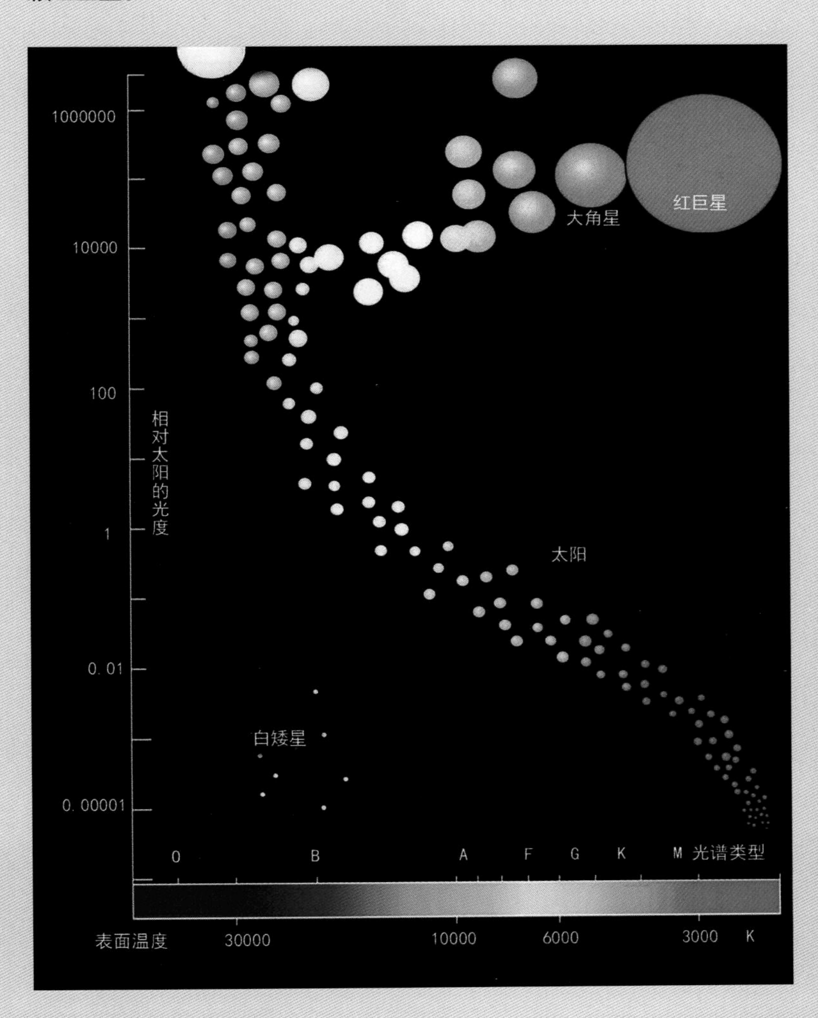

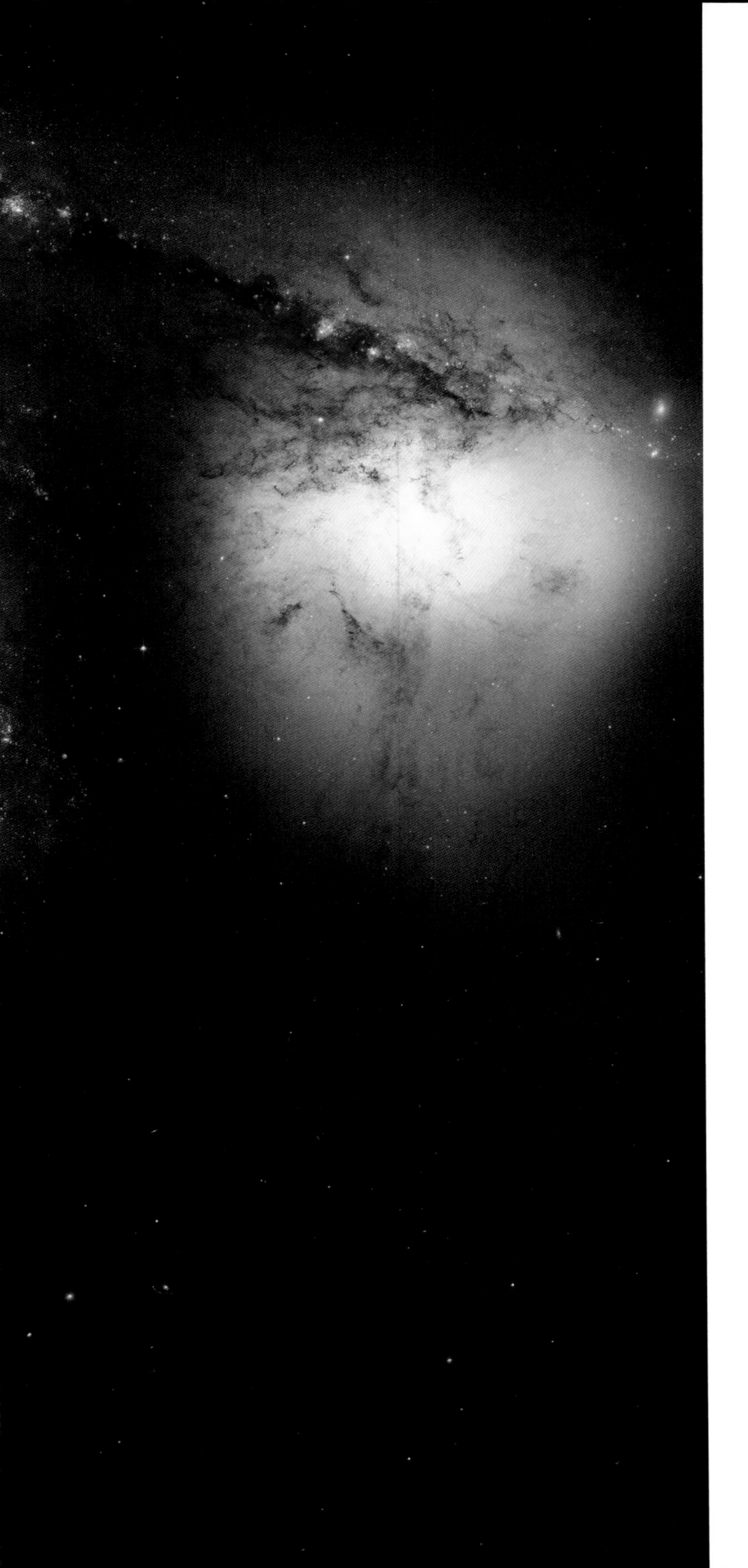

## 观测指南3

### 猎犬座和常陈一

猎犬座夹在大熊和牧夫之间，很小，很暗弱，最亮的星叫常陈一，英文意思为“查理之心”，是为了纪念英国国王查理一世而命名的。1649年，专政的英王查理一世被克伦威尔领导的议会军队在断头台处死，11年之后，查理一世的儿子复辟登基，成为查理二世。

## 天体鉴赏1

### 问号星系——M51

猎犬座里，靠近大熊座方向，有一个云雾状天体——M51（NGC 5194），它是一个旋涡星系，几乎完全以正面对着地球，旁边有一个形状不规则的小伴星系（NGC 5195），看上去就像一个问号。

对于天文爱好者来说，如果天空足够黑暗，M51会是一个容易观测的美丽目标，星系明亮的核用双筒望远镜就可见，用一架口径20厘米的望远镜可以看到旋臂结构。哈勃望远镜拍摄并处理后的画面，清晰地显示出M51的旋臂和尘埃带扫过其伴星系NGC 5195的前面。



M51 和它的伴星系

# 室女

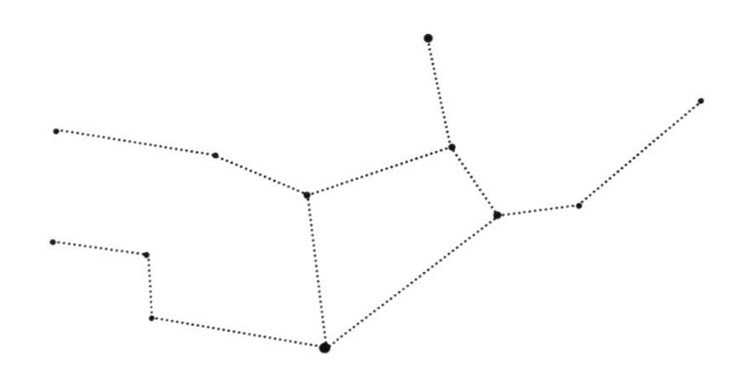

## 星空故事1

### 龙抬头

从大角星继续往南，可以看见另一颗明亮的1 等星，它是角宿一，室女座最亮的星。在中国的二十八宿里属于角宿。

二十八宿组成了星空里著名的四大神兽——东方苍龙、西方白虎、南方朱雀、北方玄武。东方苍龙由前七宿——角、亢、氐、房、心、尾、箕组成，角宿就是苍龙的角。

在三四千年前，每年农历二月份，太阳落山不久，角宿一就升起在东南方地平线上，人们看到角宿一升起，就知道苍龙的头已经抬起，是春回大地的时候了。一句民谚就这样传唱："二月二，龙抬头；大仓满，小仓流"，因为龙一抬头，雨水就多起来了，这是农民们最盼望的。

传说有一天，玉皇大帝想看看人心是善还是恶，就降临人间，化身成一个乞丐。他来到一个财主家，财主不但不给饭，还放出恶狗来咬他。玉帝大怒，认为人心变坏了，就命令主管行雨的苍龙，三年内不得向人间降雨。

天不降雨，庄稼没有收成，很多人饿死了，哭号遍野，苍龙非常难受，就自作主张为人间降了一次大雨，旱情解除，庄稼丰收，百姓纷纷供起苍龙。

玉皇大帝知道后很生气，就把苍龙压在一座苍龙山下，并放出话来，苍龙要想重返天庭，除非金豆开花。

人们纷纷为苍龙鸣不平，可是也没有办法，就到处找会开花的金豆，可是哪有金豆会开花呀？到了二月初二，人们翻晒玉米种子，看到金黄的玉米粒，忽然想到这不是金豆吗？玉米爆炒成玉米花，不就是金豆开花吗？于是家家户户爆玉米花，把玉米花摆到外面，祈求玉帝说，金豆开花了，释放苍龙吧。玉帝派千里眼向下一看，果然到处金豆开花，于是释放了苍龙。

人们为了纪念苍龙降雨救民的精神，就把二月二设成春龙节，在这一天爆玉米花，吃龙须面。

## 星空故事2

### 农业女神

室女座又称处女座，是一个黄道星座，全天第二大星座。

室女是一位华贵的女神，她有一对天使的翅膀，一只手还拿着一把麦穗。

在古希腊神话里，室女是宙斯的姐姐得墨忒耳，她是农业女神，掌管植物的生长。春天夜晚，农业女神从东方升起，于是草木生长，百花盛开。

得墨忒耳有个美丽的女儿珀耳塞福涅，一天，珀耳塞福涅外出游玩，被宙斯的哥哥——地府之王哈得斯掳去做了妻子。得墨忒耳不见了女儿，十分悲痛，就到处去寻找女儿，以致田地荒芜，大地一片凋零。宙斯就想说服冥王，将珀耳塞福涅送还给得墨忒耳，但珀耳塞福涅习惯了地府生活，在那里过得很快活，不想回去。

为了使大自然正常运作，宙斯便安排她们母女一年中有三个月在一起生活，另外九个月珀耳塞福涅返回地府。这样，当珀耳塞福涅回到身边时，得墨忒耳便和女儿一起隐藏到山洞中生活，人们在夜空中看不到得墨忒耳，大地也不长五谷，草木枯黄，这就是冬天。三个月后，珀耳塞福涅返回地府，得墨忒耳开始出来巡视工作，也就是春回大地了。

春夜大弧线
牧夫座
大角星
室女星系团
M87
室女座
角宿一
M04
北
东
西
南

## 观测指南1

### 春夜大弧线

沿着北斗星斗柄上三颗星的弧线，一直延伸出去，就可以看到橙色亮星大角，从大角继续延伸出去，就是室女座最亮的星——青白色的角宿一了。从北斗星勺子把经大角星至角宿一的一段弧，就称为春夜大弧线。

## 观测指南2

### 角宿一

角宿一是1等星，在全天21颗亮星中排名第16，距离我们250光年。

角宿一实际上是一对距离很近的双星，两颗恒星彼此距离只有一千多万千米，只需4天时间就环绕一周。

双星中的主星——角宿一A，质量超过太阳10倍，是典型的大质量恒星，因为太阳的质量已经超过了95%的恒星。

这颗恒星因为质量大，燃烧十分猛烈，表面温度23000多开，是太阳表面温度的4倍。这种恒星未来的结局是超新星爆发，在能够爆发超新星的恒星中，角宿一差不多是最近的，不过它的体积还未明显膨胀，距离爆发尚需时日。

## 观测指南3

### 室女座星系团

室女座有一个著名的星系团——室女座星系团，这个星系团约有几千个星系，平均距离地球约5000万光年。

梅西耶星表中共有34个河外天体，室女座星系团的成员就占了16个。

## 天体鉴赏1

### 草帽星系M104

室女座有一个漂亮的旋涡星系M104，又称草帽星系，位于角宿一附近，距离地球2930万光年，直径8万多光年，质量约为8000亿个太阳，用小型望远镜即可看见。哈勃太空望远镜拍摄的画面，清晰显示出该星系的旋涡结构，以及沿星系盘分布的尘埃，即边缘的那条暗带。

## 天体鉴赏2

### M87星系的中央黑洞

室女座星系团中央有一个非常巨大的星系——M87，一个超巨型椭圆星系，直径约50万光年。M87以一个明显的特征闻名：它的中央区有一个惊人的喷流，长度达5000光年，那是中央黑洞作用的产物。

2019年4月10日，人类拍摄的首张黑洞照片公布——M87中央黑洞。

这个黑洞的质量是太阳的65亿倍，直径400多亿千米，比太阳系八大行星的区域大得多。

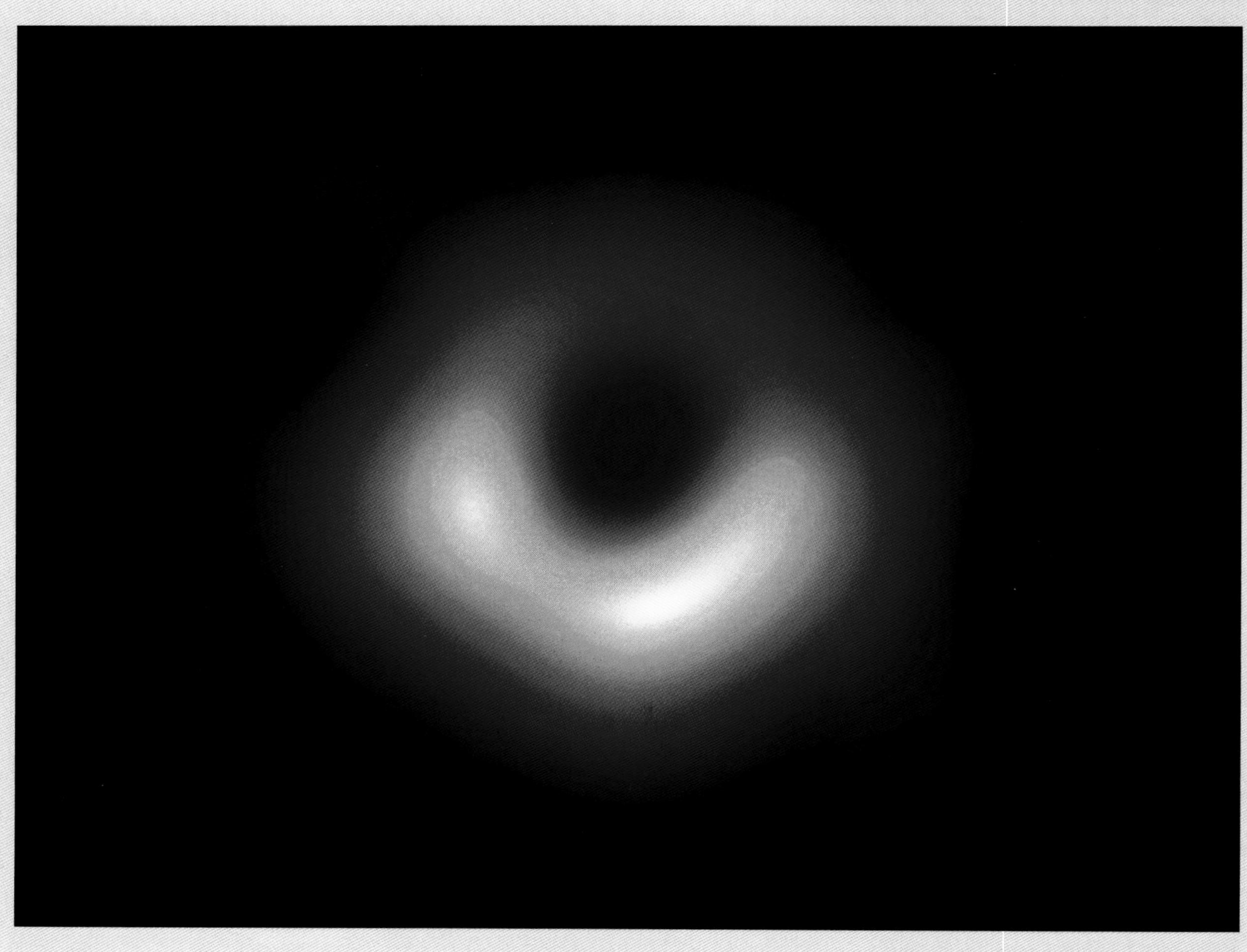

## 天体鉴赏3

### 星系双人舞

室女座的一对星系——NGC 5426和NGC 5427，合称为ARP 271，它们相互缠绕，在9000万光年远的太空深处跳起了优美的舞蹈，在遥远的未来，它们会深情地拥抱在一起，合并成一个更大的星系。图像由位于智利的双子天文台8米望远镜拍摄。

# 狮子

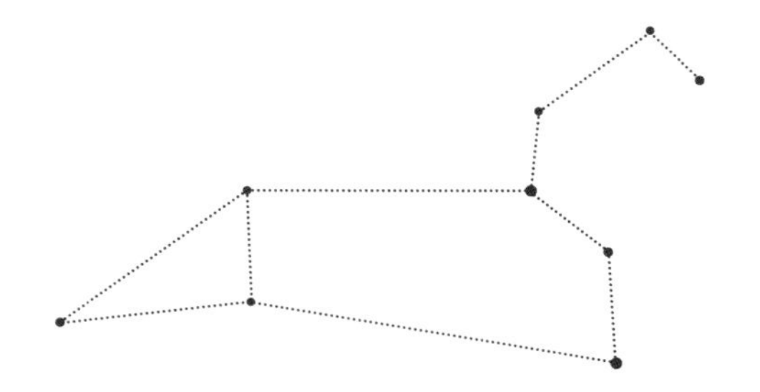

## 星空故事1

### 威武雄狮

室女的西方，是一头凶猛的狮子。这头狮子整天在一片名叫墨涅亚的森林内外游荡，伤害人和牲畜。大力神赫拉克勒斯奉赫拉之命去消灭这头狮子。他身背弓箭，手拿一根大棒，走进大森林，去寻找巨狮。

黄昏时，赫拉克勒斯看到巨狮从森林深处走来，就躲在大树后面，向它射出一箭，箭碰在狮子身上，就像碰在坚硬的石头上一样掉到地上。狮子发现了赫拉克勒斯，吼叫着向他猛冲过来，吼声使整个山林震颤。

赫拉克勒斯举起大棒狠狠击向狮头，大棒断成几截，狮子毫发无损，赫拉克勒斯急忙闪身骑上狮背，用双臂紧紧勒住狮子的脖颈，把它勒死了。

为了纪念赫拉克勒斯的功绩，宙斯就把这头狮子升上天空，成为狮子座。

## 星空故事2

### 黄帝轩辕

狮子头部反问号的六颗星，属于中国古代轩辕星官的一部分，其中轩辕十四最亮，是一颗著名的1等星。

轩辕是黄帝的号，他在三十七岁当上了天下的首领，蚩尤不服，起来造反，黄帝征召各部落讨伐，九次战斗都失败了，黄帝为此忧心忡忡。

一天晚上，黄帝梦见大风吹走了地上的尘垢，接着又梦见一个人手执千钧之弩驱羊群数万。后来遇到了风后、力牧两人，黄帝认为是自己梦中的人物出现，就任命风后为相，力牧为将，开始大举进攻蚩尤。蚩尤布下百里大雾，三日三夜不散，风后制造出了指南车，力牧率大军在指南车的指引下，冲出重重大雾，战胜蚩尤，统一了中原。

黄帝还命大臣制定天干地支用来计算年月日，后人称之为“黄帝历”，俗称“黄历”。中国干支纪年法，就是从黄帝即位的时间算起的，他即位的那一天，就是甲子年甲子月的甲子日，这一纪年法延续了几千年，直到今天还在使用。黄帝又命仓颉始创象形文字，中国才开始有了文字，进入了文明社会。黄帝还和岐伯、雷公探讨医药，创立中医养生治病的方法，这就是后来流传的《黄帝内经》。

黄帝一生历经五十三战，统一了三大部落，结束了互相杀伐的局面，告别了野蛮时代，建立起世界上第一个有共主的国家，所以后世人都尊称轩辕黄帝是“人文初祖”。

闪耀在星空的轩辕星就是对这位中华人文始祖的纪念。

## 观测指南1

### 轩辕十四

在夜空里寻找狮子座，它的典型标志是一串星星组成了一个反写的问号，那是狮的头，其中最亮的星叫轩辕十四。

轩辕十四是全天21颗1等亮星之一，在春夜星空中相当引人注目。它的位置很接近黄道，经常和太阳、月亮、行星会合，人们把它称为“王者之星”。

轩辕十四距离地球80光年，是一颗四合星，轩辕十四A是主星，质量是太阳的4倍，发出蓝白色的光。

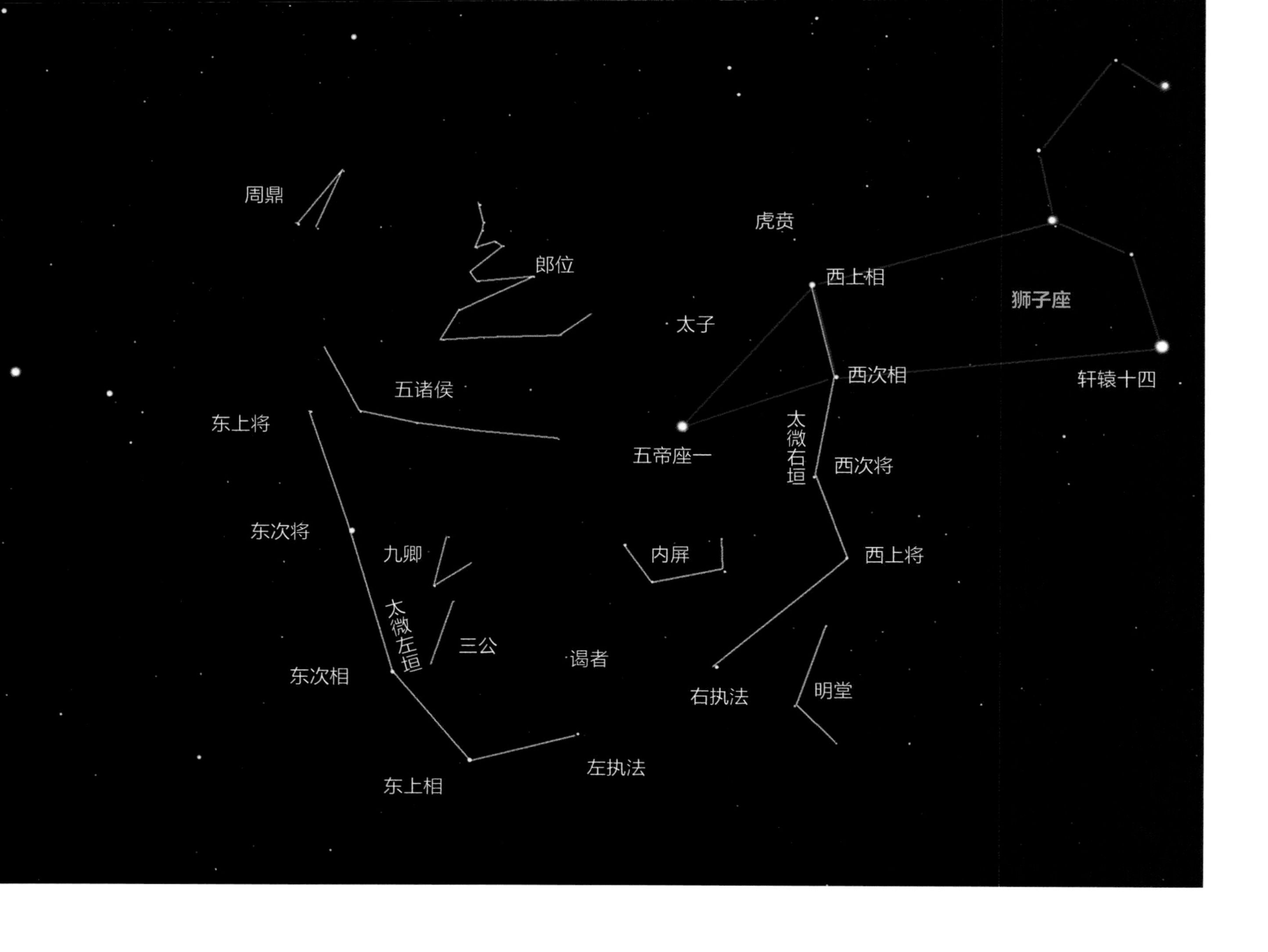


## 星空故事3

### 天上的朝廷——太微垣

狮子座尾巴尖的亮星叫五帝座一，它是一颗2等星。虽然是2等，但由于周围没什么亮星，所以这颗星就显得很醒目。

五帝座，就是天帝的座位。天帝坐在这里干什么呢？原来这里是最高行政机构所在地，即天上的朝廷——太微垣。

太微垣的左右垣墙各有五星，东面自南至北依次为左执法、东上相、东次相、东次将、东上将；西面自南至北依次为右执法、西上将、西次将、西次相、西上相。

太微垣中间有一道屏风——内屏四星，把天子与百官隔开，使他们保持着一定的距离，这有利于维护帝王的尊严和安全。三公、九卿和五诸侯等百官，与天子中间隔着内屏。内屏里面只有太子，他跟随天子听政，学习从政的经验。内屏外面，太微垣南门内，有谒者一星，他负责传达天子的命令，引见臣下或使者到天子面前。

## 观测指南2

### 春夜大三角、金刚石

大角星、角宿一和西边狮子座尾巴尖的亮星——五帝座一，三颗星组成了一个近似等边的三角形，被称为春夜大三角，它是春夜认星的显著标志。

春夜大三角的三颗亮星，再加上猎犬座的3等星常陈一，四颗星组成的巨大四边形，很像一颗钻石，被称为“春天的金刚石”。

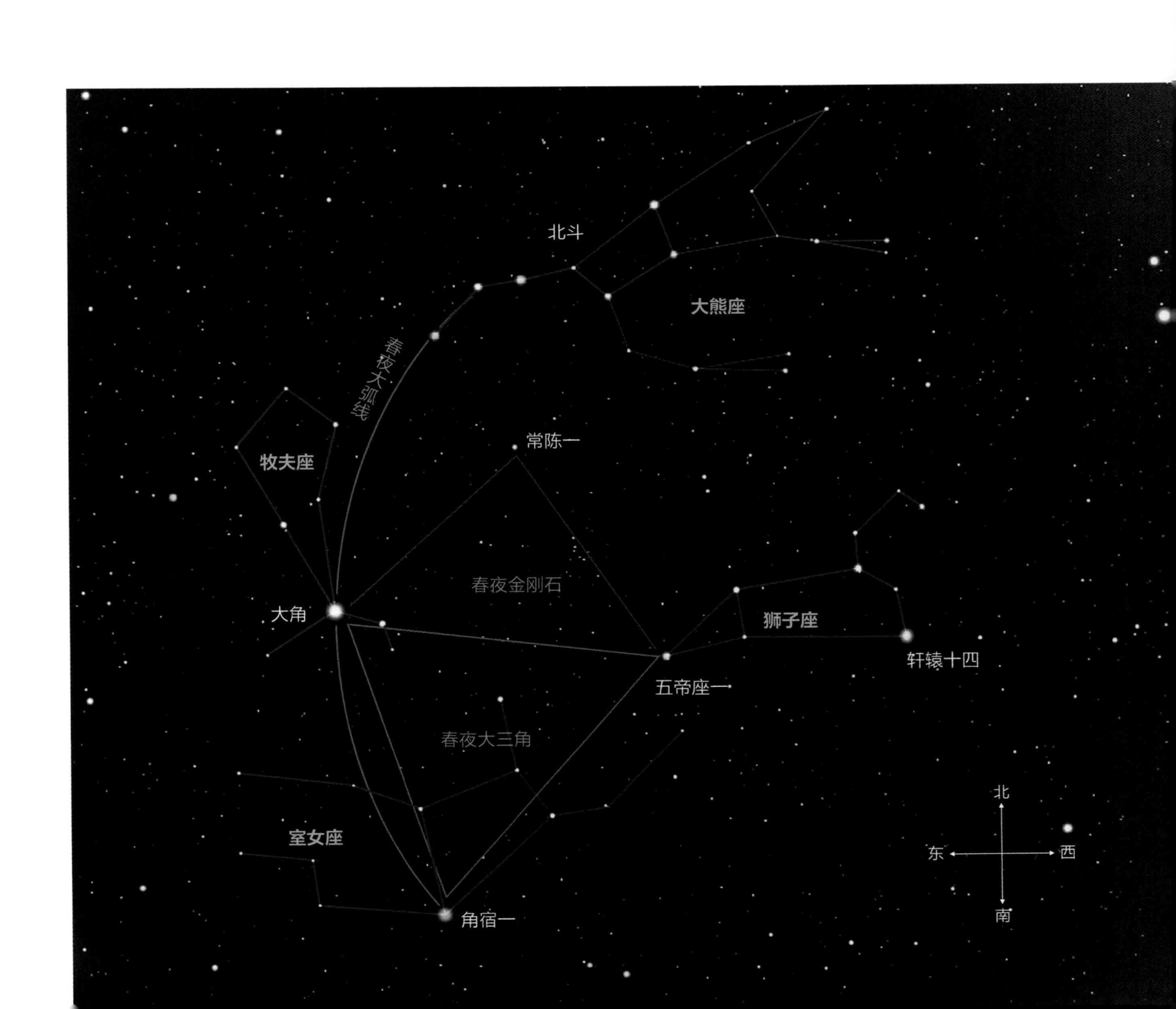

## 天体鉴赏1

### NGC 3628星系

位于狮子后腿部的NGC 3628是一个扁平的旋涡星系，正好以侧面对着我们，距离我们大约3500万光年远。星系盘里的气体尘埃形成了一个暗带，遮挡了星系的光芒。

## 天体鉴赏2

### 星系珍禽异兽馆

狮子颈部，距离地球大约1亿光年的远方，有一群星系，称得上星系里的珍禽异兽馆。位于中间的那两个旋涡星系，下面是侧对着我们、存在明显尘埃带的NGC 3190，上面则是颜色偏蓝、拧成S形的NGC 3187。右下角那个好像眼睛一样的环状星系是NGC 3185，只有上方那个椭圆星系NGC 3193显得平淡无奇。

## 观测指南3

### 狮子座流星雨

狮子座流星雨虽然不属于北半球三大流星雨，但它被一些人称为流星雨之王，因为每隔大约33年，狮子座流星雨就会来一次大爆发。2001年的11月17日夜，狮子座流星雨就曾经大爆发。那一夜，笔者曾经组织了近千人，乘坐几十辆公共汽车，浩浩荡荡来到郑州市南曹乡的麦田里观测流星雨；几千颗流星从天空划过，田野里不时传出阵阵惊呼。

在平常年份，狮子座流星雨总是默默无闻，最大流量不过每小时十几颗而已。

## 天文扩展1

### 狮子座流星雨成因

若干亿年前，一颗叫做坦普尔·塔特尔的彗星围绕着太阳运行，周期为33年，它的轨道和地球公转轨道相交。彗星受到太阳照射逐渐解体，在其轨道上抛洒了大量的流星体颗粒，这些颗粒当然还在原来的轨道上继续围绕太阳运行。地球在每年的11月14日至11月21日期间穿过坦普尔·塔特尔彗星的轨道，于是就有大量流星体颗粒高速划入大气层，形成流星雨。

相对于那些流星体颗粒来说，地球那几天是向着狮子座运行的，于是从地球上看，那些流星就好像是从狮子座辐射而来，辐射点在狮子座，就称为狮子座流星雨。

彗星在它行进的轨道上散下的小颗粒分布并不均匀，大多数地方都很稀疏，只有彗星原来的核心位置附近才比较密集，而那个密集流星体群33年才来到地球轨道一次，因而狮子座流星雨大约33年才有一次大爆发。

# 巨蟹

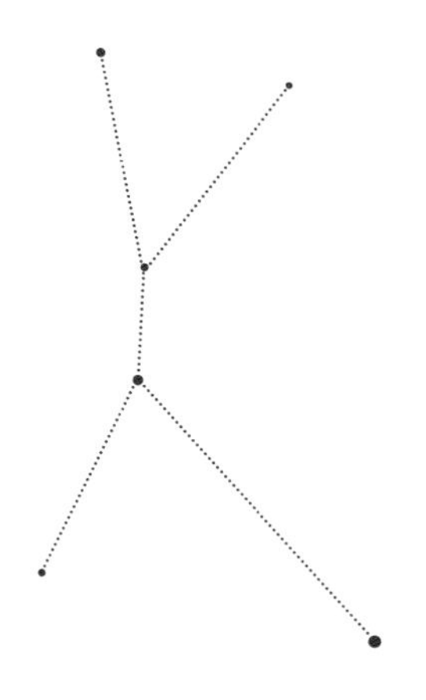

## 星空故事1

### 狮子的帮凶

狮子气势汹汹地面朝西方，在它的面前，有一只张牙舞爪的动物——一只大螃蟹，巨蟹座，黄道十二星座中最小、最暗的一个。

巨蟹虽然和狮子怒目相向，但它们其实并不是敌人，而是战友。

大力神赫拉克勒斯受天后赫拉之命，去征服水蛇怪许德拉，此举实际上是想用怪物除掉大力神。当大力神与水蛇怪大战正酣时，忽然不知从哪里冒出来一只巨大的螃蟹，用双螯紧紧地夹住赫拉克勒斯的脚，原来它是天后赫拉派来帮助水蛇怪的。赫拉克勒斯的脚被夹住，巨痛难忍，他举起手中的大棒猛击下去，这只螃蟹立刻被击得粉碎，这就是巨蟹的来历。

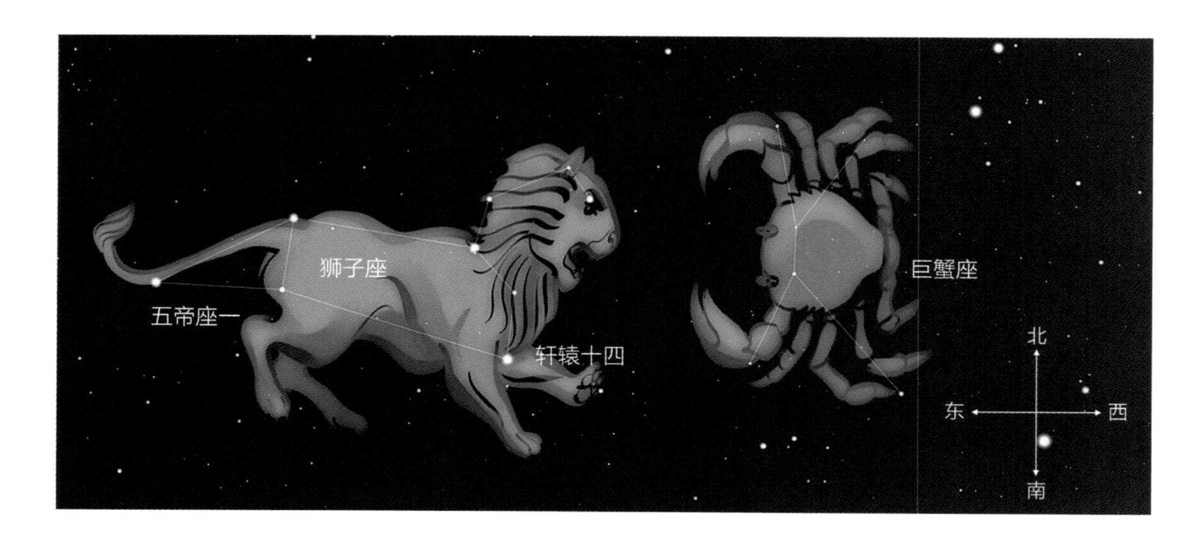

## 星空故事2

### 鬼宿与积尸气

巨蟹座里有四颗暗弱的星组成一个不规则的四边形，它就是二十八宿中的鬼宿。

为什么叫鬼宿呢？在这四星中间，肉眼隐隐约约可以看见一团白色的云气，就像一团鬼气一样，古人称之为“积尸气”。日本漫画书《圣斗士星矢》中，巨蟹座圣斗士有一个绝招——发射“积尸气冥界波”，就由此而来。

既然是“积尸气”，就应该与不祥的东西联系在一起，古代的占星家们常用鬼宿中积尸气的明暗程度来判断灾害与战争的惨烈程度。如果积尸气明亮，表明灾害甚大，会导致很多人死亡。

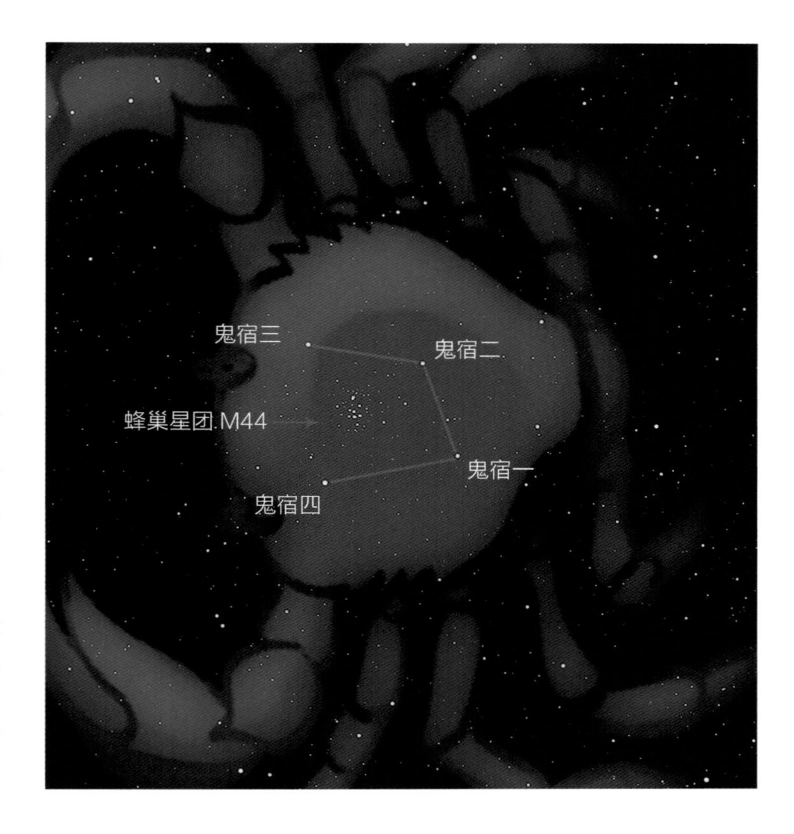


## 观测指南1

### 蜂巢星团M44

找到巨蟹座4颗暗星组成的不规则四边形，在四边形中间用肉眼寻找积尸气。“积尸气”并不是什么云气，而是一个约有500多颗恒星组成的疏散星团，称为鬼星团，又称蜂巢星团，M44。

M44距离我们约520光年，遥远的恒星光线微弱而密集，不容易分辨，看上去就像一团白色的云气了。用双筒望远镜就可以分清楚里面一颗颗的恒星，在天气晴朗、夜晚没有污染的地方，视力好的人也可以直接看出星团中的一粒粒星点。

西方人把星团东侧的两颗星鬼宿三和鬼宿四看作正在马槽吃饲料的驴子，星团就是驴子吃的饲料，又称这个星团为马槽星团。

# 后发

## 星空故事1

### 王后的秀发

大熊、牧夫、狮子、室女这四个明亮的星座中间，有一片暗淡的星空，它被西方人看作一束美丽的头发，就是后发座。

这束长发是古代埃及王后贝勒奈西的。一次国王远征，王后非常担心国王的安全，就向女神阿佛洛狄忒祈祷，保佑国王平安。并许愿说，如果神能保佑国王胜利归来，就把自己最心爱的头发剪下献给女神。不久，国王凯旋归来，王后毫不犹豫地剪下自己的秀发，供奉给女神。

不过，王后的秀发其实是狮子尾巴上的长毛，因为后发座这一片天空原本是狮子座的一部分。16 世纪荷兰地图学家墨卡托认为狮子的尾巴太长太大，就划分出一片来，成为后发座。

## 星空故事2

### 问鼎中原

后发座的星都很暗淡，最亮的星叫周鼎一，只是一颗 4 等星，它旁边还有两颗更暗的星——周鼎二、周鼎三，组成三足鼎立之势，这就是周鼎星官，就在太微垣——天上的朝廷旁边。

鼎是权力的象征。传说大禹接受舜的禅让，成为华夏部落联盟的首领，就铸造了九只大鼎，当时天下共分为九州，每州一鼎。九鼎集中到夏王朝都城阳城，借以显示大禹成了九州之主，从此天下一统。九鼎因而成为“天命”之所在，是王权至高无上的象征。各方诸侯来朝见时，都要向九鼎顶礼膜拜。

夏朝传了将近五百年，到夏桀时因为残暴无道，被商汤讨伐灭亡，九鼎就迁于商朝的都城。

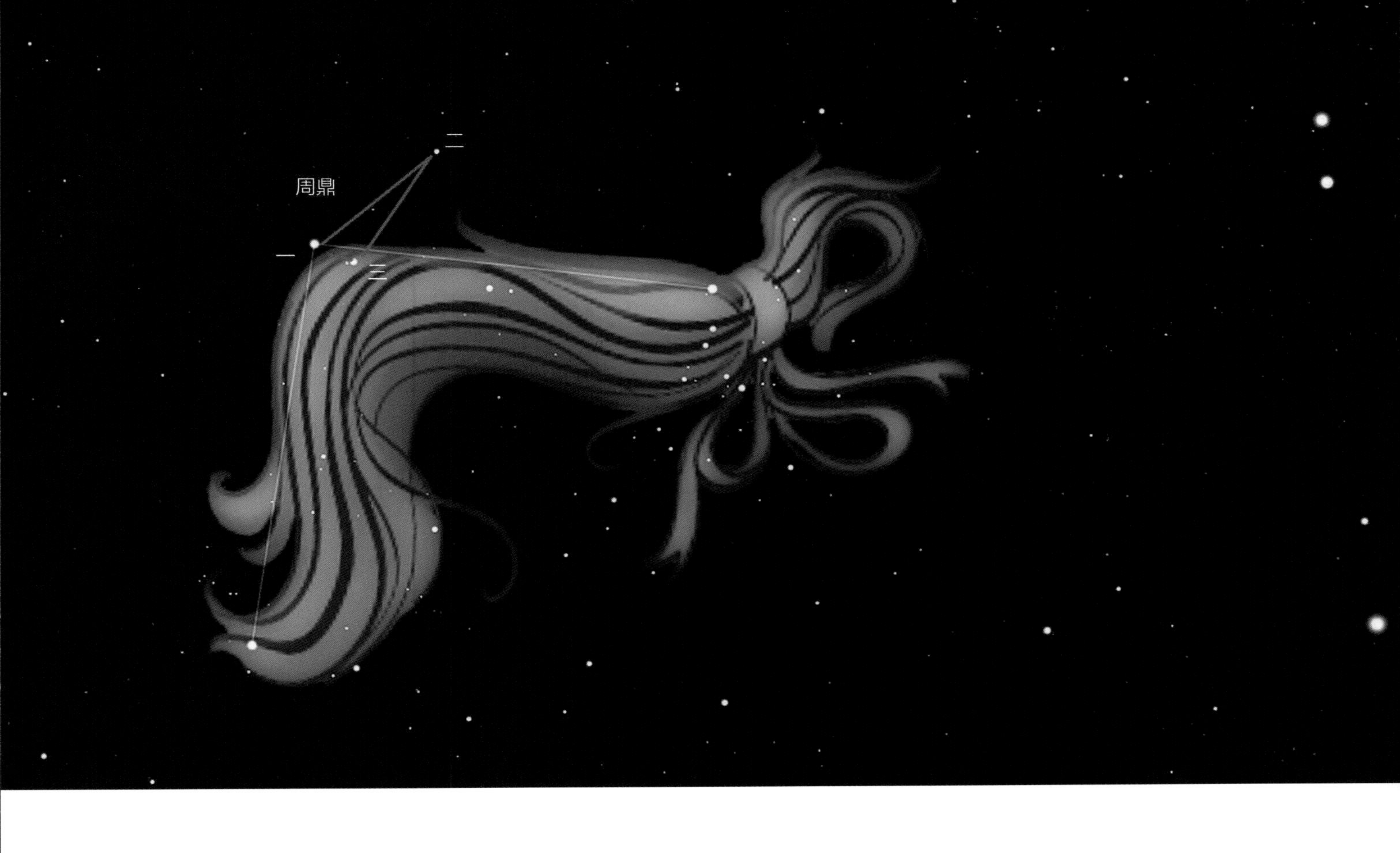


商朝传了五百年，到了商纣王又极度荒淫无道。公元前 1046 年，周武王率领各方诸侯，消灭殷商，建立周朝，九鼎就迁于周朝的都城镐京。

公元前 770 年，周平王迁都洛阳，又将九鼎安置在洛阳。

公元前 606 年，楚庄王借伐戎之机，把大军开到东周首都洛阳南郊，举行盛大的阅兵仪式，向周王室炫耀武力。周定王派王孙满前去慰问，楚庄王劈头就问："周天子的鼎有多重？"

这问话极其无礼，意思是要染指周的天下。王孙满答道："王朝兴亡在于仁德，不在乎鼎的大小轻重。"楚庄王又傲慢地说道："楚国折下戟钩的锋刃，就足以铸成九鼎。"王孙满义正辞严地说道："周室虽然衰微，但是禀承了天命，天命并没有发生转移，九鼎的轻重不能过问。"

楚庄王思量再三，觉得楚国确实没有君临天下的实力，于是率军离开。"问鼎中原"的典故就由此而来。因为鼎的分量和它所代表的权威，人们还用"一言九鼎"来形容说话有分量。

可惜的是，九鼎作为镇国之宝，传了夏商周三代约两千年后，在战国末年神秘失踪，成为千古之谜。

## 观测指南1

### 后发座与银河

春天晚上，你可以观看后发座。后发座很暗淡，不好辨认，你可以找到北斗七星、明亮的大角星、狮子座的尾巴，后发座就位于它们中央。

当后发座升到中天时，你寻找夜空里的银河，会发现银河很低，接近地平线。如果后发座正在你头顶，那么银河几乎就在地平线上，形成一个环带。

这就是春天晚上很难看到银河的原因。而在夏天和冬天晚上，银河高挂的时候，你又很难看到后发座了。

## 天文扩展1

### 北银极

后发座所在的方向，就是垂直银盘的方向。

我们所在的银河系的主体是一个扁平的盘状体，叫银盘。从银盘中心做一条垂直盘面的线就是银河系旋转的轴心，这个轴的北端正好指向后发座，也就是说，北银极就在后发座内。你要把后发座和它里面的恒星区分开来，后发座的恒星当然是近的，但后发座的空间深度却是无限的。



在地球上眺望后发座，视线和银盘垂直，遇到的银河系星星和尘埃遮挡最少

## 天体鉴赏1

### 黑眼星系M64

黑眼星系M64，即NGC 4826，也称为睡美人星系、魔眼星系，因有一条引人入胜的壮观黑暗尘带横亘在明亮的星系核心之前而得名，距离地球大约1700万光年。上图由哈勃太空望远镜于2001年拍摄，2004年发布。

## 天体鉴赏2

### 老鼠星系

在距离地球3亿光年的后发座深处，有两个正在碰撞中的星系——NGC 4676，因为有着长长的尾巴，所以称为老鼠星系。这两个旋涡星系可能已经穿过对方，它们应该会不停地互撞，直至完全聚合在一起。

## 天体鉴赏3

### 贫血星系

NGC 4921位于距地球3亿光年的后发座深处，是后发星系团的成员之一，它那苍白的面容就像贫血一样，事实也确实如此。由于该星系几乎不诞生新恒星，缺少新鲜的“血液供应”，因此星系的亮度很低，呈现出可怕的半透明状态。

# 长蛇

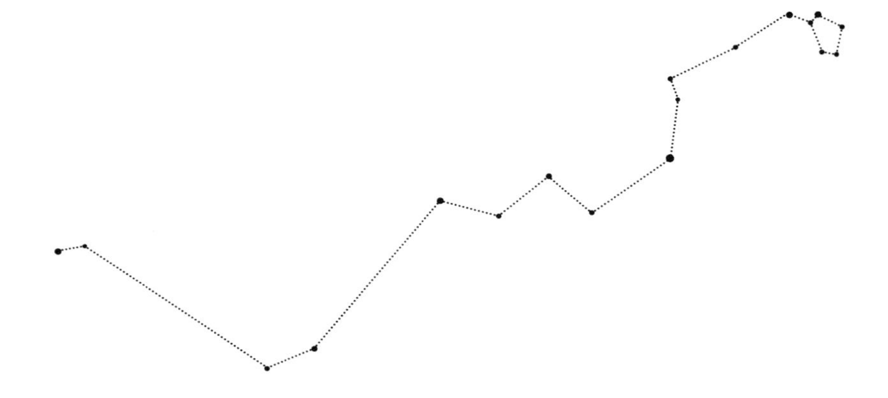

## 星空故事1

### 九头蛇怪

狮子的南面，是一条长长的蛇，这就是长蛇星座，它是全天 88 个星座中最长、面积最大的星座。

在古希腊神话中，长蛇是一条凶猛可怕的大水蛇，叫许德拉，它长了九个头，以野兽和人为食物，危害极大。

大力神赫拉克勒斯奉赫拉之命前去消灭这条大水蛇。赫拉克勒斯同他的朋友伊俄拉俄斯找到大蛇出没的地方，用箭将它从隐藏的地方赶出来。赫拉克勒斯抡起大棒，一下击碎蛇怪九个头中最大的一个。

就在赫拉克勒斯要欢呼胜利之时，奇怪的事情发生了，蛇怪失去脑袋的脖子里“唰”地长出两颗新的脑袋！

赫拉克勒斯只好不停地敲碎蛇怪的头，可是，每敲碎一个蛇头，就会长出两个蛇头，蛇怪的头越来越多，蛇怪也越来越凶猛。

赫拉克勒斯在激战中发现，蛇怪有一个头最厉害，就像指挥官，于是他瞅准机会，快速砍下那颗蛇头，用一块巨石压住，终于消灭了大蛇怪。

春夜星空的这三个星座——长蛇、狮子和巨蟹，都是在纪念大力神赫拉克勒斯的功绩。

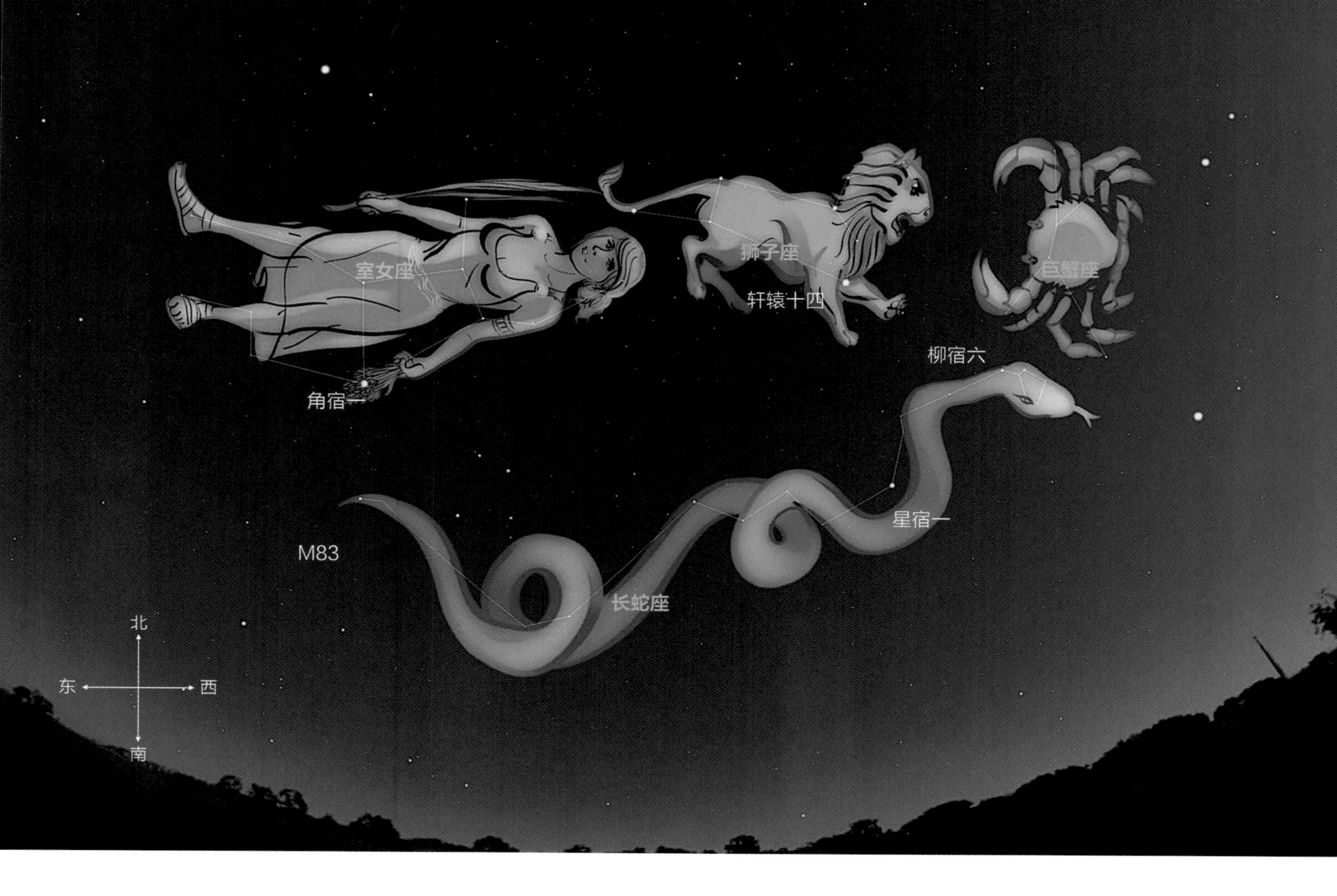


## 星空故事2

### 昔我往矣，杨柳依依

长蛇的头部对应着二十八宿的柳宿，一共有八颗星，最亮的星为柳宿六，八颗星组成的形状很像一个尖尖的蛇头。

仔细观察柳宿，还会觉得它又像一片柳叶，柳宿六就在叶柄上。

《诗经 · 采薇》里有一句非常美的诗：

昔我往矣，杨柳依依。今我来思，雨雪霏霏。

周代的士兵经历战争后回家，感触最深的就是出发时路旁随风摇摆的杨柳。亲友临别之时，风吹杨柳枝，就像要把即将远行的人牵回一样，柳也成为古典文学中代表离愁别绪的重要意象。于是，古人就把心中的柳用以命名天上的星宿，这就是柳宿。

## 星空故事3

### 犁头星断案

长蛇的心脏部位，有一颗橘红色的 2 等星，由于它周围很远都没有什么亮星，这颗星显得孤独而醒目，它叫星宿一。

星宿是二十八宿之一，共有七颗星，星宿一的北边和南边各有三颗星，所以星宿也称为“七星”，人们把它想像成一只犁头，称为犁头星。

从前，在南方彝族的山寨里，有一个单身青年，父母双亡，到处流浪。一天，他路过一户人家，这家房门前有一个羊圈，靠近路边。青年看羊可爱，就逗羊取乐，这家人看见青年逗羊也不以为意。

不料第二天清早，主人发现羊圈中一只最肥的母羊不见了，他很快便想到那个逗羊的青年，会不会是他偷走了母羊？于是就把青年抓住，去见毕摩。毕摩就是彝族的祭司，也是占星家，专断民间疑难杂案。

青年被押上祭星的高台，当犁头星——星宿七星升起后，毕摩恭敬地向犁头星祈祷一番，然后从熊熊火堆中夹出一个烧得通红的铁犁头，对青年说：“请你看着犁头星，用手提着烧红的铁犁头，按犁头星的形状走七步，如果你没有偷羊，犁头星会保护你不被烫伤的，这就证明你是清白的。”

这种断案方法实在是没有什么道理，而且野蛮恐怖，不料那青年毫不犹豫，弯腰就去提那红热的犁头。就在青年的手快要触到铁犁头的一刹那，毕摩喊道：“停！年轻人，犁头星已经证明了你的清白，因为你有勇气去提铁犁头，羊不是你偷的。”案子就这样了结了。

## 观测指南1

### 找出完整的长蛇座

长蛇座是88星座中最大的，蜿蜒在四分之一的天空，你能在星空里找出完整的长蛇座吗？看一看蛇头——柳宿，是不是很形象？

## 观测指南2

### 孤独者星宿一

蛇的心脏——星宿一不算太亮，是一颗2等星，在全天恒星中排名第45位，周围没有亮星，只有它孤零零地发着冷寂的红光，古代阿拉伯人称星宿一为孤独者。

星宿一距离地球175光年，这颗恒星已经演化到晚期，膨胀成为一颗巨星。直径约7000万千米，体积是太阳的12万倍，总辐射能量约为太阳的1000倍。

## 天体鉴赏1

### 千颗红宝石——M83星系

在长蛇的尾巴南边，有一个叫M83的星系，距离我们约1500万光年，是一个典型的旋涡星系，也被称为南风车星系——还记得大熊尾巴的大风车星系M101吗？M83是著名的星爆星系，悬臂上有大量的恒星诞生区，新生恒星用它们炽热的光芒照亮了旋臂内孕育它们的气体星云，形成一团团明亮的红斑，就像镶嵌了无数红宝石，天文学家们又称M83为千颗红宝石星系。（图见下页）

M83 星系

# 乌鸦和巨爵

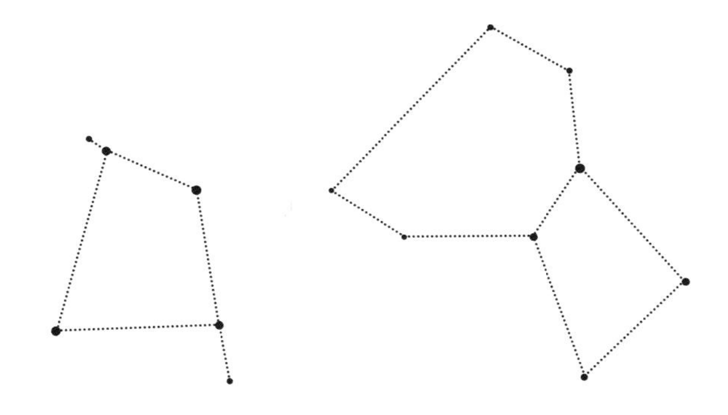

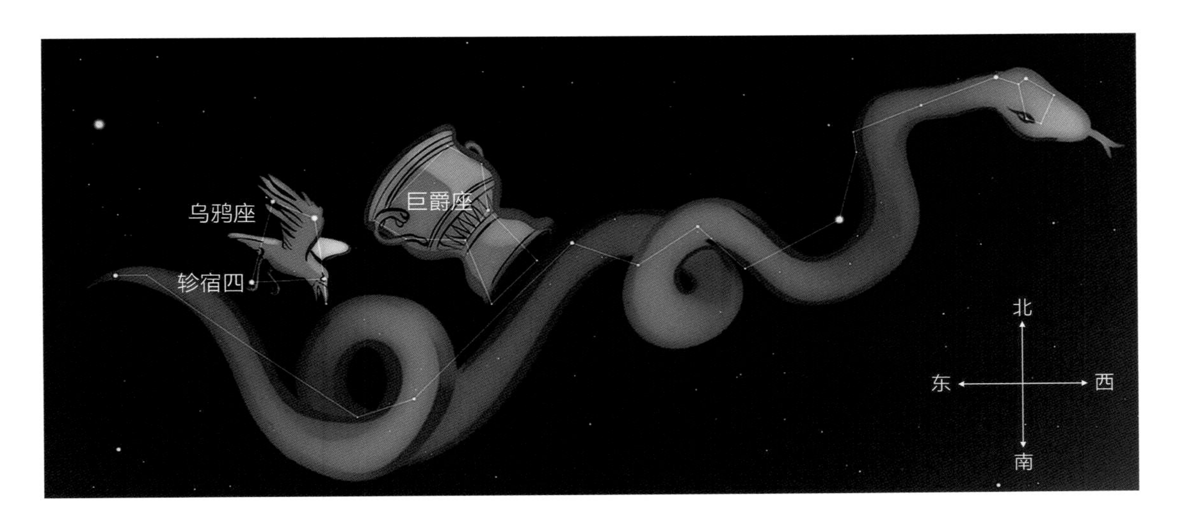


## 星空故事1

### 爱搬弄是非的乌鸦

在长蛇的尾部，由四颗 3 等星组成一个近似梯形的四边形，虽不太亮，却很容易辨认，这就是轸宿四星。

轸宿在中国古代星象家眼里，代表的是一辆战车，但在西方人眼里，它是一只展翅飞翔的小鸟，一只乌鸦。

这只乌鸦本是太阳神阿波罗的宠物，长着一身金色的羽毛，又会说乖巧的话语，十分美丽可爱。阿波罗有一个爱妻叫科洛尼斯，为他生了一个儿子叫阿斯克勒庇俄斯。后来阿波罗渐渐不太信任科洛尼斯了，就派了金色小鸟去科洛尼斯身边作间谍。金鸟回来撒谎说，妻子背叛了他。阿波罗十分生气，用箭射死了妻子。

可是后来发现，妻子并没有背叛他，那是金鸟的谎言。知道真相后，阿波罗伤心欲绝，对金鸟十分愤怒，就把它漂亮的金色羽毛变成了黑色，并且让它不会说话，只能发出难听的“吖吖”声。

## 星空故事2

### 坐等无花果成熟

乌鸦的西边，是巨爵座，那是一只大银杯，也是阿波罗的。有一天阿波罗拿出一个大银杯让自己的金鸟去河边舀一杯净水以献给宙斯。可金鸟在溪边无意间发现一棵无花果树上的果子相当诱人，由于还不太熟，于是金鸟便坐下来耐心等待，一直等到无花果成熟。

为了解释自己的耽搁，金鸟从水中抓出一条水蛇，对阿波罗撒谎说在水边遭到这条水蛇的攻击才耽误了时间。后来阿波罗把银杯放在了乌鸦的旁边，作为它爱说谎话的证据。

## 观测指南1

### 延伸春夜大弧线

从北斗七星的斗柄，到大角星、角宿一的大弧线，继续向南方延伸，就是乌鸦四边形的轸宿四，由此可以确定长蛇的尾部。

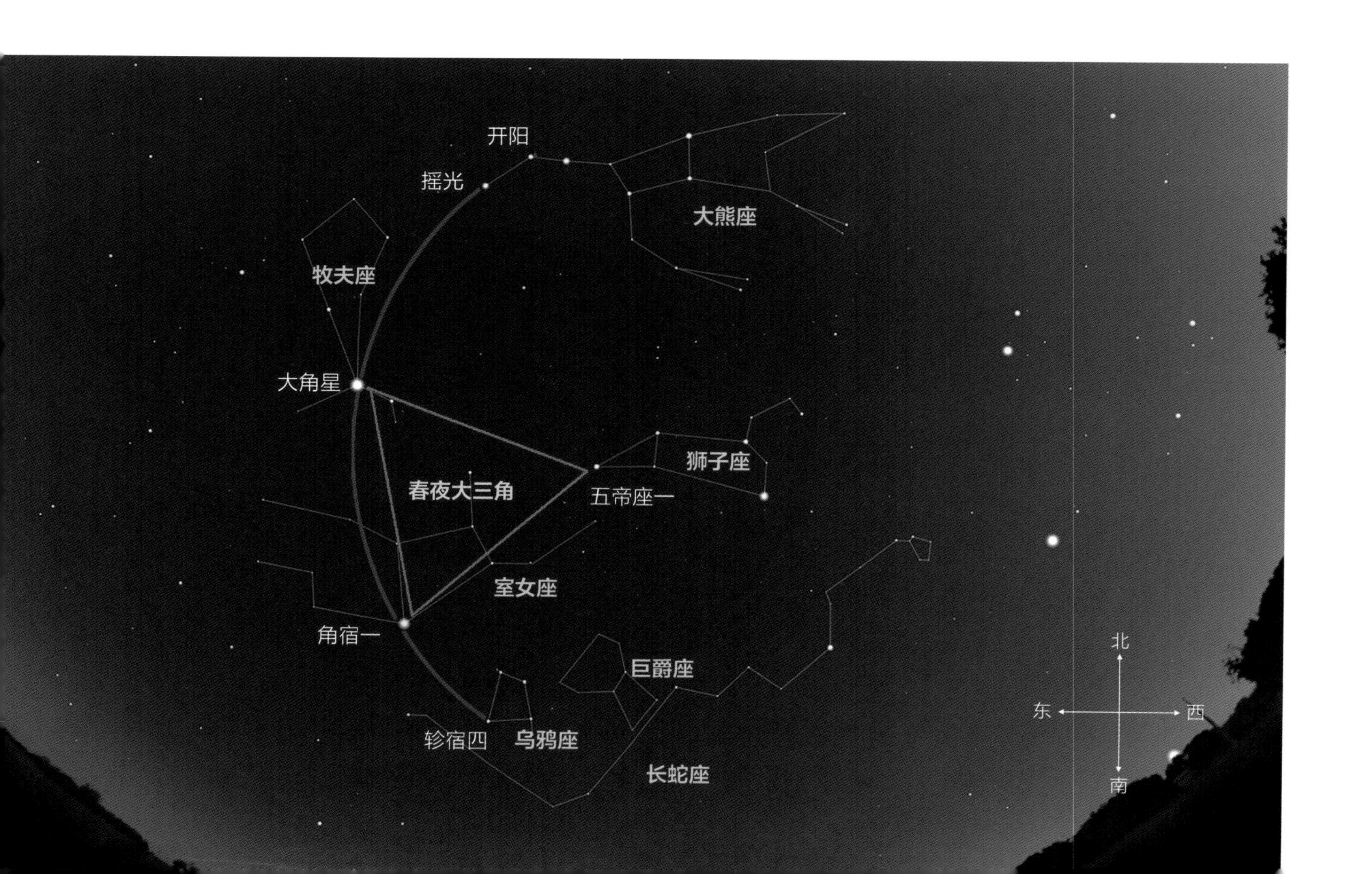

## 天体鉴赏1

### 天线星系

在乌鸦座里，有两个碰撞的星系纠缠在一起，这两个星系分别为NGC 4038和NGC 4039，因有两个长长的触须，又称为触须星系，或者天线星系。天文学家推测，大约9亿年前，这两个星系开始接触； 6亿年前，两个星系交错而过；3亿年前，两个星系的恒星被相互牵扯出来，形成了触须。最终，这两个星系将会合并成为一个巨大的椭圆星系。

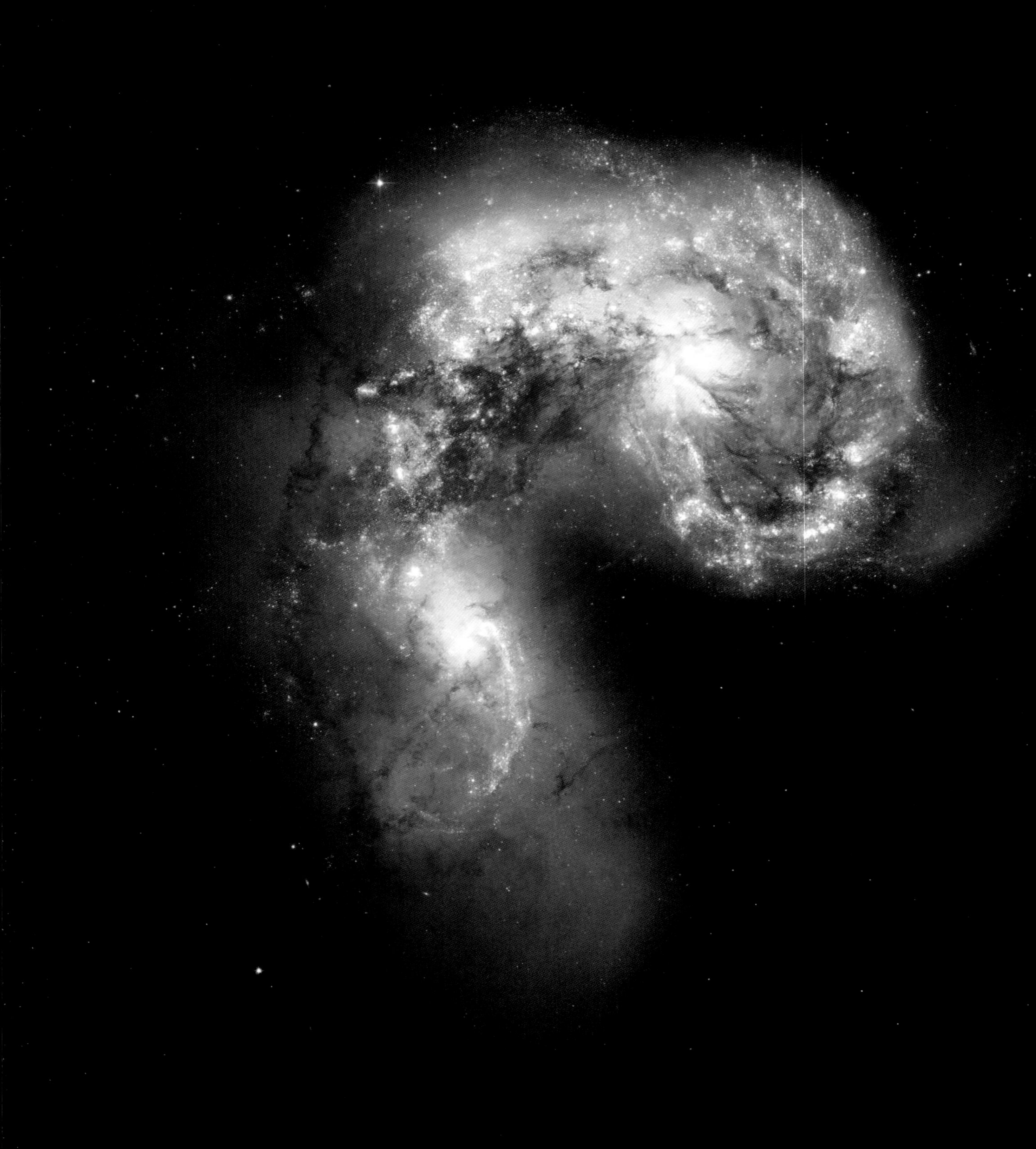

天线星系 NGC 4038 和 NGC 4039 的主体

# 红色的雀鸟

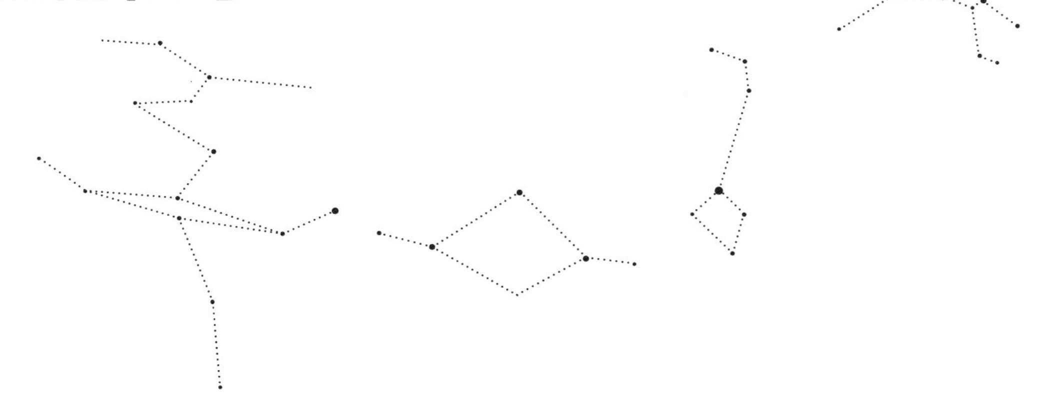

## 星空故事1

### 童谣中的神秘星象

长蛇座的一长串星星，大致对应着中国古代星空四大神兽之一的南方朱雀。

朱雀这只鸟后来被人们描绘成一只飞翔的凤凰，但最初它只是一个鹌鹑而已。代表长蛇头部的柳宿八星被看作鸟嘴，星宿七星被看作鸟的脖子，星宿东面的张宿四星，呈四边形，四边形的对角外各有一星，组成梭子形状，它被看作鸟的嗉子，即鸟胃。这三宿合起来又被称为“鹑（chún）火”，即鹌鹑鸟的身体。

关于“鹑火”，有这样一个真实的历史故事。

春秋时期有一个强大的诸侯国叫晋国，晋国南面有两个小诸侯国——虞（yú）国和虢（guó）国，虞国在晋国和虢国中间。晋献公很想把这两个小国吞并了，于是就在公元前655年向虞国提出，从虞国借道去攻打虢国。晋献公怕虞国不同意，就把自己最心爱的两个宝贝——一块稀世美玉和一匹宝马送给了虞公。虞公接受了宝贝，打算同意晋国借道。

虞国有一位大臣叫宫之奇，颇有远见，劝阻虞公说：“虢国是虞国的外围，两国关系就像嘴唇和牙齿一样，你想想，如果没有了嘴唇，牙齿不就露在外面感受寒冷了吗？”这就是成语“唇亡齿寒”的来历。

虞公在晋献公的美玉宝马贿赂下，失去了判断力，答应了晋国军队借道的要求。宫之奇感到虞国灭国在际，就带领自己的族人避祸而去。

晋国的军队从虞国经过，去攻打虢国，八月份，晋军包围了虢国的上阳。就在这时，民间有童谣响起：

“丙日过，星星落，日龙尾，月天策，鹑火挑日月，虢公奔河洛。”

晋献公想知道这首童谣是什么意思，就找来

一个占卜人。占卜人回答说：“丙日这天，星星落下去的时候，太阳在东方苍龙的尾巴，月亮在天策星官，这时鹑火星，也就是南方朱雀的身子，在月亮和太阳的中间，就像是两头分别挑着太阳和月亮一样，这一天，虢公就会逃跑到洛阳去了。”

看来，上天已经显示了征兆，虢国必然要灭亡了。晋献公大受鼓舞，下令在丙日这一天全面攻打，很快拿下虢国，虢公逃到京都洛阳。

晋军班师还朝，经过虞国时，乘着虞国没有任何防备，轻而易举地把军队开进了都城，灭掉了虞国。

公元前 1059 年 5 月 28 日的五星聚，傍晚向西观看。

## 星空故事2

### 凤鸣岐山

公元前1059年的5月底，傍晚时分，星星闪现，周文王向西望去，在岐山顶上，发现了一只美丽的凤凰。《诗经》里有一首诗就这样写道：“凤凰鸣矣，于彼高冈。”

更为奇特的是，这只凤凰的口里还衔着一块玉圭，那是王权的象征。这无疑是一个极大的瑞象，昭示着重大事件的发生。

其实，那只凤凰并不是真的站立在岐山之颠，它实际是翱翔在星空里的朱雀。那些天傍晚，太阳落下西方地平线不久，星空显露出来时，朱雀恰好位于西方，头扑向西北方向的低空，双翼则高展于西南，远远望去，就像要落于岐山顶上。

凤凰口中衔着的圭玉当然也不是真的圭玉，而是肉眼可见的五颗行星，也就是水星、金星、火星、木星和土星。

原来，公元前1059年的5月，平常在星空里四散游弋的五大行星开始会聚了，会聚的地点就在鬼宿。鬼宿乃至整个朱雀七宿，基本上都是暗弱的星，所以明亮的五行星在这里会聚显得非常引人注目。而且这次会聚很不一般，五星越聚越近，到公元前1059年5月28日傍晚，五颗星竟然都集中在3度的区域内，这相当于伸直胳膊后握紧的拳头所覆盖的区域，事实上这是一次几乎空前绝后的会聚。

紧密会聚的五星，如同一块珍奇的圭玉从天垂下。五星的上方，那只美丽的凤鸟——朱雀正展翼翱翔，俯冲而下，仿佛是把那宝贝圭玉衔在口中。这亘古罕见的天象奇观，吸引了所有人好奇而惊讶的目光。天垂象，见吉凶，五星会聚要宣示怎样的天命呢？人们忐忑不安地猜测着。

周文王西望天空，这一幕就出现在岐山之巅。文王仿佛听到了凤凰的啼鸣，昭告那五星的圭玉乃是上天颁布给自己的诏书。殷王无道，虐乱天下，天命所归，舍我其谁？文王心潮澎湃，乃作《凤凰歌》一首，歌曰：

翼翼翔翔彼鸾皇兮，
衔书来游以命昌兮，
瞻天案图殷将亡兮！

于是，西周人承天受命，替天行道，经过艰苦卓绝的准备和斗争，终于在公元前1046年消灭商纣，建立周朝。

# 第四部分

# 夏夜星空

武仙座

天鹅座

天琴座

北冕座

海豚座

蛇夫座

天鹰座

巨蛇座

天秤座

人马座

天蝎座

南冕座

南十字座

豺狼座

半人马座

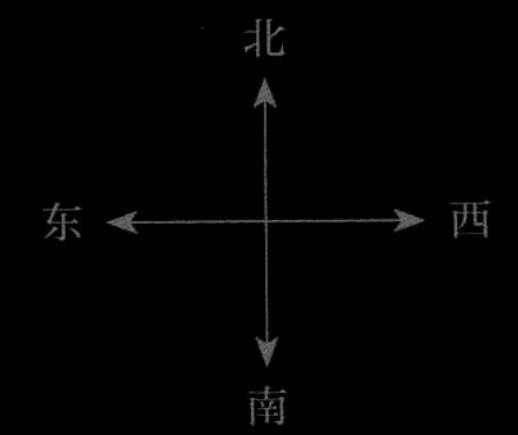


时间：6月15日：0点；
7月15日：22点；
8月15日：20点。

恒星每天比前一天提前约四分钟升起到同一位置。

# 牛郎织女

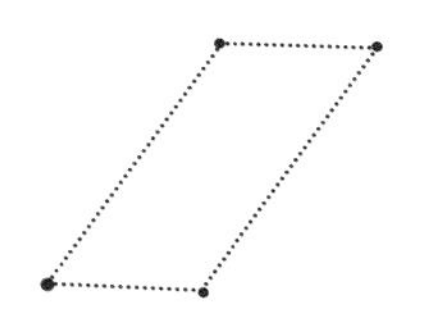

## 星空故事1

### 牛郎织女

夏夜，大角星偏向西方的天空，明亮的织女星开始闪耀在星空舞台的中央。在它的南方不远处，就是大名鼎鼎的牛郎星（河鼓二），它比织女星稍暗了一点。银河从牛郎星和织女星中间流过，自东北流向西南。

夏天夜晚，仰望天上的牛郎织女星，传讲或品味牛郎织女的爱情传说，成为一代代人心中美好的记忆。

传说牛郎自小父母离世，依靠哥嫂为生。狠心的嫂子把他赶出了家门，只给了他一条老得可怜的牛。谁知这头老牛原来是天神下凡，在老牛的指引下，牛郎和天上偷偷下凡的织女结为夫妻，过起了男耕女织的幸福生活，并且生下一对儿女。

终于有一天，织女私自下凡的事泄露了，王母娘娘率天兵天将把织女押回天宫。牛郎用扁担挑起一对儿女，披上老牛临死时留下的牛皮，腾空而起，追赶织女。牛郎越追越近，眼看就要追上了，王母娘娘拔出头上的金簪在织女和牛郎之间一划，顷刻间一条波涛汹涌的大河出现在牛郎面前，这就是天上的银河。牛郎和织女被大河阻隔，只能遥遥相视，对河哭泣。

后来王母娘娘被二人的真情打动，就答应他们在每年七月初七这一天夜里相聚一次。这天夜里，无数喜鹊飞上天空，用身体在银河上搭起一座桥，牛郎和织女在鹊桥上相会，这就是七夕节。

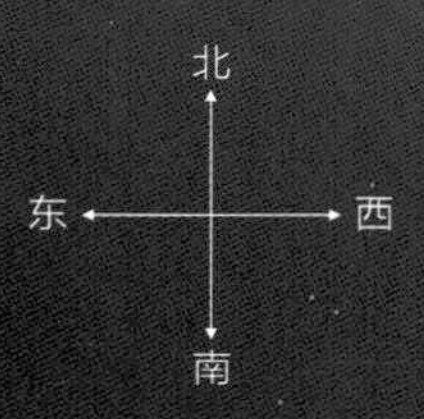


银
河

梭子

织女星

扁担

牛郎星（河鼓二）

## 星空故事2

### 玄宗七夕笑牛郎

七夕节也是乞巧节，因为织女是天上织布的高手，她被看成是心灵手巧的化身。在古代，女孩子们会在七月初七这天夜里，拿瓜果摆在庭院里以供奉织女，并乞求织女能够使自己心灵手巧。如果第二天早上看见有蜘蛛在所献的瓜果上结网，那就是织女答应自己的要求了。

有一年七夕，唐玄宗李隆基和他宠爱的妃子杨玉环在华清池共进晚餐。唐玄宗命人把瓜果摆在院子里，又让人拿来蜘蛛在上面结网。李隆基望着头顶上的牛郎织女星，又看看身边美丽的佳人杨玉环，牛郎织女有河汉相隔，而自己和爱妃却能够朝夕相守，不禁感慨万千，自觉比牛郎得意多了。

然而世事难测，不久安禄山起兵叛乱，唐玄宗携杨贵妃仓皇向四川奔逃，只逃了一百多里，到了马嵬（wéi）坡，士兵哗变。因为这场战乱的爆发和唐玄宗宠爱杨贵妃有很大关系，士兵们强烈要求处死杨贵妃，否则就不再继续护驾前行。

唐玄宗万般无奈，只得同意。杨贵妃在不远处被处死，头上名贵的饰品散落一地，唐玄宗低头掩面，禁不住血泪悲流。此情此景，令人何等伤感！李商隐《马嵬二首》之一中写道：

此日六军同驻马，当时七夕笑牵牛。

如何四纪为天子，不及卢家有莫愁？

## 观测指南1

### 织女的梭子和牛郎的扁担

在织女星向着牛郎星的一边，有四颗星组成一个菱形，它们被看作织女织布时用的梭子。

牛郎星的旁边，有两颗暗一些的星——河鼓一和河鼓三，它们与牛郎星排成一线，指向织女星。这两颗较暗的星，就是神话传说中牛郎用扁担挑着的两个孩子，这三颗星合在一起又称为“扁担星”。

## 天文扩展1

### 牛郎织女会相见吗？

牛郎和织女的神话传说给人们浪漫的期待，然而伟大的现实主义诗人杜甫却给人们泼冷水，他在《牵牛织女》一诗中这样写道：

*牵牛出河西，织女处河东。万古永相望，七夕谁见同？*

杜甫是冷静的，正确的。在古人眼里如精灵般的小星点，其实是遥远而无比巨大的大火球。

织女星距离地球25光年，体积是太阳的20倍，光度相当于40个太阳。

牛郎星距离地球17光年，体积约是太阳的5倍，光度相当于10个太阳。

织女星与牛郎星之间相距16光年。假如牛郎通过无线电通讯发出一声问候，它以每秒30万千米的速度传向织女，织女要等到16年之后才能听到。而当织女回应的声音传来，已经是32年之后。仅仅是一次对话，牛郎就已由一个朝气蓬勃的青年，成为一个白发苍苍的老人了。

如果牛郎乘坐一艘每秒飞行30千米的宇宙飞船到织女那里，需要飞16万年时间！

仰望织女星和牛郎星，想想它们之间16光年的距离，体会一下这距离究竟有多远，古人仰望牛郎织女星时的心情，思考神话传说与真实世界的反差。

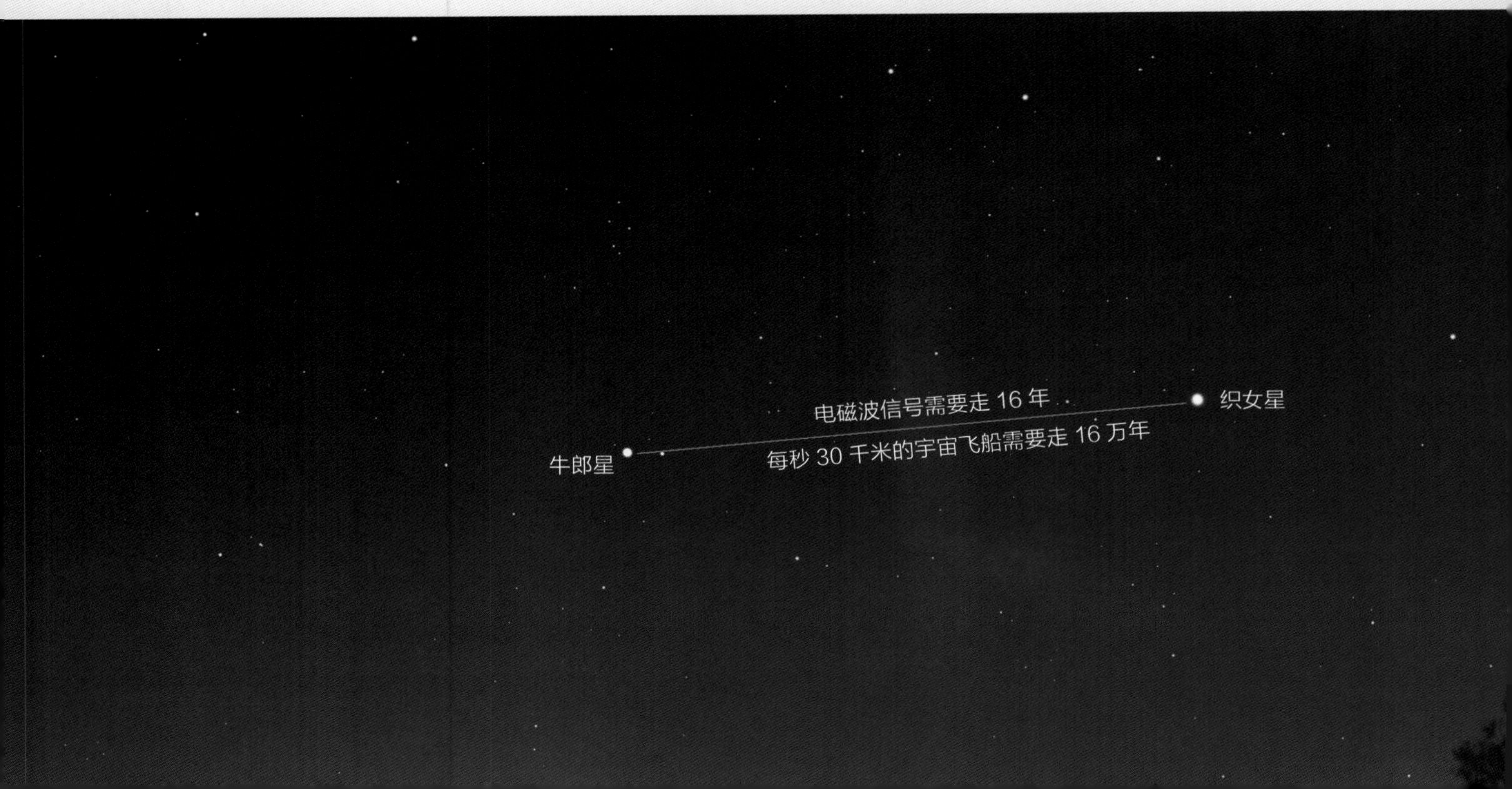

# 银河

## 星空故事1

### 乘筏游银河

银河从牛郎星和织女星中间流过，生活在现代城市的人对银河比较陌生，因为灯光掩映了银河的光芒，但古代人对银河非常熟悉，因为它是星空里一条非常醒目的光带。

古代人常常想，这条光带是什么呢？想来想去，觉得应该是天上的一条河流，这条天河与地上的河流相通，如果从地上的河流乘船，就可以到达天河。唐朝刘禹锡的《浪淘沙》就写道：

九曲黄河万里沙，浪淘风簸自天涯。

如今直上银河去，同到牵牛织女家。

有这样一个故事，故事的主人公就是坐船到了银河。

汉代的张骞曾多次出使西域。有一次他去往西域的大夏时，做了一个大筏子，沿黄河逆流而上，希望找到黄河的源头。可走了几个月，不但没找到源头，反而发现黄河越来越宽，越来越清澈，后来竟然水天相接，天水一片，到处是星光，如同仙境。

忽然前面出现了一处城郭，亭台楼榭，错落有致，河水从城中流过。张骞好奇地划进去，见河岸有一男子牵一头牛，牛正把头探入河中饮水。河对岸有一位妇女在洗衣服，张骞把筏子划近那妇女，问道：“大嫂，请问这是什么地方？”那妇女回答说：“这是天河呀！你是从人间来的吗？”张骞暗自吃惊，他见那妇女身后有一块石头，形状和颜色都是人间没有见过的，就问：“这是什么石头？”那妇女说：“这叫支机石，你喜欢，就送你好了。”张骞接过石头一看，原来是织布机上压布匹的石条，心中暗惊，问道：“你是织女？”那妇女点点头。

张骞在城中游历了一圈之后，就沿黄河水顺流而下，返回中国。这块支机石后来留在了成都，成都有一条街就叫“支机石街”。

李商隐的《海客》一诗就源自这个故事：

海客乘槎（chá）上紫氛，星娥罢织一相闻。

只应不惮牵牛妒，聊用支机石赠君。

## 星空故事2

### 客星犯牵牛

晋人张华在《博物志》杂说中，记载了这样一个故事。

有个人居住在海滨之地，每年八月，都看到有人乘筏子往返，来去都有一定的时间，从来不失误。

这人见到这种情景，便想出一个大胆的计划。他找来一个筏子，在筏子上盖了个小屋，里面装了充足的粮食，就乘着这个筏子浮海而去。

前十几天里，他还可以看到昼夜的变化，日月星辰的出没。又过了十多天，他就只能见到天地之间一片茫茫，不再有昼夜变化了。

继续向前浮去，忽然前面出现了一处地面，有城市和房屋，就像华丽的宫殿，甚为壮观。遥遥望去，宫廷之中有许多织女在织布。

那人正在观望之时，来了一名男子，牵一头牛，去河边饮牛。牵牛人见到乘筏人，惊奇地问道："你为何到此？"乘筏人说明来意，并问牵牛人这是什么地方。牵牛人回答说："你回到蜀郡以后，去问问严君平就知道了。"

乘筏人不再上岸，也不敢向前行进，于是乘着筏子返回。到了蜀地，就去找严君平，严君平是一个星象占卜大师，占卜了一番说道：

"某年某月某日，有客星犯牵牛。"

乘筏人计算日期，那一天正好是他到达天河和牵牛人相见之时。

## 天文扩展1

### 银河是什么

银河这条浅浅的光带究竟是什么？亚里士多德认为，银河是纯粹的大气现象，是地球发出的水蒸汽聚集在天空形成的，可能有某种机制，导致水蒸汽总是往银河那一带聚集而不消散。他不承认银河是天上之物，因为他坚信天是完美无缺的，而银河的边缘参差不齐，显得不美。

另有一些哲学家的看法和亚里士多德正好相反，他们认为银河很可能是天空两个半球的结合带。恒星天球是包围大地的完整的球，银河光带将它平分为两部分，很可能造物主在造恒星天球时，是用两个半球拼接成的，拼接部位不太整齐，留下了粗糙的痕迹，就形成了银河。

古希腊有一个叫德谟克利特的哲学家则认为，银河是由无数恒星构成，由于它们都太暗弱，人们无法把它们一一区分开来，于是就形成了一条光带。

1610年，伽利略用望远镜首次观测银河，证实了德谟克利特的观点。

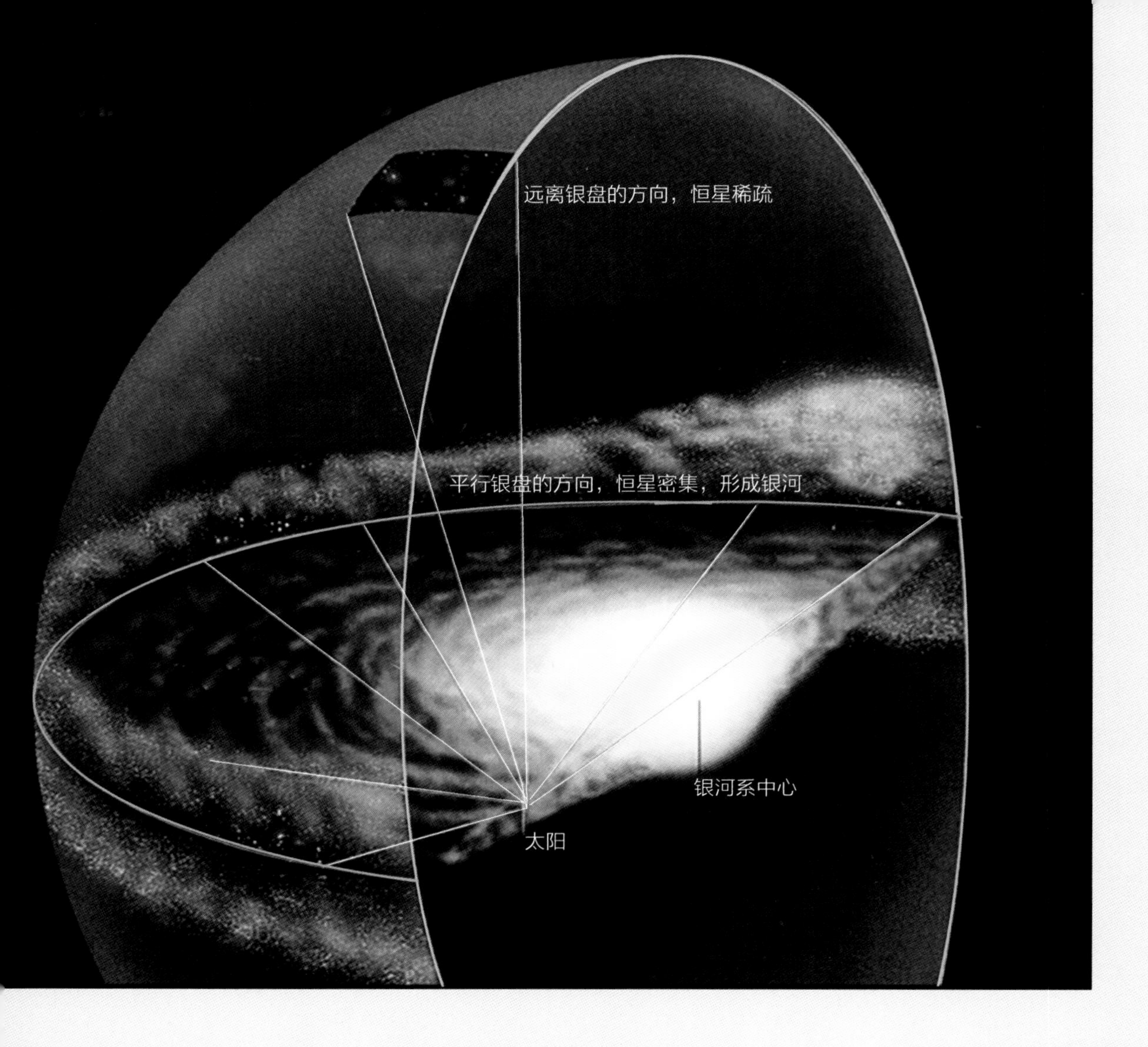


## 天文扩展2

### 银河为什么是一条环带

18世纪，德国哲学家康德最早解释了银河环带原理。

康德意识到，银河这条完整的光带昭示出银河系的结构——由恒星组成的扁平盘状体。我们身处在这个盘中，看向银河方向时，视线和银盘是平行的，银盘里有密集的恒星，就形成了银河光带；看向其他方向时，视线不与银盘平行，看到的恒星数量就少得多，就是银河外的星空了。

# 天琴与天鹰

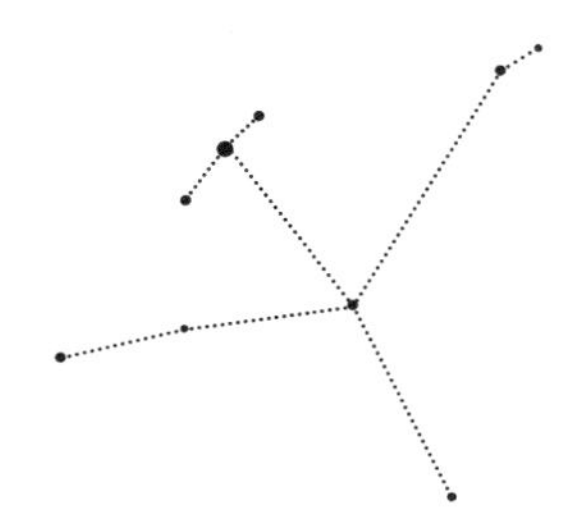

## 星空故事1

### 冥府回头，永失爱妻

织女星和她的梭子，大致对应着西方的天琴星座。这是一把精巧而神奇的七弦金琴，它发出的声音，能使天上的神和地上的人闻而陶醉，忘却一切苦恼与忧伤，消除一切呻吟与叹息。即使森林中最凶恶的猛兽，听到这琴音，也仿佛中了魔法一般，变得温和柔顺，甚至草木和石头也会被感动得点头微笑。

不过，要使这把七弦琴发出如此美妙的声音，必须由它的主人来弹奏才行，它的主人是谁呢？这把金琴本来是太阳神兼音乐之神阿波罗的，后来阿波罗把它送给了他与文艺女神卡利奥佩所生的儿子——天才琴手俄耳甫斯。

一天，俄耳甫斯在林间弹琴唱歌，美妙的歌声打动了仙女欧里迪切，俄耳甫斯也被欧里迪切的美貌吸引，两人结为夫妻，生活非常幸福。不幸的是，有一天欧里迪切被毒蛇咬伤，突然死去。俄耳甫斯异常悲痛，决心到地府去救回妻子。他一路弹着琴唱着歌，歌声打动了冥河边的艄公喀戎，渡他过了河；歌声使守卫冥土大门的三头狗安静地蜷伏下来；连复仇女神们听到他的歌声也流下了眼泪。俄耳甫斯的至诚之心感动了冥王，答应让他把妻子领回去，但有一个条件：在他领妻子走出地府之前，不能回头。

俄耳甫斯带着妻子踏上了重返人世间的旅途，就在接近冥国出口处，俄耳甫斯竟然忘记了冥王的要求，忍不住回头看了他的妻子一眼，一瞬间，妻子永远地消失了。

俄耳甫斯异常悲愤，他把七弦琴远远扔了出去，七弦琴一直升到天上，成为天琴座。

## 天体鉴赏1

### 环状星云M57

天琴座织女星附近，有一个编号为M57的环状星云，那是一颗死亡恒星抛出外围气体形成的气态外壳，星云中央可以看到一个微小的星点，那是死亡恒星留下的残骸——一颗白矮星。环状星云的大小约1光年，距离地球约2000光年。M57用小型望远镜即可观测到，右图为哈勃太空望远镜拍摄。

环状星云 M57（右图）

## 星空故事2

### 盗火者的刑罚

俄耳甫斯的七弦琴在天上也吸引了一群飞鸟和走兽。在北方的天龙探过头来安静地望着金琴；东方则飞来一只展翅高飞的天鹅，东南方跑来了一只小狐狸，南方则飞来一只凶猛的大鹰，牛郎星就是天鹰座的主星。

这只大鹰是从高加索山上飞来的，那里刚刚发生过一段悲壮的故事。

传说人类刚诞生之时，没有火，生活非常艰难。普罗米修斯从天上盗取火种，交给人类。大神宙斯为了惩罚普罗米修斯，把他锁在高加索山顶的峭壁上，每天有一只大鹰飞到峭壁上，啄食普罗米修斯的肝脏。这只鹰白天吃掉肝脏，到了夜晚肝脏又恢复原状，第二天这只大鹰又飞来啄食，就这样过去了三万年。

有一天，大力神赫拉克勒斯经过高加索山脚下，看到了普罗米修斯的悲惨遭遇，决心解救他。他取出弓箭，射落了大鹰，解救了普罗米修斯。天上的这只大鹰，就是对这一事件的纪念。

在天鹰的头部，有一支飞驰的利箭，它就是赫拉克勒斯用来射杀天鹰的那只神箭。

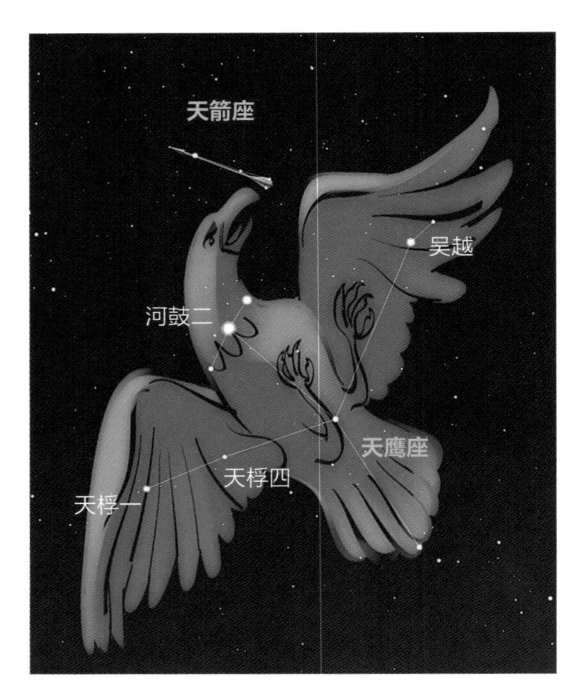


## 观测指南1

### 天桴四

与民间浪漫的想象不同，在中国古代天文学家们的眼里，牛郎星不再是温情默默的牛郎，而是和战场联系在一起。原来银河东岸的这一片星空是一个军事基地，牛郎三星——河鼓一、河鼓二、河鼓三是这个军事基地的三面战鼓。

天鹰靠南的那个翅膀，有天桴星，桴就是敲鼓的鼓槌，其中的天桴四是一颗黄白色的超巨星，光度约是太阳的3000倍，体积约是太阳的20万倍，距离地球约1200光年。

# 海豚

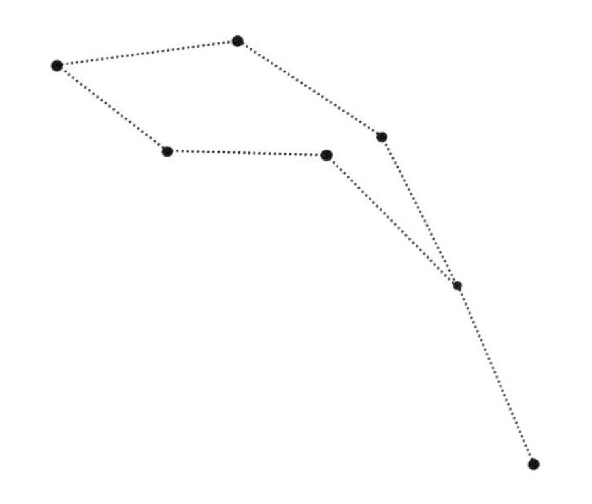

## 星空故事1

### 循着琴声去救人

天鹰东边不远处，有一个很小的星座——海豚座。这个星座虽小，却很形象，由四颗小星组成一个小菱形，这是海豚的头，在小菱形下面还有一颗小星，那是海豚的尾巴。这只小小的海豚，正努力地腾跃而上，看起来心情相当不错。

一天，小海豚正在海中游玩，忽然听到一阵奇妙的音乐声，这音乐悠扬而凄美，一下子吸引了小海豚。不过，正当它侧耳倾听时，音乐声又很快消失了。小海豚很奇怪，寻声游去，发现一个人怀抱竖琴，沉落水中，竖琴还在发出丝丝悲伤的余韵。琴音余韵深深地感动了小海豚，它游向落水之人，把它驮到自己的背上，向岸边游去。

沉落大海的人叫亚里翁，是一个大音乐家，住在爱琴海边的哥林多，是这个国家最有名的琴师，深受国王的喜爱。一次，西西里岛上举行一场盛大的音乐比赛，亚里翁辞别国王，前去参赛，获得了最高荣誉，得到了很多财宝。在回程的船上，水手们看到亚里翁的财宝，就起了歹心，他们夺了他的财宝，又逼他跳进海里。

亚里翁镇定地弹起竖琴，引吭高歌，歌毕一曲，便纵身一跃，跳入大海。没想到他的琴声吸引并感动了小海豚，使自己得救。

海豚驮着亚里翁一直游到岸边。亚里翁在海滩上休息了一会儿，向城市走去，他吃惊地发现，海豚驮他到的地方正是哥林多！

## 星空故事2

### 织女的梭子

海豚头部四颗星——瓠（hù）瓜一、瓠瓜二、瓠瓜三、瓠瓜四，构成了一个小小的菱形，这个小菱形与织女的梭子很相似。

传说牛郎挑着两个孩子追赶织女，眼看就要追上了，王母娘娘拔下头上的银簪，在两个人中间一划，一道波涛汹涌的大河出现在他们两个中间，把二人远远隔开。牛郎绝望呼叫，织女拿出珍藏的梭子掷向牛郎，以作纪念。这个梭子穿过银河，就定格在牛郎星旁边。

# 天鹅

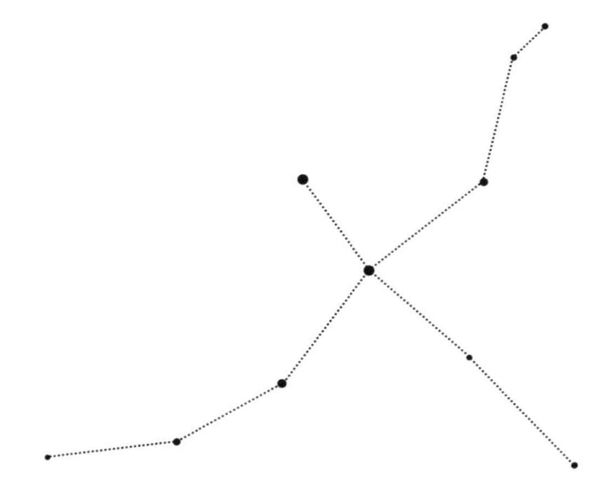

## 星空故事1

### 天上的渡口

对于不熟悉星空的人来说，天津四这个名字显得怪怪的，但很快你就会熟悉它。天津四不是天津市，但它和天津市的含义相似。津是渡口，天津市是靠近天京——北京的一个港口。天上的银河也有渡口，这个渡口也叫天津。组成天河渡口的一共有九颗星，形似一艘船，天津四就是渡口的第四颗星。在某些版本的神话传说里，牛郎和织女每年七夕相会，喜鹊搭成的桥就是天津。

## 星空故事2

### 忠诚的兄弟

在现代星座体系里，天津四属于天鹅座，天鹅很好辨认，几颗星组成一个漂亮大十字架，欧洲人把它称为北十字架，它与南天的十字架——南十字座遥遥相对。这个大十字架像一只展翅高飞的天鹅，天津四正好在天鹅尾巴上，一颗叫辇道增七的 3 等星是天鹅远远伸出的头。

传说太阳神儿子法厄同有一个非常要好的朋友西格纳斯，他们整天在一起玩耍，形影不离。

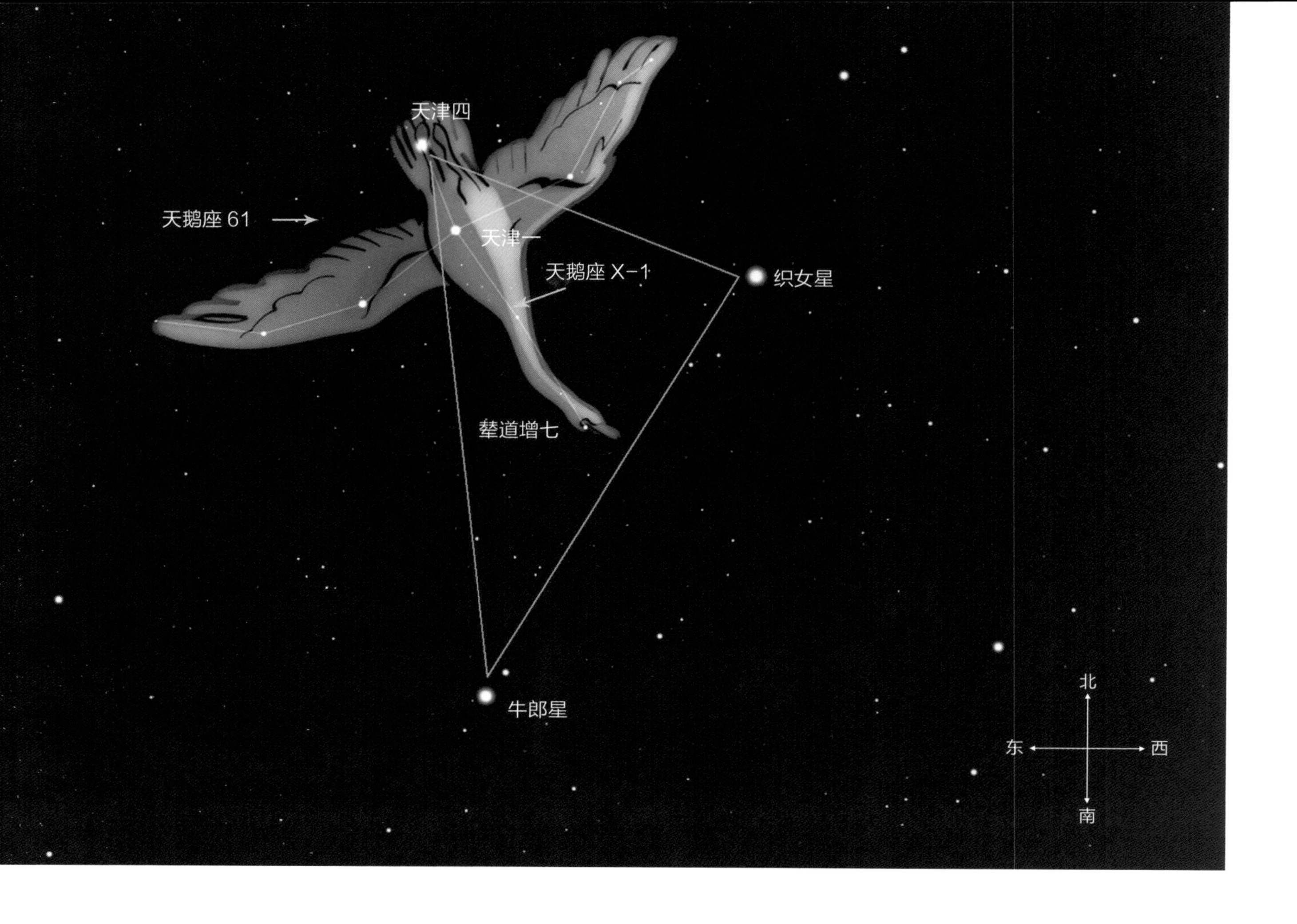


一天，法厄同见到父亲阿波罗，执意要驾御太阳车，结果拉车的马匹受惊，太阳车失控，宙斯用雷击向太阳车，法厄同被击死坠落江中。西格纳斯十分悲痛，终日徘徊在江边，找寻法厄同散落的遗体。宙斯被他的诚挚友情感动，将他变成一只天鹅，让他在江面上来回飞翔，收找法厄同的残肢。后来又将他提升到天界，成为终日飞翔在银河上的美丽天鹅。

## 观测指南1

### 夏夜大三角

夏夜，你仰望星空，会看到星空里有一个很大的三角形，其中的两颗，是你熟悉的织女星和牛郎星，它们东边的那颗亮星就是天津四。这个大三角形称为夏夜大三角，它是认星的一个重要标志。

## 观测指南2

### 鹅头星

天鹅头部的恒星叫辇道增七，用一台双筒镜即可分出是一对美丽的双星，两星颜色对比明显，分别是橘色和蓝绿色，距离地球380光年。

## 观测指南3

### 遥望天津四

牛郎星、织女星、天津四虽然看起来都很明亮，但牛郎星与织女星是近邻,牛郎星距地球17光年，织女星距地球25光年。天津四则不同，它在牛郎星与织女星的大后方。

根据伊巴谷卫星测量的数据，天津四与地球的距离是3200光年。这意味着，它几乎是地球夜空里最遥远的一颗亮星。按此距离计算，天津四的真实亮度相当于25万个太阳，体积是太阳的1000万倍。

如此巨大而明亮的天体，却只是装点地球夜空的一个星点，宇宙的浩瀚与伟大是多么不可思议！

仰望天津四，它把我们的思绪带回到遥远的古代。进入我们瞳孔的天津四光芒，是它在3200年前的商朝发出的。3200年前，这些光子离开天津四，开始以每秒30万千米的速度向地球飞奔，在地球上经历了众多的朝代更替和沧海桑田的变化后，才进入我们的眼中。

## 天文扩展1

### 最早测出距离的恒星——天鹅座61

1838年，德国的贝塞尔测量出了天鹅座61的距离，这是第一颗测量出距离的恒星。

怎么测量恒星的距离呢？天文学家利用三角视差法：从恒星向地球轨道两端连两条线，形成一个夹角，夹角越小，恒星就越远。

地球轨道直径3亿千米，怎样从两端向恒星连线呢？

贝塞尔是这么做的：他先在轨道一端作一条连线——标注下天鹅座61在天球的位置，然后乘着地球，花了半年时间跑到地球轨道另一端，再作另一条连线——标注下天鹅座61在天球上的位置，这两个位置有一点点移动，这就是夹角，叫视差。这个角度很小，相当于从10千米外看一枚硬币张开的角度。

贝塞尔由此估算天鹅座61与地球的距离大约为10.4光年，这个数值与实际距离11.4光年非常接近。

## 天文扩展2

### 黑洞赌约

天鹅的脖子里，有一个能辐射强大X射线的天体，叫天鹅座X-1，它是第一个被怀疑为黑洞的天体，霍金和引力波的发现者基帕·索恩专门为它打过赌。

用光学望远镜对天鹅座X－1观测，发现这个地方有一颗亮度为9等的恒星，质量在25倍至40倍太阳质量之间，这是一颗非常明亮的蓝色超巨星。

天鹅座X-1的射线是由蓝色超巨星发射出来的吗？不是，它的表面温度只有几万度，不可能发出这么强大的X射线。蓝色超巨星有一颗看不见的伴星，X射线由它而出。天文学家们能够判断出来，X射线发射区范围很小，而且暗伴星一秒钟就可以旋转一千圈，这样的星体不是中子星就是黑洞。

还有另一个指标：不可见伴星的质量很大，可能超过10倍太阳，这质量超过了中子星的质量上限，它有非常大的可能是黑洞。

1974年，史蒂芬·霍金和基帕·索恩打了一次赌。霍金赌那个暗伴星不是黑洞，索恩赌它是。赌约写道："鉴于史蒂芬·霍金对广义相对论和黑洞素有研究但求保险，基帕·索恩好冒险，故以打赌定胜负。霍金以1年《阁楼》对索恩4年《私家侦探》，赌天鹅座X-1不含质量大于钱德拉塞卡极限的黑洞。"

1990年6月，霍金访问加州理工学院。演讲结束后，他带着家属、护士和朋友闯进基帕·索恩的办公室，让人把赌约找出来，在上面签道："认输，1990年6月。"并且按上了自己的指印。

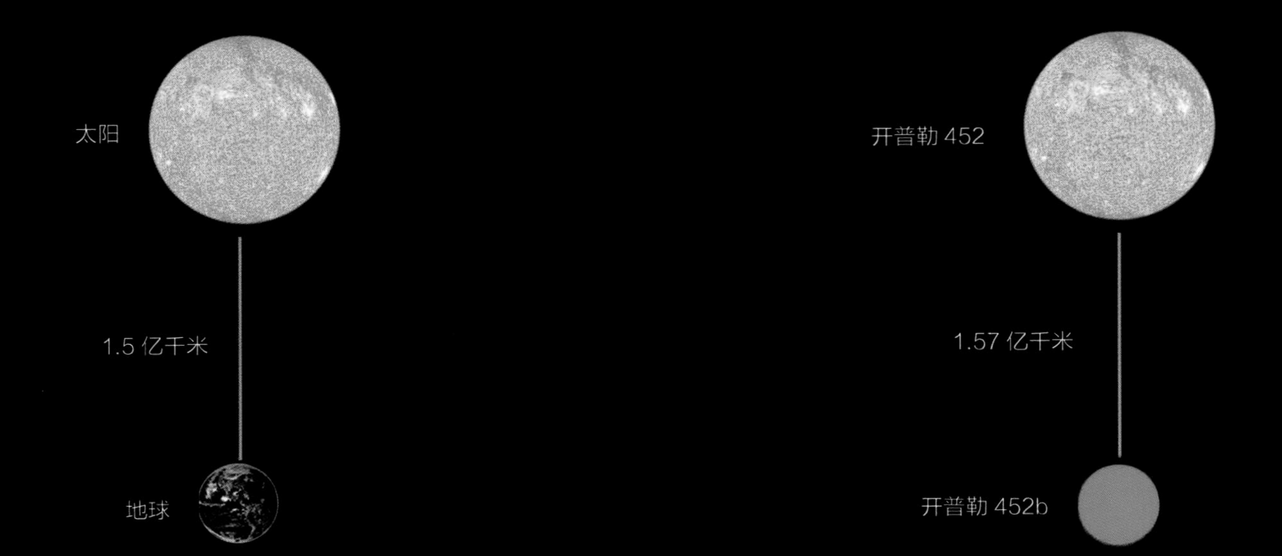


## 天文扩展3

### 地球2.0

2015年7月24日，天鹅座里发现了一颗行星——开普勒452b，它被天文学家们称为“地球2.0”，因为它和地球的相似度达到了98%。这颗行星的直径是地球的1.6倍，与其母恒星的距离仅比日地距离远5%，公转周期385天。开普勒452b围绕的恒星是开普勒452，也是一颗非常理想的恒星：年龄约60亿年，温度和太阳相同，亮度是太阳的1.2倍。开普勒452b上面会有生命吗？很值得期待。

## 天文扩展4

### 天鹅座的星云

天鹅座处在银河里，眺望天鹅座，就是在眺望银河系的巨大银盘，银盘里有很多气体星云。天鹅座就是一片星云聚集区域，里面有很多美丽的星云，如面纱星云、北美洲星云、鹈鹕星云、蝴蝶星云、弦月星云、郁金香星云等。

宇宙太空里散布着很多气体尘埃组成的云团，称为弥漫星云。弥漫星云分为三种：

发射星云：在星云内或近旁总有一颗或一群高温恒星，在这些星的紫外辐射作用下，星云中的气体被激发而发光。

反射星云：星云本身不发光，但邻近的恒星会把它照亮，它因为反射星光而发亮。

暗星云：星云本身不发光，是黑暗的，在明亮的背景衬托下才能看到它的轮廓，比如猎户座的马头星云、南十字座的煤袋星云等。

和弥漫星云相对应的另一类星云叫行星状星云，它们是恒星死亡后抛出的外围气体所形成，比如天琴座环状星云M57。

## 天体鉴赏1

### NGC 6960，女巫扫帚星云

一万年前，在人类文明史出现之前，一个极为明亮的星出现在天鹅座——一个超新星爆发了。一万年后，超新星的遗迹形成了面纱星云，星云目前的距离1400光年，尺度为35光年。这张图片是面纱星云的一小段，它看上去像不像女巫的扫帚？

# 武仙

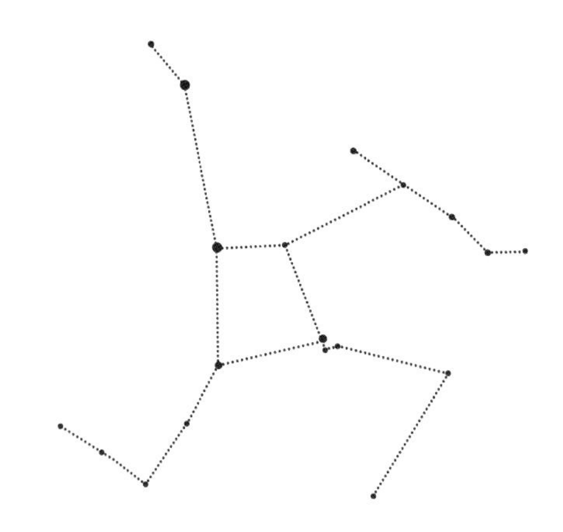

## 星空故事1

### 武仙就是大力神

明亮的织女星西边，紧挨着的是武仙座——大名鼎鼎的大力神赫拉克勒斯。赫拉克勒斯头朝南、脚朝北，一只脚就踩在天龙的头上。

赫拉克勒斯是宙斯的儿子，不过不是赫拉所生，宙斯为了使他获得神力，让信使赫尔墨斯把小赫拉克勒斯带上奥林匹斯山，乘赫拉睡着时偷吸她的乳汁。正吮吸时，赫拉惊醒了，她愤怒地把小赫拉克勒斯扔回到地上，赫拉的乳汁立即喷溅而出，在天上形成了一条“乳汁之路”（the Milk Way），这就是银河。

赫拉克勒斯还是八个月大的婴儿时，有一天，赫拉乘他熟睡，命人放两条毒蛇在他的屋子里，两条毒蛇爬进摇篮，缠住小赫拉克勒斯。小赫拉克勒斯被惊醒，看到两条缠在自己身上的毒蛇，就用两只小手各握住一条蛇的脖子，用力一捏，两条毒蛇就被小赫拉克勒斯捏死了。

长大后，赫拉克勒斯学会了一身本领，成为全希腊最英俊、最强壮、最勇敢同时也最聪明的人。他也获得了多种宝贝武器：神使赫耳墨斯给他一口宝剑，太阳神阿波罗送给他弓箭，匠神赫菲斯托斯送给他黄金的箭袋，智慧女神雅典娜送给他青铜盾牌，赫拉克勒斯就这样被武装起来了。

然而，赫拉仍然对赫拉克勒斯怀恨在心，他必须闯过十二道难关，才能升入希腊奥林匹斯圣山。其中有：杀死刀枪不入的巨狮；杀死九头蛇怪以及协助它作战的大螃蟹；在一天之内，将养有三千头牛、三十年从未打扫过的牛棚打扫得干干净净；盗取能使人长生不老的金苹果，这金苹果由会喷火的天龙把守。狮子、巨蟹、长蛇都在武仙西面的春夜星空中，天龙在北方和大熊小熊在一起，它虽然在骚扰着大熊和小熊，不过它的头被赫拉克勒斯的一只脚踩着，不敢轻举妄动。

## 观测指南1

### 拱顶石四星

大力神武仙的身子由四颗星组成一个四边形，这四颗是天纪一、天纪二、天纪三、女床一，这个四边形称为拱顶石，是夏夜星空的主要标志。

## 天体鉴赏1

### 球状星团M13

M13在拱顶石的西边，北天最亮的球状星团。在黑暗的夜空，肉眼可见，像是朦胧的恒星，用双筒望远镜可以清楚看见，宽度为满月的一半，用小型望远镜可见最亮的一些恒星。M13距离地球23500光年，其中有数十万颗恒星。

## 天文扩展1

### 银河系里的两类星团

恒星不喜欢孤单，常常成双结对，组成双星；或者三五成群，形成聚星。

更多的星星聚集在一起，就形成星团。星团分为两类，一类是疏散星团，一类是球状星团。

疏散星团：数百颗至数千颗恒星组成的集团，直径一般不超过几十光年。目前在银河系内已发现一千多个疏散星团，实际数量可能十倍于此。

球状星团：由几万甚至几十万、几百万颗恒星组成，呈球形，越往中心恒星越密集。球状星团直径一般也只有几十光年，它里面的恒星密度比疏散星团大得多，中心附近恒星密度约是太阳周围的恒星密度的上千倍，银河系里大约有150个球状星团。

# 北冕

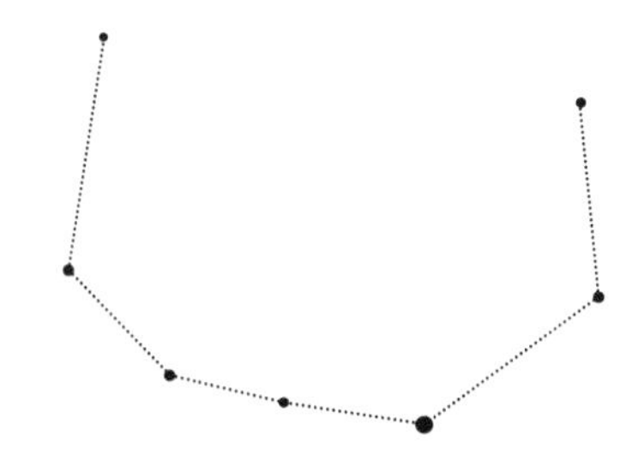

## 星空故事1

### 酒神的爱情

武仙的西面，有七八颗星星组成一个开口的圆环，就像是镶嵌着钻石的冠冕，它就是北冕座。

大神宙斯有个儿子，名叫狄俄尼索斯，非常勤奋好学，到处拜师学艺。经过一番努力，他掌握了酿造葡萄酒的技艺，成为酒神，走到哪里，就把葡萄酒的酿制技术带到哪里。

一天，狄俄尼索斯乘船来到那克索斯岛，刚一上岸，便看见一位少女坐在一块大石头上默默抽泣，他顿生怜悯之意，便走上前去安慰她。

少女名叫阿里亚德妮，是遥远的克里特国公主。她父亲祭祀不周，惹怒了海神波塞冬，波塞冬施展法术，使他的妻子生下一个牛头人身的怪物——弥诺陶洛斯，怪物不但面目狰狞，还十分残暴，只吃人肉，而且还必须是童男童女的嫩肉。

国王追悔莫及，知道这是海神的意思，不敢得罪，就命人建造了一座巨大的迷宫，把那个吃人怪兽关进迷宫中心，命雅典城每年进贡童男童女，送进迷宫专供牛头怪享用。

牛头怪物的暴行，激起了一位少年的无比愤怒，这个少年叫忒修斯，为了救民于水火，他毅然宣布自己愿做童男，前往迷宫。

克里特的公主阿里亚德妮看到英武的忒修斯，心生怜爱与希望，悄悄给他一把利剑和一团线，让他进迷宫后一边走一边放线，线可以引导他走出迷宫。

忒修斯果然不负期望，奋勇杀死了牛头怪，并顺着线走出了迷宫，然后带着阿里亚德妮乘船逃离克里特，经过多日漂流，来到那克索斯岛，并在那里度过了一段愉快的时光。

一天夜里，忒修斯在睡梦中，忽然见到命运女神向他走来，并对他说："赶紧离开阿里亚德妮吧，我早已安排，她应该是酒神狄俄尼索斯的妻子。"

忒修斯无法抗拒命运女神的安排，在公主熟

睡的时候，恋恋不舍地离开了她。阿里亚德妮一觉醒来，发觉忒修斯不辞而别，伤心地终日哭泣。

酒神狄俄尼索斯看见命运女神为自己安排的妻子，于是拿出一顶镶嵌着七颗晶莹剔透的宝石的华冠，戴在了阿里亚德妮的头上。

阿里亚德妮和酒神度过很多美好的时光，但最终死去，永远离开了狄俄尼索斯。酒神拿着妻子留下的华冠，悲痛欲绝，将华冠高高抛起，华冠越来越高，转眼间就飞到了天上，化作一群璀灿的星星，这就是星空中的北冕座。

## 观测指南1

### 贯索四

在中国古代天文学家的眼里，北冕座这一串星星叫贯索，贯索是天廷上的监牢，专门关押犯人的。北冕的七颗钻石中，位于中间的一颗最为明亮，它是贯索四。

贯索四是一颗2等星，全天第68亮星，距离地球72光年，它有一颗伴星环绕，当伴星走到它前面时，它的亮度就会变暗，这样的变星叫食变星。

# 蛇夫和巨蛇

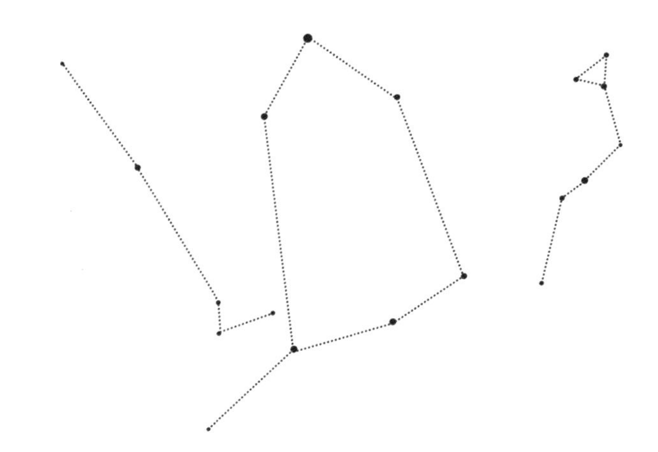

## 星空故事1

### 大爱的神医

从武仙座往南，可以看到一个很大的星座——蛇夫。蛇夫和巨蛇连在一起，蛇夫手中握着一条花斑巨蛇，因此巨蛇座被分为两段：蛇头和蛇尾，中间隔着蛇夫，巨蛇座因而也是星空中唯一被分为两块的星座。

蛇夫名叫阿斯克勒庇俄斯，是太阳神阿波罗的儿子，他刚出生不久，母亲就去世了，阿波罗把他托付给一个贤良的马人——喀戎来教养。

阿斯克勒庇俄斯是个非常善良的人，看到流血和死人，听到痛苦的呻吟，就感到内心阵阵刺痛，他发誓要成为一名高明的医生，医治人间的疾病。

一天，阿斯克勒庇俄斯在田野观察百草，看到一条巨大的花斑蛇，僵直地躺在地上，好像死了。他静静地观察了一会儿，发现蛇并没有死，它正在把身上的旧皮慢慢地蜕下来，等到全身的皮都蜕换下来之后，蛇又活了起来，而且比以前更漂亮、更精神、更敏捷了。阿斯克勒庇俄斯欣喜地叫道：“太奇妙了，蛇身上一定隐藏着返老还童的奥秘。”于是捉住花斑蛇，缠在腰间，细心研究。

阿斯克勒庇俄斯本来就是医药之神阿波罗的儿子，加上他本人刻苦钻研，终于成为一名神医。于是他怀着救苦救难的崇高志愿，周游天下，到处行医，治好了很多病人，使死亡的人越来越少。

阿斯克勒庇俄斯的善行气坏了冥王哈得斯，哈得斯跑到宙斯那里告状，宙斯为了维护希腊神族的权威，就用雷锤击毙了阿斯克勒庇俄斯。

但人们非常怀念和敬仰这样一位慈悲心肠的神医，于是将阿斯克勒庇俄斯的形象升至灿烂的星空，成为蛇夫座。神医的花斑蛇也随之升天，成为巨蛇座。中国传统医生以杏林为形象代表，在西方，手持大蛇是医疗的象征。

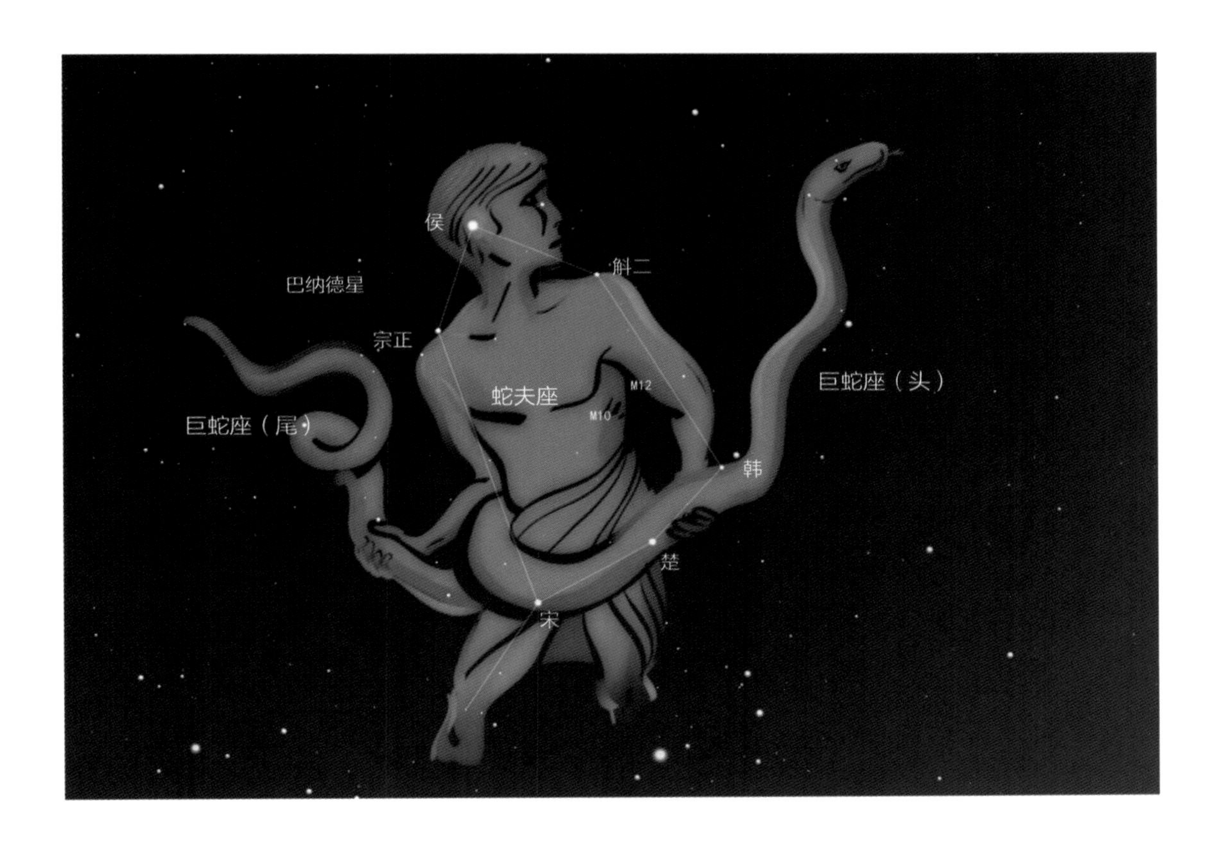


## 星空故事2

### 天上的街市

中国古代天文学家把蛇夫及巨蛇的这片星区划分成了一个市场，称为天市垣。

天市垣由两道围墙围起来，西垣墙由河中、河间、晋、郑、周、秦、蜀、巴、梁、楚、韩等11颗星组成，东垣墙由宋、南海、燕、东海、徐、吴越、齐、中山、九河、赵、魏等11颗星组成，这22颗星象征着全国参与贸易的22个地区，这也说明天市垣是一个全国性的大市场。

天市垣中间，可以看到帝座一星，原来这个市场是由天子亲自坐镇监督。帝座旁边，有宦者四星，照顾着天子的起居生活，并协助天帝管理市场。

帝座东南不远，有侯星一颗——蛇夫的头。“侯”是等候观望的意思，市场总是在变化，天气状况、政治局势、货源情况等都关系到市场的波动，需要有专门的官员观察行情，掌握市场动态，侯星就是负责此职的专员。

天市垣中央，还有宗正星两颗，宗人星四颗。宗是主管宗教祭祀的官员，在市场内主政万物之名，完成对某些售卖物品的祭祀工作。

在天市垣南门内东侧，有市楼六星，这是政府设在市场的工商机构，用来管理市场，监督市场交易情况，以便随时处理纠纷，调整市政。

在天市的南门附近，是车肆二星，这是从全国各地来的车辆，车上陈列着拉来的货物售卖。车肆二星一在垣内一在垣外，说明这些售卖货物的车辆在市场内外都有。从车肆往北是列肆，是一排排出售金银珠宝等各种商品的商店。在市场的北门附近有屠肆，屠肆既有屠宰场所，又有供宾客饮宴的饭店，当然也可以住宿。

列肆往北，有四颗星叫斛，斛是计量粮食体积的量器，这是市场交易中必不可少的工具。又有斗星五颗，这也是粮食或酒浆之类交易的用具，它们既代表着交易的货物，同时又是交易的度量。又有帛度二星，帛度就是政府提供的尺度，用来丈量布帛的长度，说明这里是交易布匹的地方。

天上的这个集贸市场虽然庞大，但却是参照人间的市场建造起来的。诗人郭沫若如果知道这个情况，估计会有一些失望，因为他在诗歌《天上的街市》中这样写的：

> 我想那缥缈的空中，
> 定然有美丽的街市，
> 街市上陈列的一些物品，
> 定然是世上没有的珍奇。

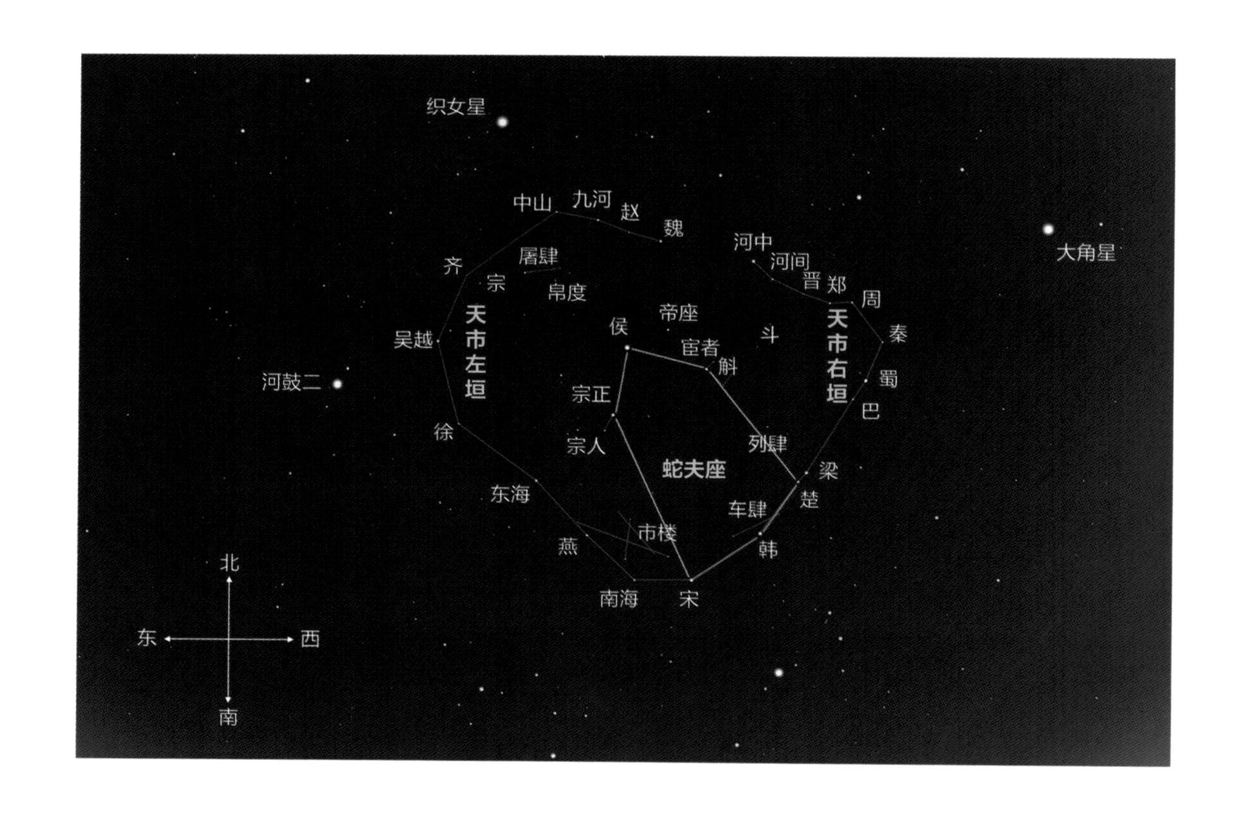

## 观测指南1

### 蛇夫、巨蛇，天市垣

先找到蛇夫头部的侯星，再找蛇夫腰部的宋、楚、韩三星，确定蛇夫座的轮廓。接着找巨蛇的头，它在蛇夫的西边；然后找巨蛇的尾部，它在蛇夫的东边。

把蛇夫扩展开去，寻找天市垣的轮廓，你能想象出天上的街市那熙熙攘攘的热闹景象吗？

## 天文扩展1

### 飞星巴纳德

蛇夫的右肩附近有一颗肉眼看不到但却非常著名的星，它叫巴纳德星，人们称为“飞星”。

恒星都是看起来近乎恒定不动的星，但其实恒星也在动，它们相对于其他恒星的移动叫自行。绝大多数恒星自行很小，但巴纳德星却自行较大，是所有恒星中自行最大的。虽然位居第一，但它每年在天球上的移动也不过10角秒左右。以这样的自行速度，巴纳德星走完月亮直径那样的角距离，大约需要180年。

巴纳德星是太阳系的近邻，距离地球为6光年，是离太阳系第二近的恒星。

## 天体鉴赏1

### 巨蛇座的星系大战

NGC 2623，距离地球约3亿光年，是两个正在进行合并大战的星系。两个星系猛烈地撕扯着，已经不成样子，各自只剩下了一条旋臂。本图片由哈勃太空望远镜拍摄。

## 天文扩展2

### 奇异的哈氏天体

巨蛇座内，距离地球6亿光年的宇宙深处，有一个非常著名的环状星系，它被称为哈氏天体，直径约10万光年。它的外围是由明亮的蓝色恒星组成的环状物，而中心处的圆球则主要是由许多可能较老的红色恒星构成，介于两者之间的是一道几乎完全黑暗的裂缝。巧合的是，在缝隙中间（大约一点钟方向）可见另一个环状星系，它可能距离更远。

# 天蝎

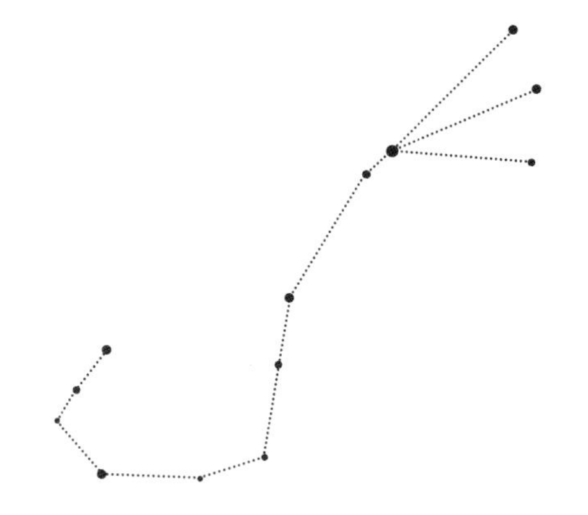

从蛇夫座往南，可以看见一颗明亮的星，发出红色的光芒，在晴朗的夜空里非常引人注目，它叫心宿二，是天蝎座的主星。

星空中的这只蝎子，两只大螯向西方挥舞着，一条长长的带毒钩的尾巴则在东方高高翘起，一副准备战斗的样子。它的敌人在哪里呢？是相隔半个天空到冬夜才出现的猎户。

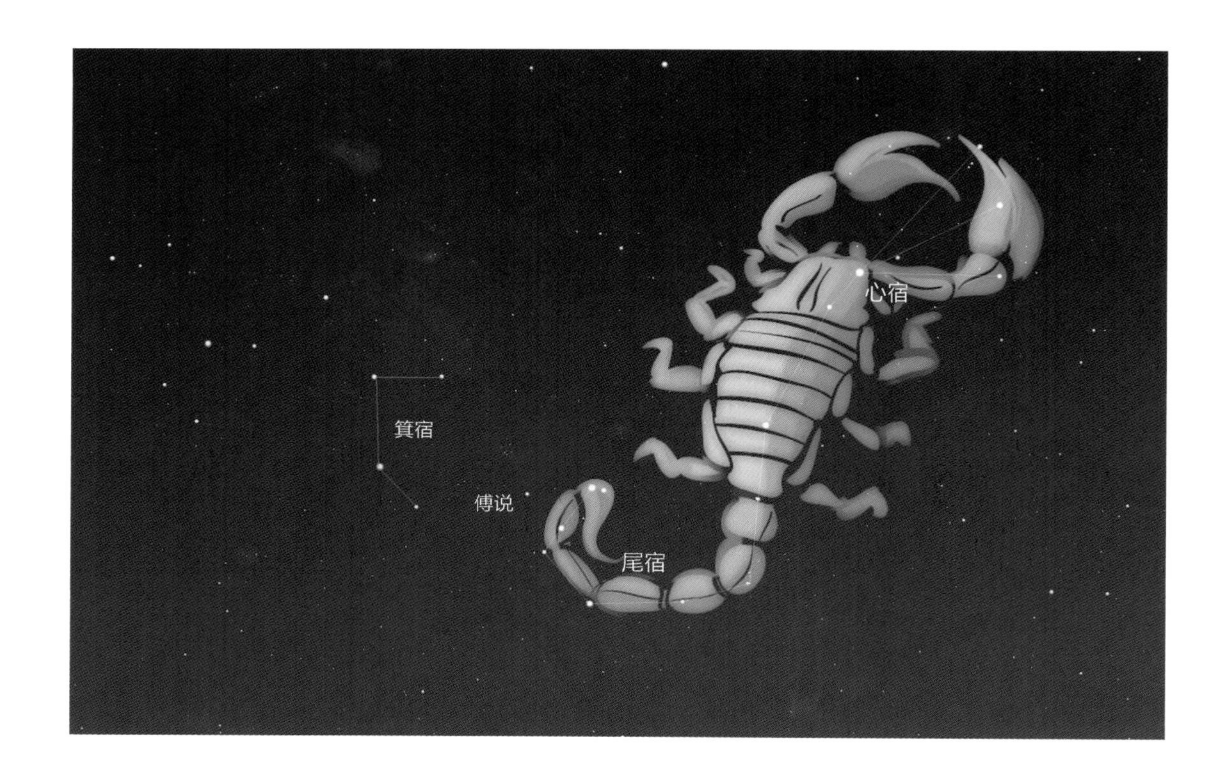

## 星空故事1

### 七月流火

有一句诗经常被错误引用：“七月流火”，现在它常被一些人用来形容夏天天气很热，就像下了火一样，这是一个误解。

“七月流火”来自《诗经 · 七月》：

> 七月流火，九月授衣。
>
> 一之日觱发，二之日栗烈。
>
> 无衣无褐，何以卒岁？

七月流火，并不是说天气热得像下了火一样，此“火”非彼“火”，它指的是大火星，大火星不是火星，而是心宿二，因为心宿二颜色发红，所以古人又称它为大火星。

这段诗的意思是说：

> 农历七月的傍晚，大火星就偏向了西方的天空，九月份就该准备冬衣了。
>
> 十一月份开始刮起呼呼的北风，十二月份天气凛烈寒冷。
>
> 没有过冬的衣服，该如何度过这一年？

## 星空故事2

### 商星的传说

除了大火星，心宿二还有一个名字：商星。

高辛氏〔帝喾（kù）〕有两个儿子——阏（yān）伯和实沈，他们很不和睦，经常打架，于是尧帝把他们远远地分开，老大阏伯到河南东部的商地，老二实沈到山西南部的大夏。不但距离分开得很远，就连他们各自的工作内容也迥异：阏伯负责观测夏夜星空的大火星，实沈负责观测冬夜星空的猎户座众星（参星），这样他们就不会再有冲突了。

因为阏伯被封在商地，他的后人称为商人，他们继承了阏伯观测大火星的传统，于是大火星又被称为商人之星。

阏伯在他的封地做火正时，工作很敬业。为了观测精确，他还筑了一个高高的观星台。他死后，人们尊他为“火神”，把他筑的观星台称为“火星台”。他埋的墓冢称为“商丘”，这就是今天商丘的来历。

现在商丘城西南不远处，还有一处名为火星台的小丘，台顶建有一座阏伯庙，也叫火神庙，香火很旺盛，每年春节前后，海内外许多华人都要到阏伯庙祭拜，表明自己是商人后裔。

## 星空故事3

### 参商不相见

天蝎座是夏季的著名星座，猎户座是冬季的明亮星座，当天蝎座在夏夜星空升起时，冬夜的猎户座就落到地面以下了；当冬夜的猎户座升起时，夏夜的天蝎座又落到地面以下了，这两个星座不会同时出现在高天之上。

猎户座的亮星又叫参（shēn）星，参星和天蝎座的心宿二——商星似乎不共戴天。于是，参星和商星就被看作离别的象征。杜甫在《赠卫八处士》中就有这样的诗句：

人生不相见，动如参与商。

今夕复何夕，共此灯烛光？

## 观测指南1

### 红色的大火星

心宿二，它是全天第15亮星，距离地球约550光年，古代波斯人认为它是守护天球的四柱之一，另外三柱分别是南鱼座的北落师门、狮子座的轩辕十四、金牛座的毕宿五。

心宿二是一对双星，主星质量约是太阳的12倍，因为演化到后期膨胀，成为一颗红色超巨星，直径约是太阳的700倍，体积是太阳的3亿多倍，如果把它放在太阳的位置，它的边缘将逼近木星。

因为膨胀得很大，心宿二表面温度就降低了很多，只有3000多度，颜色就发红了。

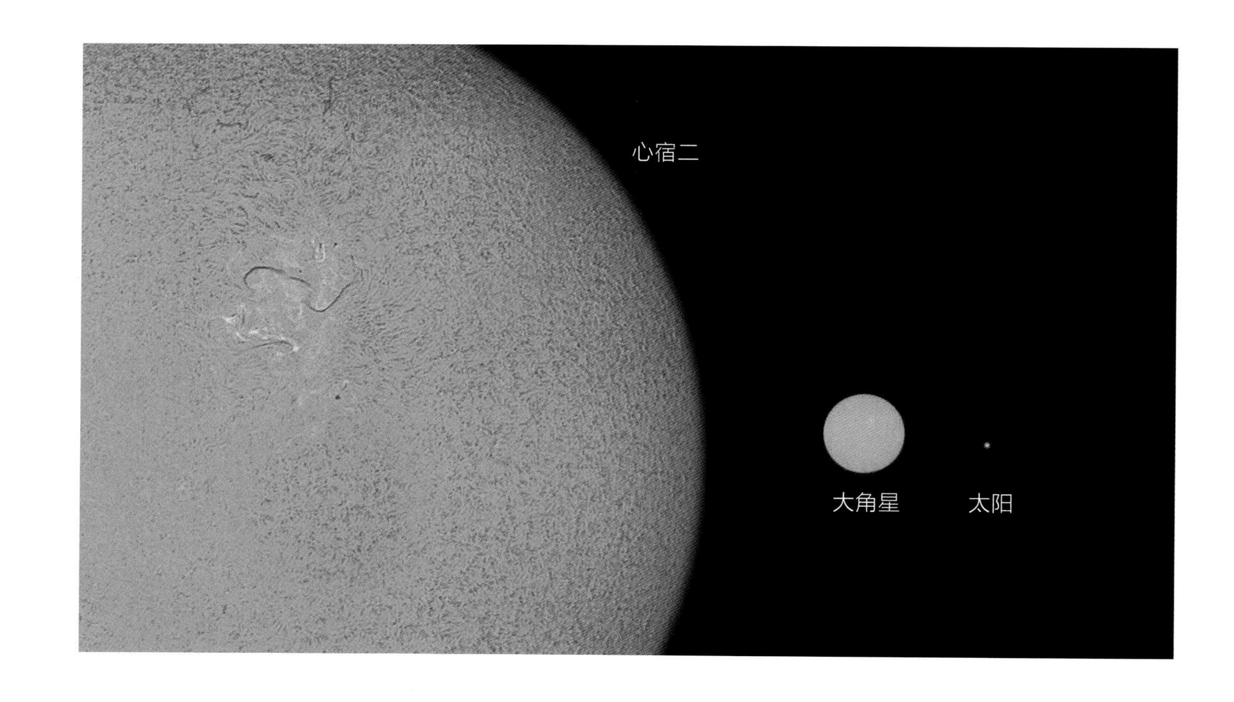

## 观测指南2

### 天蝎的尾巴

天蝎座是所有星座中最名副其实的一个星座，尤其是它的尾巴，由九颗星组成一个明显的弯钩形，恰如一只蝎子高高翘起的毒钩。

天蝎尾巴的九颗星就是中国二十八宿的尾宿，它正好也是星空里那只神兽——东方苍龙的尾巴，东方苍龙由角、亢、氐、房、心、尾、箕七宿构成，心宿是心脏，尾宿是尾巴，苍龙的尾巴正好是蝎子的尾巴。

虽然在众多问题上都有分歧，但东方和西方在尾巴的看法上终于取得了一致。

## 星空故事4

### 从奴隶到宰相

在天蝎的尾钩处，有一颗3等星，叫傅说（yuè），傅说也是商朝一个重要人物。

商朝中期有一位英明的王叫武丁，他继任的时候，商朝国势衰落，百废待兴，武丁苦苦思考着振兴之道。

一天，武丁睡觉时做了一个梦，梦见上天赐给他一位圣人，名叫说（yuè）。醒来后武丁就招来画工，把梦中人的模样画出来，命人在全国寻找。

人们在傅岩（山西南部平陆县）找到一个人，长得与画像上的一模一样，名字就叫说。此人是个奴隶，正在与众苦力一道筑墙。那时筑墙是先用木板固定，然后在木板中填上湿土、稻草，夯实后把木板去掉，就成为结实的土墙，和现在浇筑混凝土很相似，所以称为“版筑”。由于说是傅岩这地方的人，人们便将傅作为他的姓氏，称他为傅说。《孟子》中有一段非常励志的话这样说：“舜发于畎亩之中，傅说举于版筑之间。”

傅说被送到武丁那里，武丁发现此人果然很厉害，不但有理论，而且重实践，他说，治国的难处不在于道理难懂，难的是踏踏实实地去做，“非知之艰，行之惟艰”，这句话成为传颂至今的名言。

于是武丁宣布，傅说就是上天在梦中显示给他的圣人，任命他担任太宰。傅说行使了一系列有效的措施，很快使国家强盛起来，史称“武丁中兴”。

傅说死后被人们尊为圣人，并且升上天空，跨在尾宿、箕宿之间，成为灿烂星空的一员。《庄子》中说傅说“相武丁，奄有天下，乘东维，骑箕尾，而比于列星。”乘东维，乘着由角、亢、氐、房、心、尾、箕七宿组成的东方苍龙；骑箕尾，骑在箕宿和尾宿之间，尾宿在天蝎的尾巴处，箕宿在人马座里。

# 人马

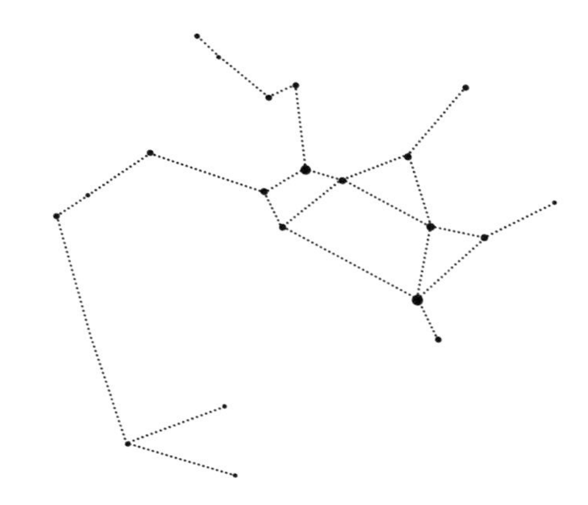

## 星空故事1

### 贤良的马人

天蝎的东面，是另一个黄道星座——人马座。

人马是一种半人半马的怪物，在古希腊神话中，介于神与人之间的称为“马人”。他们性情和善，从不残害人类，和人类保持着良好的关系。有一天，人类举行一个婚礼，马人前来祝贺，婚宴上一派喜庆气象。不料，马人被美酒陶醉，开怀大饮，竟然得意忘形，露出妖气，粗鲁地调戏新娘和女宾，结果喜宴变成了打斗，直打得昏天黑地，两败俱伤。

马人在这场战斗后躲入大山，但并没有中断和人类的交往。其中一个叫喀戎的马人，贤明温和，多才多艺，精通乐器、医药，武艺高明，居住在一个山洞中，授徒为业。他的学生只要学到他一种技艺，便可称雄于世，大力神赫拉克勒斯就是他的学生。

有一天，赫拉克勒斯和一些马人打斗起来。他用大棒将马人赶跑，然后紧紧追赶，一边追一边用箭射。这些马人逃进喀戎居住的山洞里，赫拉克勒斯一箭射去，箭头擦着一个马人的臂膀过去，竟射在老师喀戎的膝盖上。赫拉克勒斯的箭在九头毒蛇的毒血中浸过，带有剧毒，喀戎中毒而死。

宙斯为了表彰喀戎的功绩，便在天界给他一个位置，这就是人马座；此外，还赏给他一顶桂冠，这顶桂冠就在喀戎的腿前，这就是南冕座。

## 星空故事2

### 风神箕子

人马座上身那些较亮的星组成了一个茶壶的形状，俗称“人马座大茶壶”，它是辨认人马座的主要标志，这个茶壶主要由二十八宿的箕宿和斗宿组成。

箕宿的 4 颗星组成一个不规则的四边形，形状很像一个簸箕，这种东西现代城市人已经看不到了，样子大概和打扫卫生用的撮斗差不多。

簸箕是用来簸扬谷物的，谷物簸扬之前需要槌打，这就需要杵（chǔ，棒槌），簸箕簸扬槌打过的谷物后，会把糠扬出去，所以箕宿旁边有杵星、糠星，这真是一幅形象逼真的劳动画面啊！

簸箕簸扬谷物需要有风，古人把箕宿与风联系起来，认为箕宿是风神。月亮走到箕宿这里，地上就会起大风，会刮得黄沙滚滚，“月离于箕风扬沙”。

箕宿更深刻的含义是指地上的箕人。箕人是

夏代以前的一个大部落，他们善于用竹子编织簸箕，后来这个部落出了一个著名的人物，叫箕子，商纣王的叔父。

箕子看到商纣王荒淫无道，经常劝谏纣王，纣王根本听不进去。纣王的另一个叔父比干冒死向纣王进谏，惹怒了纣王，纣王对比干说："我听说圣人的心有七个窍，请让我见识一下吧。"于是命人将比干杀死，把他的心拿出来观看。

箕子就害怕了，他不再说话，披头散发，像个疯子，可是纣王还是对他不放心，把他关了起来。

商纣王的残暴无道最终使自己走向末日。周武王灭商之后，仰慕箕子仁德，打算封赏他，可箕子却带领部族遗民，跑到了朝鲜。周武王就顺便宣布，将朝鲜封给箕子。正因为箕宿的名字源于箕人，而箕宿和风联系在一起，所以箕子后来也被封为风神，称为风师或风伯。

## 星空故事3

### 斗（dǒu）宿的故事

箕宿东北，有6颗星组成一个勺子的形状，这就是二十八宿之一的斗宿，又称南斗。不过这把勺子是倒扣着的，怎么用来舀酒浆呢？所以《诗经·大东》里有这样的诗句：

维南有箕，不可以簸扬。

维北有斗，不可以挹酒浆。

南斗六星和北斗七星遥遥相对，古人把南斗看成管人生的星官，把北斗看成管人死的星官，"南斗注生，北斗注死"，人的一生，都要从南斗手里过到北斗。

斗宿经常在文学作品中出现，比如唐代诗人刘方平的《月夜》：

更深月色半人家，北斗阑干南斗斜。

今夜偏知春气暖，虫声新透绿窗纱。

## 星空故事4

### 气冲斗牛的传说

斗宿的东方是牛宿，它们都属于二十八宿。

传说在晋朝时，尚书张华发现斗宿和牛宿之间出现异常的紫气，就找一个会望气观天名叫雷焕的人咨询。雷焕解释说，斗牛之间的紫气，是东吴一带地下埋藏着稀世的宝剑，宝剑精气上达天庭，直冲斗、牛所致。张华就命雷焕去寻找，雷焕后来在丰城县大牢的墙基里挖到了一个石匣，里面装着两把绝世宝剑，一把叫"干将"，一把叫"镆铘"。后来两把宝剑化作两条苍龙，双双飞到山东荣成石岛湾的上空后落下来，"镆铘"落在海上成为一座岛，叫"镆铘岛"；"干将"落在北海岸，化作一脉山，叫"干将山"。

后来人们就用气冲斗牛来形容气势豪迈。唐代的崔融在《咏宝剑》中说道：

“匣气冲牛斗，山形转辘轳。”

宋代的岳飞在《题青泥赤壁》诗中说：

“雄气堂堂贯斗牛，誓将真节报君仇。”

注意，应读斗（dǒu）牛，不是斗牛士的斗（dòu）牛。

## 观测指南1

### 人马大茶壶

观察人马座，找到箕宿四星、南斗六星，回忆关于箕宿和斗宿的历史文化故事。看看箕宿和斗宿的星是不是组成了一个大茶壶形状？

## 观测指南2

### 银河系中心

银河系是一个扁平的盘状体，太阳系距离银河系中心约27000光年，银河系中心就在人马座和天蝎座的交界处，那里的银河明显比别的地方粗壮。夏天夜晚，找到人马座和天蝎座，远眺人马头部与天蝎尾部，那就是银河系的中心所在。

## 天体鉴赏1

### M20三裂星云

这个人马座的著名星云用小型望远镜即可看到，用大口径望远镜可以看出星云被带状尘埃分隔成三瓣，故称三叶星云或三裂星云。它包含了三种基本的星云：红色部分是高能星光激发氢产生的，是发射星云；蓝色部分是星际尘埃反射星光产生的，是反射星云；黑暗部分则是密实的云气挡住光线所造成的，是吸收星云。三裂星云距离地球5600光年。

## 天体鉴赏3

### M8礁湖星云

M8礁湖星云是银河中的亮星云，在人马座东半部，肉眼可见，是双筒镜的理想观测目标，外形绵长，宽度约有满月的三倍，距离地球5200光年。

## 天体鉴赏2

### M17欧米伽星云

它是发光的气体云，约为满月大小，用双筒望远镜可见，距离地球4900光年。

# 天秤

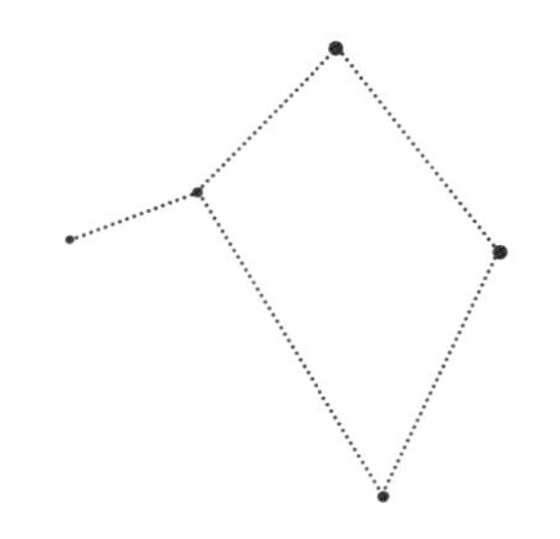

## 星空故事1

### 天上有杆秤

天蝎的西面、室女的东边，是另一个黄道星座天秤座，俗称天平座。这个星座不太醒目，只有四颗不太亮的星，大致组成了一个四边形。

原来这片天区曾经是天蝎座的一部分，古希腊人把它叫做“天蝎的螯”，也就是天蝎的爪子，其中最亮的两颗星分别叫“北螯”和“南螯”。

罗马人把它们单独划分出来，视为旁边的室女座手里拿着的天秤。室女是宙斯的姐姐得墨忒耳，她有两个职务，一个是农业女神，一个是正义女神，这杆天秤就是正义女神用来称量人心善恶的。

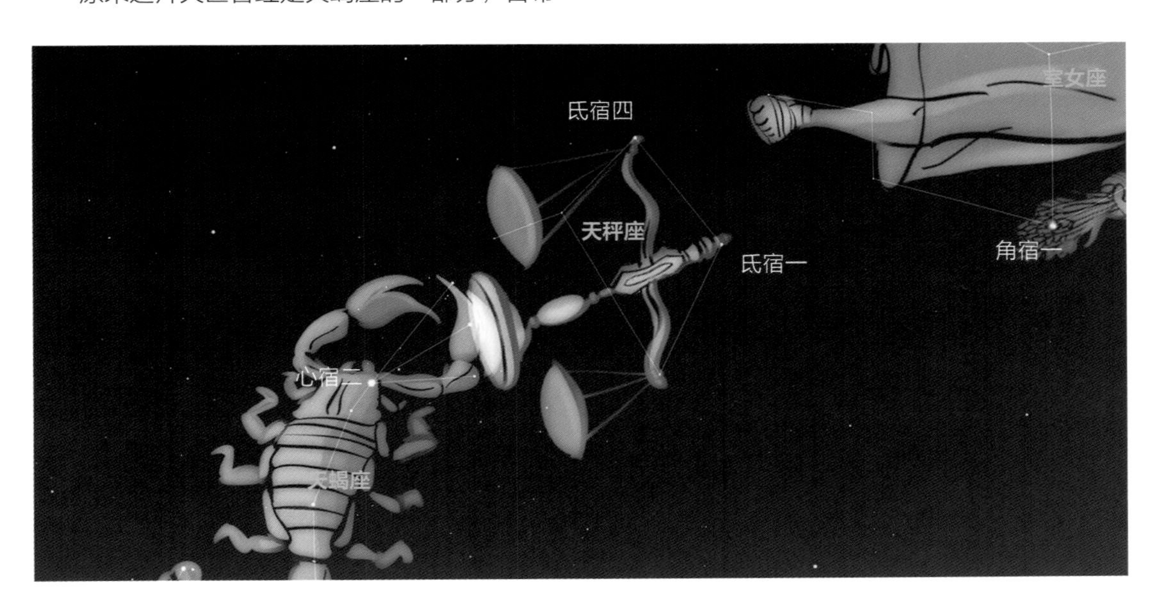

## 观测指南1

### 氐宿四

天秤座最亮星——氐宿四，与地球相距185光年，光度是太阳的130倍，表面温度12000开，年龄只有8000万年，是一颗又年轻又炽热的恒星。

据说这是全天唯一一颗肉眼能看得出鲜明绿色的星。

## 天文扩展1

### 有绿色的恒星吗?

有人声称看到氐宿四是绿色的，这一点很有争议。在夜空里，你可以看到白色、淡蓝色、黄色、橙色与红色的恒星。恒星的颜色取决于它的表面温度，温度高就会偏蓝，温度低就会发红。比如室女座的角宿一表面温度23500开，它的颜色就发蓝；天蝎座的心宿二表面温度3000开，它就发红。

天文学家们把恒星划分成七大类，就是：O、B、A、F、G、K、M，基本涵盖了从蓝到红的可见光谱。

氐宿四的表面温度是12000开，按说颜色是介于黄色和蓝色之间，有可能是绿色。然而恒星是在整个可见光波段发出辐射，当绿色光和它两边的黄色光、蓝色光混合在一起的时候，就很可能是白色的了。

氐宿四到底是什么颜色呢？你亲自看看就知道了。

# 半人马和豺狼

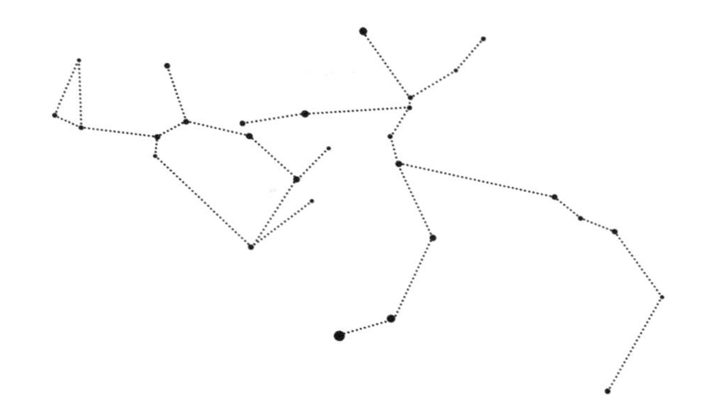

## 星空故事1

### 慈爱的豺狼

从天蝎座和天秤座往南，还有一个半人半马的星座——半人马座。

在中原地区看，半人马座只能在地平线附近隐隐露出半个人身和一截马尾，只有到南方的海南岛，才能看到这头怪兽露出马脚。

半人马的长矛刺向东方，在它的前方，有一匹豺狼——豺狼座。然而星空里的这匹豺狼，其实是相当有爱心的。

古罗马神话传说中，战神马尔斯与瑞娅西尔维娅生了一对孪生兄弟罗莫洛和瑞穆斯，被仇人发现并弃入河中，婴儿在篮里漂流到一棵无花果树下，为一母狼守护，哺养。两兄弟长大成人后，得知了身世，杀死仇人。他们决意在母狼哺育他们的地方另建新城，古罗马从此诞生，传说中的这只母狼也成了天空中的豺狼座。

## 星空故事2

### 南方的战场

半人马座最明亮的是南门二，它是星空里南方战场的大门。

南方战场的最高统帅是骑阵将军——一颗不太亮的星，他率领着骑官十星、从官三星和车骑三星，这些都是军中辅助的将领和官员。骑官的西南有库楼十星，库楼是驻扎官兵的地方，这里驻扎的大量军兵，是为了防御南方的苗蛮侵略。

南门二的行星上将会看到两个太阳，一个明亮，一个不太明亮。
我们的太阳成了一颗普通恒星。

太阳

## 观测指南1

### 遥望南门二

半人马座的亮星南门二是一颗迷人的恒星，它很亮，是全天第三亮的恒星。在肉眼可见的恒星中，南门二是距离最近的，它距离地球4.3光年。

南门二是一对双星，还有一颗暗弱的红矮星围绕着南门二运行，它们组成了一个三体系统，红矮星距离地球4.2光年，是太阳系真正最近的邻居，天文学家给它起了一个非常贴切的名字——比邻星。比邻星太暗，肉眼看不见。

在南方的低空找到半人马座，找到南门二，仰望它，看着这个距太阳系最近的恒星邻居，想像它那4.3光年的距离究竟有多远。

假如你乘坐一艘宇宙飞船到银河系去旅行，南门二当然是最近的一站，如果你的飞船每秒飞行30千米，你需要43000年才能到达南门二。

## 观测指南2

### 马腹一

马腹一是半人马座的第二亮星，紧挨南门二，是全天第11亮的恒星。

马腹一虽然紧挨南门二，却比南门二远得多，距离地球390光年，是一个三合星系统，其中两个子星的质量是太阳的10倍以上，都是蓝色巨星，两颗子星加在一起的总辐射光度约是太阳的46000倍。

马腹一很年轻，年龄不超过1500万年，但这两颗大质量恒星寿命很短，几百万年后就会走到生命的尽头，爆发出极其猛烈的超新星。

## 天体鉴赏1

### 一个巨大的椭圆星系

半人马座A星系——NGC 5128，中间有一条宽阔的尘埃带，显示它在数十亿年前，曾经和另一个旋涡星系碰撞合并。另外，它还吞噬了一个较小的星系。半人马座A星系直径约有6万光年，距离我们约1100万光年，用双筒望远镜就能看见。

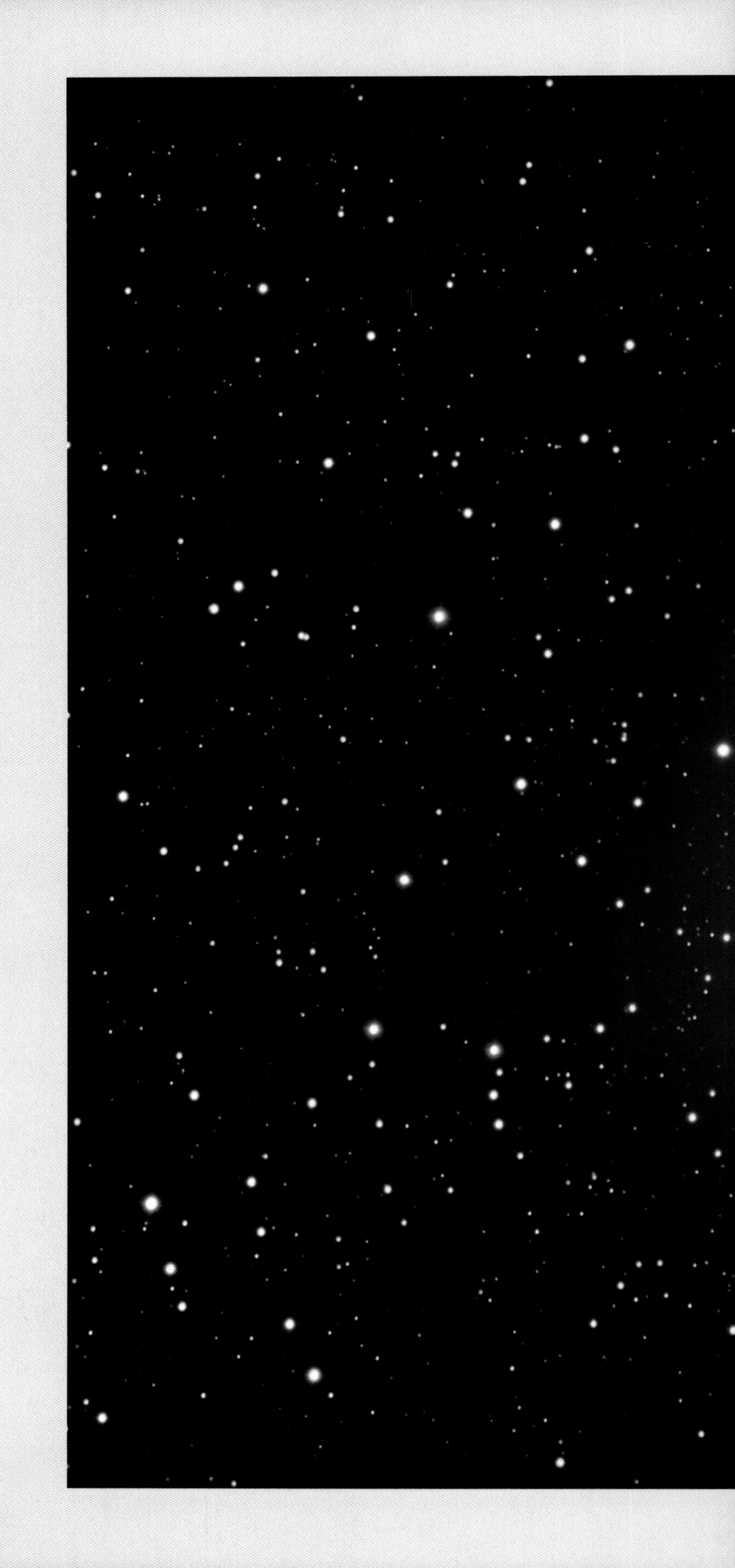

## 天体鉴赏2

### 远眺星系之旋

跟随哈勃太空望远镜，远眺半人马方向的NGC 4603，一个巨大的旋涡星系，距离在1亿光年之外。

# 南十字座

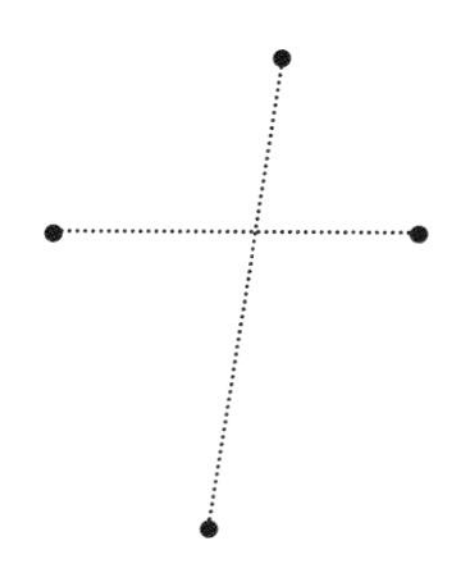

## 星空故事1

### 天堂的入口

半人马的马腹下面，有四颗明亮的星，组成一个十字形，它就是南十字座。南十字座是全天最小的星座，面积只有最大的长蛇座的二十分之一，但却是最著名、最容易辨识的星座之一。

在很多文学作品里，南十字座被看作天堂的入口。日本作家宫泽贤治的童话作品《银河铁道之夜》描写了这样一个故事。

在银河节那天，同学们都高高兴兴前往河边参加水灯大会，贫困的乔万尼却要回家照顾生病的妈妈。乔万尼累倒了，躺在山坡顶上休息，过了不知多久，他突然听到一种奇怪的声音，睁开眼，发现自己正在跟最好的朋友康佩内拉乘坐一辆列车，行进在满是星星的银河铁道上。

他们看见了许多奇异的景象，银白色的芒草如同波浪般翻滚，在河流中浮动摇曳；河沙如水晶般晶莹透亮，微波荡漾，流光溢彩，如同摇拽的火光，一切仿佛仙境一般不可思议。

最后终点站到了，是南十字座站。这车站沐浴在纯白的十字光芒中，飘扬着哈利路亚的美妙歌声。乔万尼和康佩内拉相约永不分离，但当列车驶入煤袋星云的时候，乔万尼忽然发觉康佩内拉消失不见了。

乔万尼醒来，得知好友康佩内拉因为下水救人再也没有浮出水面，原来银河铁道之旅是康佩内拉通过南十字座进入天国的旅程……

## 观测指南1

### 十字架二和十字架三

组成十字架的四颗星，有两颗1等星。

十字架二，亮度为0.8等，全天第13亮星，是一对双星，小型望远镜下可见1.3等和1.7等两颗蓝白色恒星，距离地球320光年。

十字架三，亮度最亮时为1.3等，全天第20亮星，距离地球350光年。十字架三是一颗变星，每天脉动5次，亮度随之每天变化5次，最暗时的亮度只有最亮时的十分之一。

## 观测指南2

### 煤袋星云

南十字座内有一个非常显著的星云，只不过它是黑暗的，衬托在银河背景前，就像银河的一片补丁，用肉眼就很容易看见，距离地球约600光年。

## 观测指南3

### 珠宝盒星团

位于南十字座第二亮星十字架三东面不远处，视星等为4等。肉眼可以直接看到，但只是一个模糊的星斑。珠宝盒星团被认为是南天星空最出色的天体之一，星团最亮的三颗恒星位于同一条直线上并且发出红、黄、蓝三种不同颜色的光芒，因此被形象地称为“交通灯”。

# 第五部分 秋夜星空

仙王座

仙后座

英仙座

仙女座

摩羯座

飞马座

双鱼座

鲸鱼座

宝瓶座

南鱼座

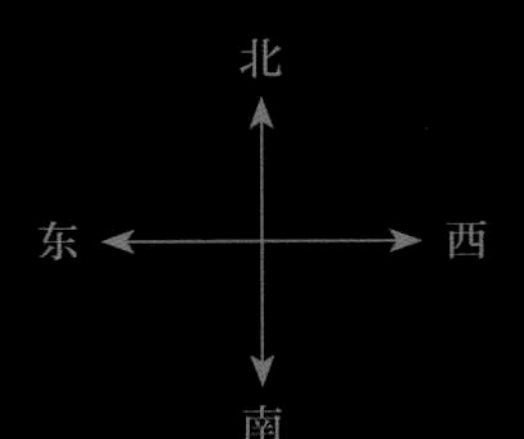


时间：9月15日：0点；
10月15日：22点；
11月15日：20点。

恒星每天比前一天提前约四分钟升起到同一位置。

# 飞马

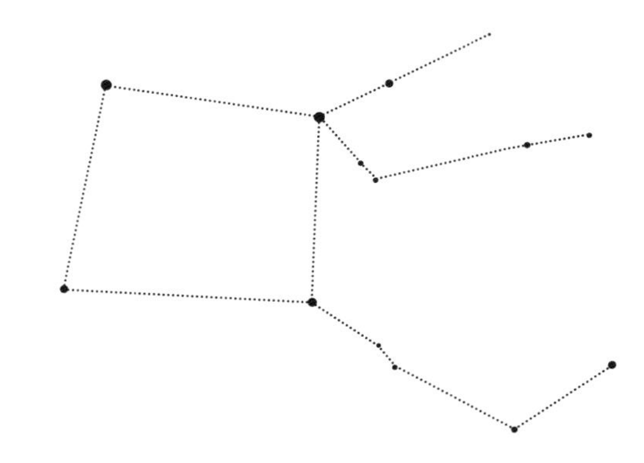

## 星空故事1

### 戈耳工的女妖

秋天夜晚，有一间方方正正的大房子从东方升了起来，那是一个由四颗亮星组成的四边形——著名的秋夜四边形，又称飞马四边形。

古希腊神话传说里，有一个英雄叫珀修斯。一天，智慧女神雅典娜突然出现在他面前，对他说："珀修斯，去把魔女梅杜萨的头给我取来，事成之后，我把你提拔到奥林匹斯神山上来。"

梅杜萨本来是一个美丽的少女，有一头秀美的金发，可她自恃美丽，竟然要与智慧女神雅典娜比美。雅典娜妒火中烧，施法惩处了她，将她那头秀发变成一条条毒蛇。美女变成了妖怪，梅杜萨心中无限悲愤，两眼放出仇恨的光芒。无论什么人，只要看一眼梅杜萨的眼睛，就会立刻变成石头。梅杜萨和另外两个妖怪姐妹生活在一起，人们称她们为"戈耳工三妖"。

珀修斯有两件兵器：青铜盾和一把宝刀，还有三样宝物：一双飞鞋，一只革囊和一顶狗皮盔。穿上飞鞋，他就可以飞到他想去的地方；戴上狗皮盔，任何人都看不见他，他却可以看见别人。

珀修斯踏着飞鞋，飞到了戈耳工女妖的海岛。女妖都在熟睡，珀修斯背对女妖，以防看到她们的眼睛，他从青铜盾的反光里认出梅杜萨，抽刀快速砍下她那缠满毒蛇的头，迅速塞进革囊，踏着飞鞋急速升到空中。另外两个女妖被惊醒，立刻拍打着金翅膀，飞上天空寻找敌人。

这时候从梅杜萨的身子里跳出一匹会飞的马，珀修斯跳上飞马，迅速离开了。

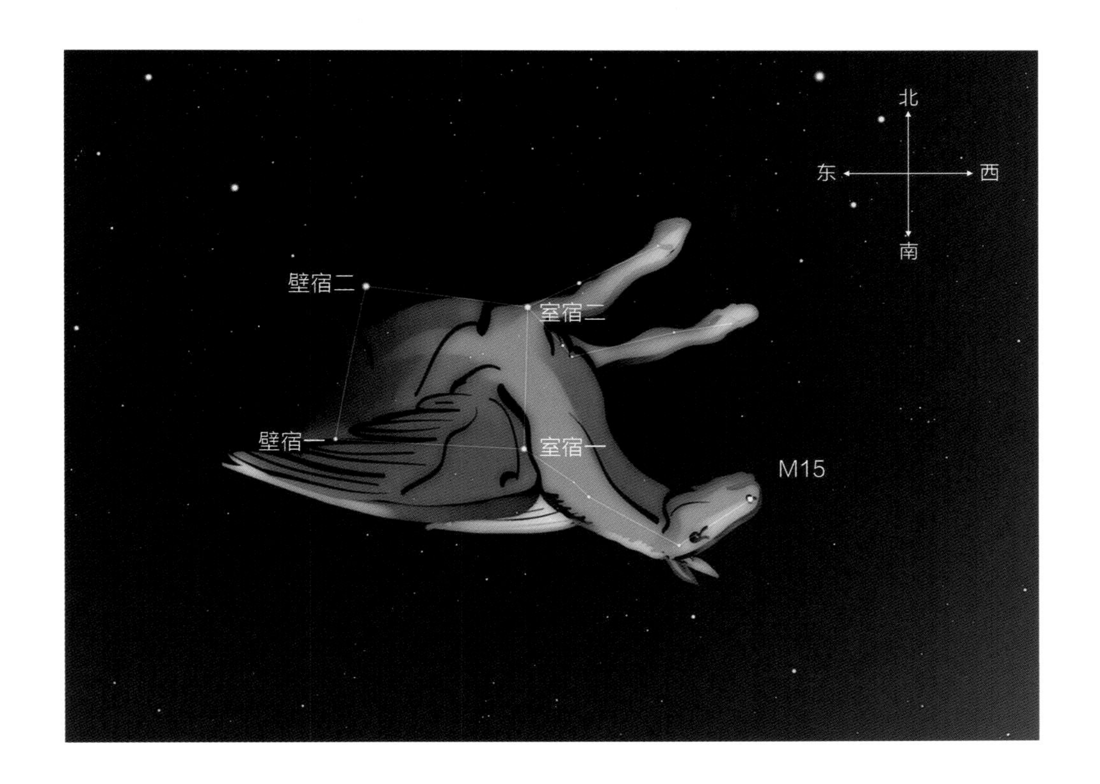


## 星空故事2

### 天上有间大房子

飞马四边形方正正的，像个房子，中国古代人就是这样看的——这四颗星就是房子的墙壁，分别叫室宿一、室宿二、壁宿一、壁宿二，合称营室，就是盖房子的意思。

当营室四星傍晚升到中天的时候，秋收已经完毕，冬闲来临，农夫们就准备好盖房子的工具，集合起来为贵族和公家服劳役，修筑宫室房舍。《诗经》里有一首诗叫《定之方中》，描写了农夫们劳作时的唱词：

定之方中，作于楚宫。揆之以日，作于楚室。

翻译过来就是：

营室四星照天空，楚丘动土建新宫。

测量日影定方向，楚丘盖房筑新城。

春秋时中原北部有个卫国，都城在河南省鹤壁市的淇县，那时称为朝歌。卫国的国君卫懿公不爱管国家大事，只有一个爱好——养鹤，而且到了发烧级别。卫国的达官贵人投其所好，纷纷向卫懿公献鹤，弄得王宫就像个动物园，到处是鹤。卫懿公给他的鹤分封了好几个品位等级，好的被封为鹤大夫，次一些的被封为士，按等级给它们相应的俸禄。卫懿公出巡时，还让鹤乘专车在自己车前开道，名曰“鹤将军”。

卫懿公玩物丧志，不用心治国，百姓处境艰难，北狄看到卫国国力衰弱，便大举入侵。卫懿公下令集合军队，却发现百姓逃跑了。卫懿公派人抓回一些百姓，质问他们为什么逃跑，百姓回答：“大王那么爱惜您的鹤将军，您的百姓何曾受到鹤的待遇呢？”

卫懿公明白了自己的错误，当即命人把所有的鹤都放了，无奈败局无法挽回，卫国被狄人占领，卫懿公也被杀，成了玩物丧志亡国死身的反面典型。

卫懿公的公子在齐国帮助下，赶走狄人，恢复国家，当上了卫文公。卫文公把国都迁到楚丘，重建城市，卫国重新焕发生机。

建设宫室和房舍的场面很热闹，晚上一直干到营室四方形升起在夜空。老百姓一边唱着“定之方中”的歌，一边热闹地忙碌着。

## 观测指南1

### 飞马四边形

秋夜，飞马四边形就在头顶附近，找到这个四边形，看着它，想象《诗经》中热闹的劳作场面。

飞马四边形是秋夜认星的重要参考。

将西边的室宿二和室宿一两颗星的连线向南延伸，可以找到一颗1等亮星，它叫北落师门，是南鱼座的最亮星。

将东边的壁宿二和壁宿一两颗星的连线向南延伸，可以找到一颗2等星，它叫土司空，是鲸鱼座的最亮星。

将壁宿一和壁宿二连线向北延伸，就可以找到北极星。

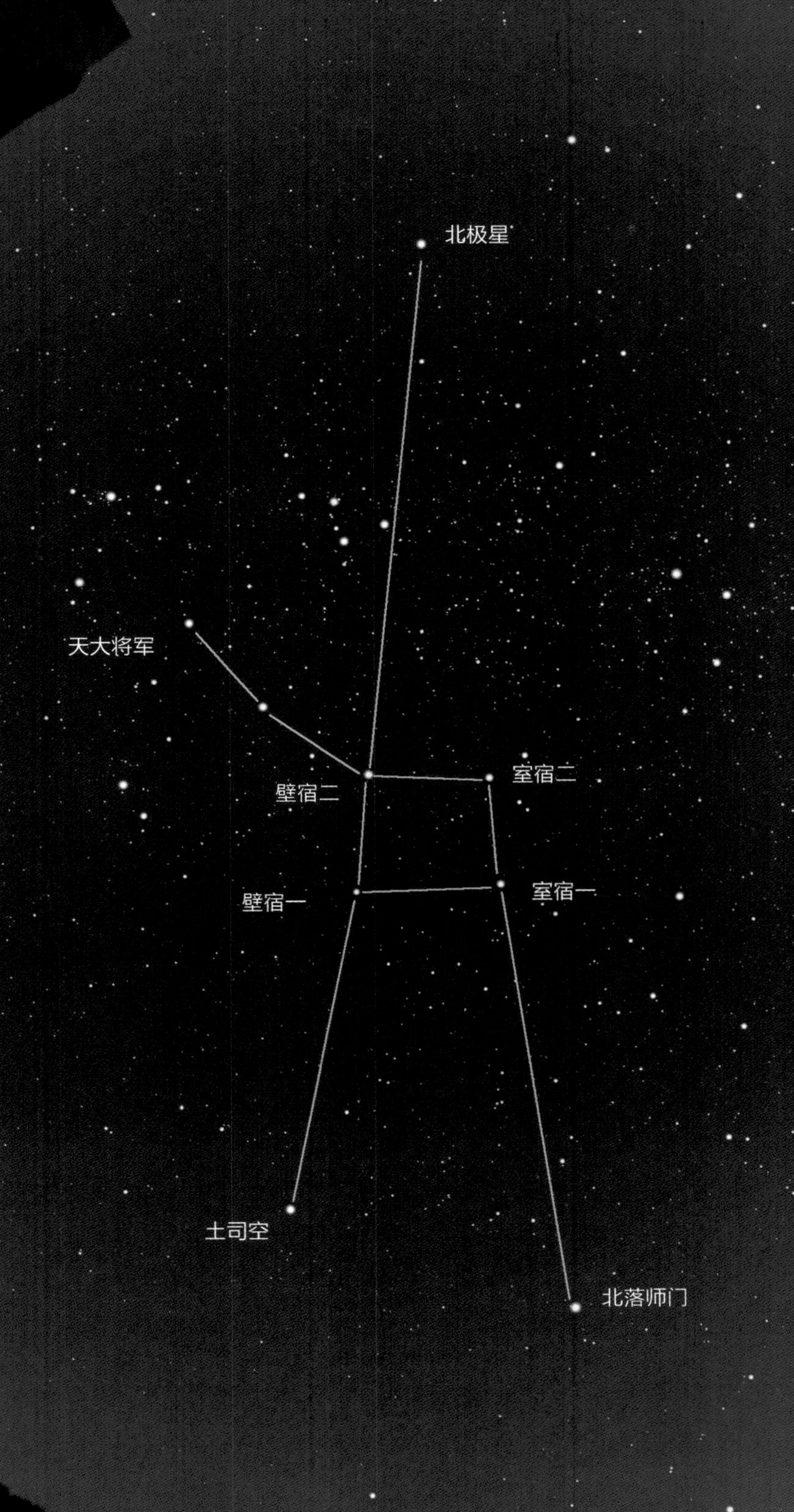
北
东
西
南
北极星
天大将军
壁宿二
室宿二
壁宿一
室宿一
土司空
北落师门

## 天文扩展1

### 最早发现的太阳系外行星

1995年11月，天文学家们发现了飞马座51星有一颗行星，这算是发现的第一颗围绕正常恒星的系外行星。飞马座51星距离地球50光年，质量和大小都和太阳差不多，年龄超过10亿年，是非常理想的恒星。然而该行星距离恒星太近，不到800万千米，明显不在恒星的生命带里。

## 天体鉴赏1

### 史蒂芬五重星系

飞马座里有一个叫史蒂芬的五重星系群，是首个被确认的致密星系群，距离地球约3亿光年，看上去是五个星系，但实际上只有四个星系是真正处在一群，有一个与其他四个星系分离很远，你能看出是哪一个吗？

左下方那个较大的泛蓝色星系明显是异类，它距离地球只有4000万光年。其他四个星系都泛黄色，距离很近，相互拉扯，以至于拉扯出了扭曲的圈环和尾巴结构。图片为哈勃望远镜拍摄。

# 仙女

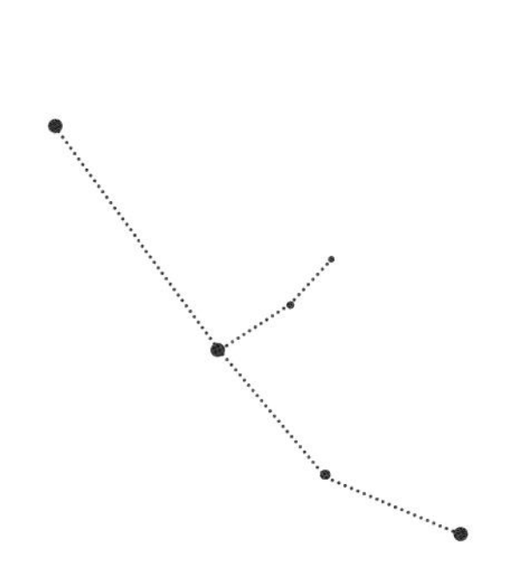

飞马四边形中只有三颗星属于飞马座，东北角的那颗壁宿二并不属于飞马座，它和东北方的奎宿九、天大将军一这三颗 2 等亮星近似排成一条直线，它们是仙女座的标志。

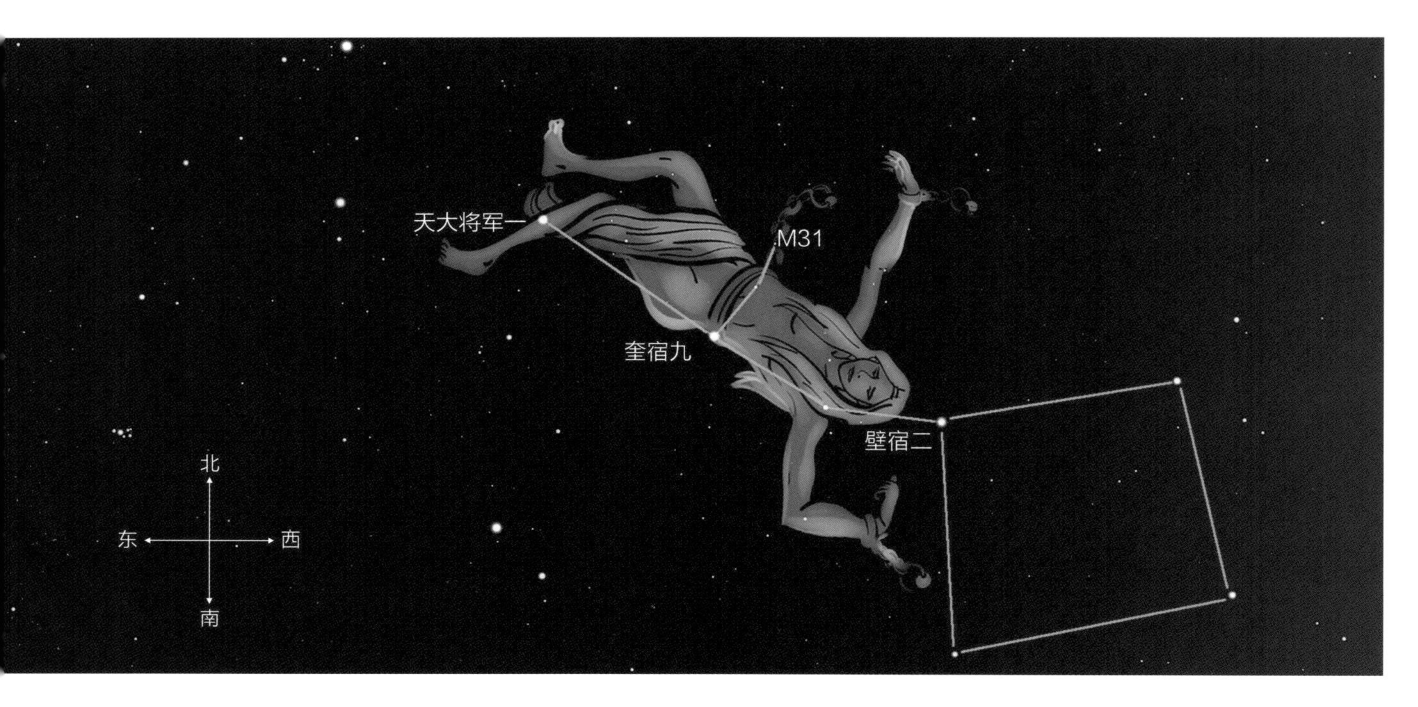

## 星空故事1

### 骄傲的代价

仙女其实是一位公主，名叫安德洛墨达，是埃塞俄比亚国王西浮斯的女儿，她的母亲是秀发女郎卡西俄比亚。王后是一个骄傲的人，她总是夸口说她和女儿安德洛墨达是世界上最美的女人，就连海神波塞冬的女儿们也比不上。波塞冬听了很生气，他的修养一点儿也不比王后好，能力可是大神级的，他掀起滔天巨浪，威胁要淹没埃塞俄比亚，除非王后把公主安德洛墨达锁在大海边，让海怪吃掉。国王和王后没有办法，为了拯救国家，只得将公主绑在海边的岩石上。

一阵巨浪涌来，海里出现了一只可怕的海怪，张大嘴巴，直向公主冲去。

就在这时，天空飞来了一匹带翅膀的马，从飞马上跳下来一个全副武装的英俊王子，他就是珀修斯。珀修斯刚刚取了魔女梅杜萨的头，正好路过这里，看到海怪要吞掉美女，就脚蹬飞鞋，跃到空中，瞅准机会，把梅杜萨的头高举到海怪面前，海怪瞪眼一看，立刻化为一块巨石。

这个故事的角色后来都升到天上，公主安德洛墨达是仙女星座，王子珀修斯是英仙星座，公主的父母分别是仙王座和仙后座，珀修斯的飞马成为飞马座，那个巨大的海怪是鲸鱼座。

因为这些成员都和王室有关，这些星座还统称为王族星座。

## 观测指南1

### 天大将军星

仙女脚部的亮星叫天大将军一，肉眼看是2等的橙黄色星，用小型望远镜可以看到它由一亮一暗两颗恒星组成，暗伴星亮度为5等。这颗伴星的颜色经常变化，常在黄色、金色、青色、橙色、蓝色间变换，人们称它是“天界第一美星”，它其实也是一对双星。

## 观测指南2

### 仙女座大星系M31

你的肉眼最远能看多远？答案是，至少250万光年。这可能会让你震惊，但做到这一点儿并不难，你只需要向仙女座瞥去一眼。

仙女座三星中间的那颗星叫奎宿九，在它旁边，有一个肉眼可见的云雾状天体，叫仙女座大星云，M31，这是一个遥远而庞大的河外星系，比银河系大得多，直径22万光年，大约有3000亿颗恒星。

这是非常值得欣赏的一个目标，这个小小的云雾状斑点能够把你的视线带进250万光年的宇宙深处，或者是250万年前。你今天看到来自它的光线，已经在太空奔波了250万年。（图见下页）

## 天文扩展1

### 冲出银河系的第一站

18世纪中期，德国有一个叫康德的哲学家，喜欢在一条林荫小道上漫步，一边漫步，一边思考宇宙的奥秘。他领悟到，我们在夜空看到的恒星，都应该属于银河系。银河系虽然巨大，也不是宇宙的全部，星空里一些看起来是云雾状的天体很可能是像银河系一样的巨大恒星集团，它们分布在浩瀚的宇宙太空里，就像大海里的一个个岛屿——宇宙岛，也就是河外星系。

到20世纪初的时候，天文学家们的看法依然分成两派，一派观点像康德，另一派则认为银河系就是整个宇宙。为了搞清楚真相，1920年4月，天文界泰斗海耳举办了一场有关“宇宙的尺度”的大辩论。

大辩论有两个辩手参加，一个是沙普利，来自威尔逊山天文台，他刚刚建立起一个宏伟的大银河系模型，并豪迈地宣称，银河系就是全部宇宙。另一方是柯蒂斯，来自利克天文台，同时是一位优秀的演说家，他反对沙普利的观点，认为银河系只是无数宇宙岛之一。

辩论的重点就是，M31是在银河系内，还是在银河系外。

辩论虽然精彩，但谁也没有说服谁，直到4年之后，才有了最终答案。

哈勃利用威尔逊山的100英寸望远镜观测仙女座大星云M31，在里面找到了几颗造父变星，利用这几颗造父变星，哈勃成功测定了M31到地球的距离，非常远，确定在银河系之外，人类对宇宙的认识又一次大大扩展。



仙女座河外星系 M31

# 英仙

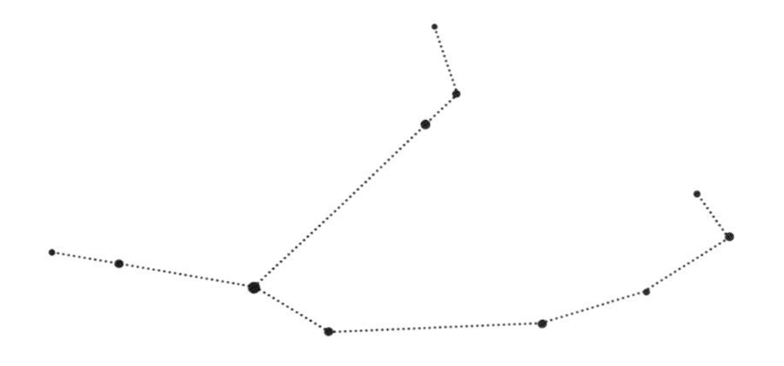

## 星空故事1

### 不幸的预言

从仙女座继续向东北方向延伸，在仙女的脚下，是英仙座——珀修斯。

珀修斯救下了安德洛墨达，两人结了婚，生活十分幸福。一年后他们辞别国王和王后，回到珀修斯的祖国阿尔戈斯。国王阿克里西俄斯是珀修斯的外祖父，一看到珀修斯回来，显得慌张沮丧。原来早在二十多年前，阿克里西俄斯得到一个预言，说自己将死于外孙之手。阿克里西俄斯越想越害怕，就躲到另外一个国家去了。

一天，这个国家举行盛大的体育竞赛，阿克里西俄斯坐在国王的身边观看比赛。珀修斯是一个体育爱好者，也参加了比赛，到掷铁饼时，珀修斯用力掷出了铁饼，铁饼远远地飞出去，竟然飞到看台上，不偏不倚，恰好击中坐在国王身边的阿克里西俄斯头上，老国王果然死在了自己外孙手上！

这场意外让珀修斯十分悲伤，他安葬了外祖父，登基成了国王。

## 星空故事2

### 帝王的陵墓

在英仙座里，珀修斯右手拿着盾牌，左手拿着魔女梅杜萨的头，梅杜萨还会眨眼睛呢。

原来，梅杜萨一只眼睛的星叫大陵五，这是一颗非常奇怪的星——它的亮度会周期性变化，就像魔女在眨眼睛。

大陵，在中国古代代表帝王的陵墓，大陵五是其中最亮的一颗星。古代星象家们把帝王陵墓设在这里，就是因为大陵五的亮度会变化，容易让人联想到陵墓中忽明忽暗的鬼气。

古代占星家很注重对积尸气的观察，如果积尸气明亮，则因战争、饥饿、疾病等原因造成的尸体会相对多，社会肯定会动荡不安；如果积尸气暗弱，则死丧少，社会也就相对安定。

## 观测指南1

### 大陵五

大陵五的亮度会周期性发生变化，最亮2.1等，最暗3.4等，周期为两天零二十一小时。

首先揭开大陵五亮度变化之谜的，是一位年少的聋哑天文学家，名叫古德里克。古德里克1764年生在荷兰，幼年的一场重病使他变得又聋又哑。

17岁时，古德里克开始对大陵五进行仔细观测和研究，19岁向英国皇家学会提交了一篇论文——《关于魔星光变周期的观测和发现》，大胆提出有颗暗星与大陵五相互绕转，周期性地相互掩食，所以亮度发生有规律的变化。

像大陵五这样因为相互掩食而引起亮度变化的星，叫做“食变星”，或“食双星”。

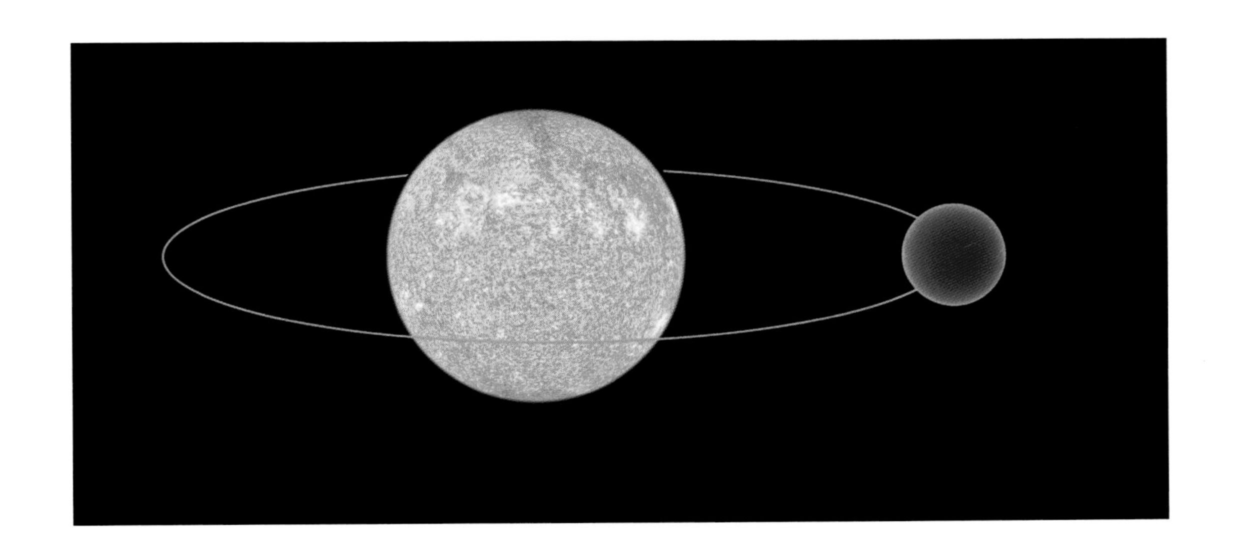

## 观测指南2

### 英仙座双星团

英仙星座的西北部，靠近仙后座处，有两个疏散星团，编号分别为NGC 869、NGC 884，距离地球约7300光年，肉眼可见，用双筒镜或小型望远镜能看得很清楚，两者都跟满月大小差不多。

南
西
东
北

## 观测指南3

### 英仙座流星雨

英仙座流星雨与象限仪座流星雨、双子座流星雨并称为年度三大流星雨。它于每年7月20日至8月20日前后出现，8月13日达到高潮。

相比于1月初的象限仪座流星雨、12月中旬的双子座流星雨，8月中旬爆发的英仙座流星雨，所处的夜晚气温更舒适，非常适合观测，可以说是全年三大周期性流星雨之首，备受全球天文爱好者、流星雨迷的推崇。

观测英仙座流星雨其实非常简单，只要找一处空旷而黑暗的地点，肉眼朝东北方向及天顶观看即可。请注意，观测流星雨只需肉眼，望远镜是没有用的，望远镜一般只用于固定的点状目标。

# 仙后

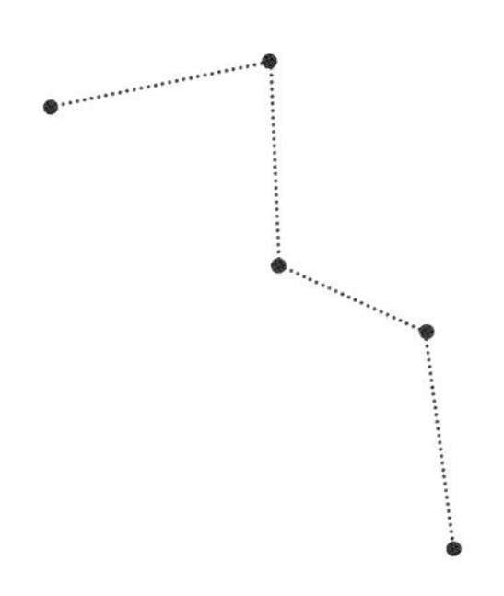

紧挨着仙女身边的，是仙女的妈妈——仙后，这个爱美的皇后在天上还不停地照着镜子。

仙后座里有五颗较亮的星，组成了英文字母“W”的形状，这是星空里一个非常醒目的标志。这五颗星分别是：王良一、王良四、策、阁道二、阁道三，这些星都和驾马车有关，王良是车夫，策是策马扬鞭，阁道是天帝出行的道路。

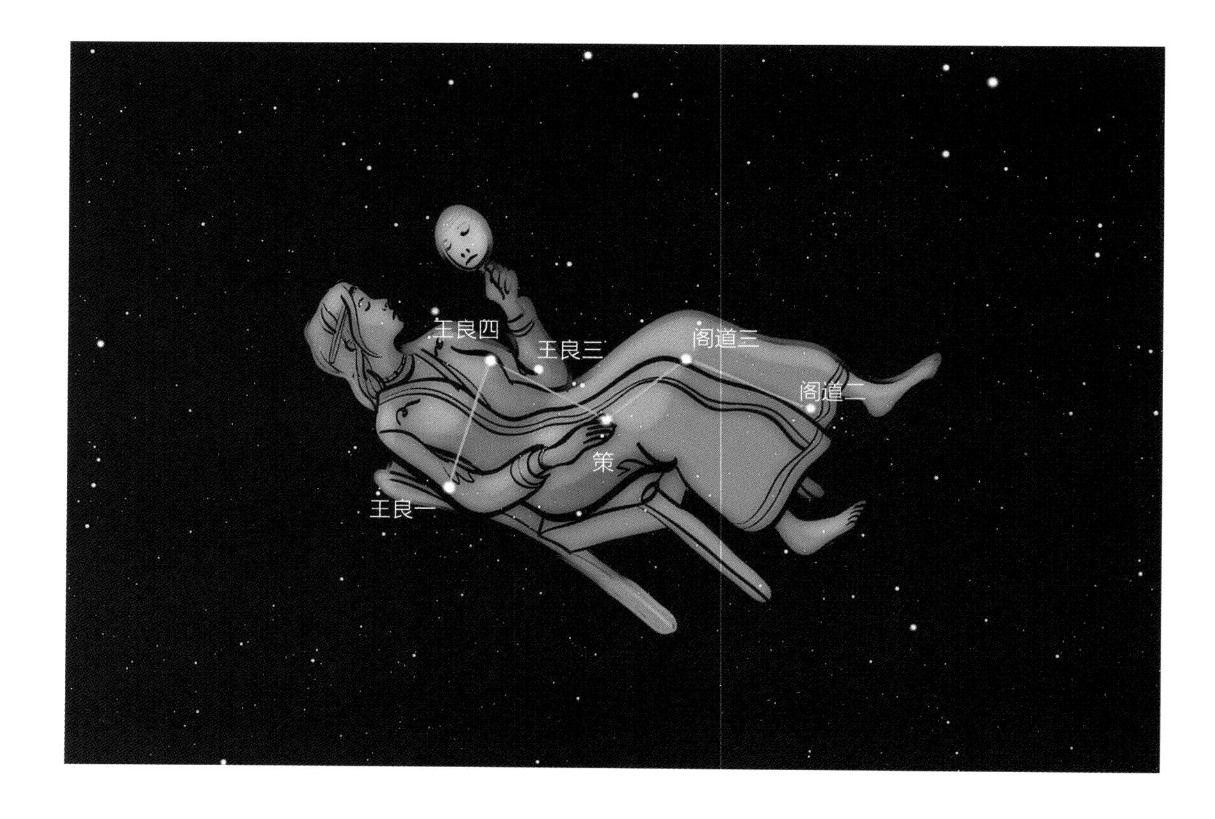

## 星空故事1

### 弼马温王良

王良是春秋时期晋国著名的驾车手，为晋国大夫赵襄子驾车。赵襄子对驾车也很有兴趣，要向王良学习。学了一段时间，赵襄子觉得差不多了，就迫不及待地要与王良比赛，结果比了三场都输了。赵襄子就抱怨王良说："我诚心诚意地向你学驾车技术，可你并没有把你的技术全部都传授给我呀！"

王良说："我毫无保留地把技术全部奉献给了您，但您还不能恰当地运用它。驾车最重要的是把心专注在马和车上，全心全意地去协调马和车，使之达到合一的境地。可是当您落在后面的时候，一心要超过我，不停地扬鞭策马；跑在前面的时候，又唯恐被我撵上，总是回头偷看，这样怎么能够专心致志地驾御呢？"赵襄子听后心悦诚服，技术很快有了新提高。

传说王良死后，被天帝选为马神——弼马温，成为天帝的御用车夫之一。王良驾着马车，静静地守候在阁道旁边。居住在紫微垣里的天子出来后，就可以乘上王良的马车，沿着阁道跨越银河，向南方的太微垣而去。

因为王良是主管天马的星，如果这些星星有什么异常动向，就意味着天马出动。天马出动，地上就会出现车骑盈野的状况，就意味着战争开启。所以古代占星家们通过观察王良众星，来预言地上的战争。

现代天文学家们发现，王良一、策、阁道三都是亮度会变化的星。王良一是由于自身体积的胀缩导致光度变化；策是通过爆发导致亮度变化；阁道三是因为双星相互绕转遮挡导致光变。

## 观测指南1

### 从仙后"W"找北极星

仙后座的"W"和北斗七星隔北极星遥遥相对，当秋天夜晚仙后座升到高天的时候，北斗七星的位置就很低了，不易观察，这时候就可以用仙后的"W"来找北极星，"W"中央的尖部就指向北极星，这是秋夜寻找北极星的基本方法。

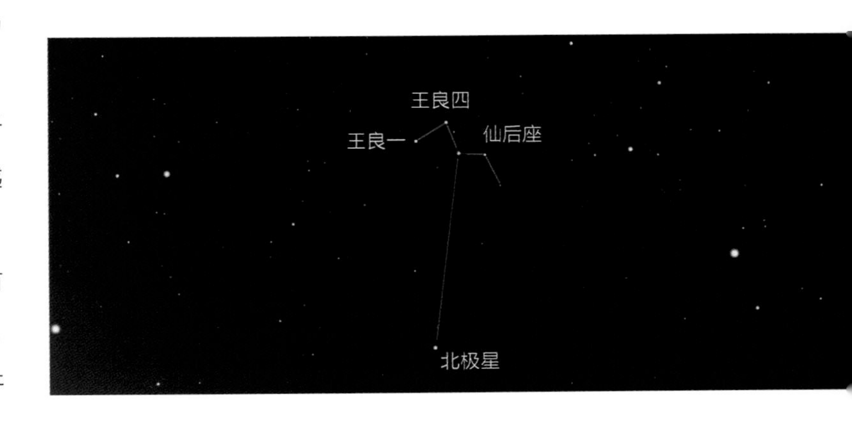

## 星空故事2

### 仙后座里的新星

1572 年 11 月 11 日，傍晚时分，丹麦的一条小路上，富豪天文学家第谷在悠闲地散步。出于天文学家的习惯，第谷一边走，一边眺望着天上的星星。

突然，第谷怔在了那里，如同雕塑一般看着天空。

夜空里忽然出现了一颗非常明亮的星，那一闪而过的光芒刺激了第谷的眼睛。第谷长时间凝视那里，是的，那里的的确确有一颗明亮的星，就在明亮的仙后“W”附近，而那里本来是没有这颗星的。

难道是幻觉吗？第谷感到极其难以置信，他转向陪同的佣人，问他们是否也看到了这颗星，他们马上异口同声地说确实看到了它，而且它很亮。

第谷仍然不敢相信，路边有人从第谷身旁走过，第谷连忙叫住，问他是否也看到了这颗星，那人在第谷的提示下抬头看了看天空，立即激动地大声说看到了那颗明亮的星星。第谷接连询问了好几个路人，他们都坚定地回答是。

第谷终于确信，天空真地出现了一颗新星。由于第谷最先观察并记录下这颗新星，它就称为第谷新星。

## 天文扩展1

### 宇宙太空的超级核爆

第谷新星实际上是一颗超新星，一颗恒星爆炸了。

这颗恒星本来是一颗白矮星，白矮星是密度非常大的星球，它有一个质量上限——1.4倍太阳质量。当白矮星的质量逼近这个极限时，整个星球就可能像一颗超级核弹般爆炸，形成一颗热核超新星。

这颗核弹很厉害。在地球上，一颗百万吨级的氢弹，可以轻易抹去一座城市，它的核材料只不过几千克而已。

一颗热核超新星，质量是1.4倍太阳，太阳质量是地球的33万倍，地球质量又是60万亿亿吨，你能想象出来这颗超级核弹威力有多大吗？

那颗白矮星的质量为什么会增加呢？它有一

白矮星不断窃取伴侣恒星的物质，质量渐渐逼近极限，爆发热核超新星

个非常近的伴侣恒星，相距只有1000万千米，不到日地距离的十分之一，5天就相互绕转一圈。白矮星不停地从这个伴侣身上吸取物质，导致自身质量慢慢长大，最终逼近了质量极限，引发失控的核聚变反应，爆炸了。

爆炸很猛烈，而且距离很近，但这个伴星并没有被摧毁，只是被冲激波剥离了一小部分物质。对于生命来说，稍微大一点儿的能量就是毁灭性的，但恒星远比血肉之躯顽强得多。

热核超新星虽然威力巨大，但很遥远。第谷超新星距离地球12000光年，当1572年第谷看到这颗超新星的时候，它其实在12000年前已经爆炸了。它的光芒在太空以每秒30万千米的速度行进了12000年之后，才在1572年11月11日晚上到达了第谷的眼中。

# 仙王

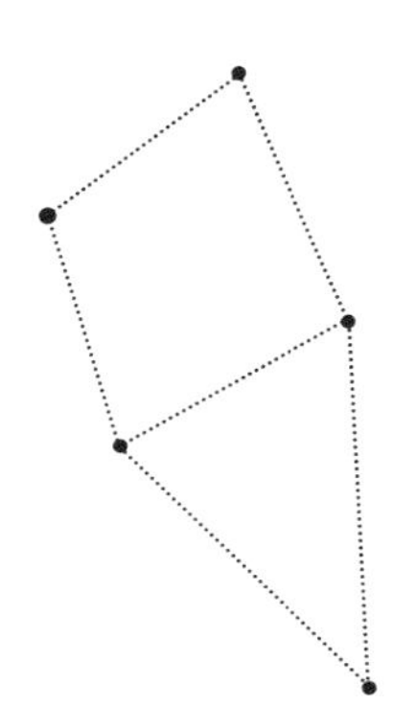

## 星空故事1

### 造父传奇

仙后座东边紧挨着的是她的老公仙王座，星座的轮廓很清晰，5 颗不太亮的星组成一个尖尖的五边形，就像一个削尖的铅笔头。五边形底部有一颗星叫造父二。造父出生于御马世家，是一个和王良一样的御马大师。造父把自己驯养出的千里马献给周穆王，穆王就封他为御马官，为自己驾车巡行四方。

一天，造父驾驭着八匹骏马，拉着周穆王西游，很快便到了西方的昆仑仙境。仙境的西王母娘娘见到周天子来访，非常高兴，在昆仑之巅的瑶池设宴招待周穆王。周穆王与西王母作歌唱和，竟然乐而忘返，一晃过去了三天时间。俗话说“仙境一日，地上一年”，周穆王竟然三年没有返回！于是天下大乱，有人乘机造反了。

周穆王在瑶池宴乐的时候，造父很着急，就放出一匹千里马，让它回京城报信。这匹马在途

中遇到了寻找周穆王的侍卫队，很快引他们到了瑶池。周穆王这才知道天下大乱，急忙向西王母告别。西王母有些不舍，就作了一首歌约穆王瑶池再会：

白云在天，山陵自出。

道里悠远，山川间之。

将子毋死，尚能复来？

穆王作歌回答，约定三年后重来相会。然后命造父驾车，立即返回。八匹骏马日行三万里，很快就回到京城，叛乱也很快平息下去。

造父由于驾车有功，周穆王将山西洪洞县的赵城赏赐给他。造父的后人以赵城为根据地发展起来，几百年后成为强大的赵国——战国七雄之一。

然而人生无常，不知何故周穆王竟失约了。西王母常常在瑶池上推开雕花的窗户向东眺望，期待周穆王驰骋而来的八骏，结果始终没有见到，却听到了凄惨哀伤的黄竹歌声，这是周穆王在黄竹的路上看到有人挨饿受冻时所作的哀怜诗。西王母心中不免有些埋怨：穆王啊穆王，你的八匹骏马一天可以飞驰三万里，却为什么不来瑶池重相会呢？李商隐联想至此，于是作《瑶池》一首：

瑶池阿母绮窗开，黄竹歌声动地哀。

八骏日行三万里，穆王何事不重来？

现在，造父星在天文界声名显赫，这是因为造父一是一颗极为重要的变星。

## 星空故事2

### 聋哑少年迷上了造父一

1784 年深秋的夜晚，20 岁的聋哑人古德里克深深迷上了造父一。古德里克注意到，这颗星的亮度在缓慢发生变化，它是一颗变星。

造父一便于观察，因为它靠近北天极，终年不落。每一个晴夜，古德里克都仔细地盯着造父一，记录下它每一丝微弱的星光变化。造父一的亮度变化很有规律，从最亮时开始缓慢变暗，约 4 天后亮度下降一半达到最暗，接着开始变亮，速度比变暗过程快很多，只要 1 天多就达到最亮。经过 100 多次观察，古德里克非常精确地测定了造父一的光变周期——5.3663 天，这和现代的光电仪器测定结果非常接近。

因为这个成果，古德里克成为英国皇家学会历史上最年轻的会员。不幸的是，由于在夜里观测受寒，古德里克得了肺炎，于 1786 年 4 月 20 日病逝，犹如一颗流星般闪耀着离开世界。

后来天文学家们发现了很多类似造父一的变星，它们都统称为“造父变星”。造父变星光变周期各不相同，在 1 ~ 50 天之间，但每颗星的光变周期都非常准确，可以同钟表媲美。

## 观测指南1

### 造父一

在夜空里找到仙王五边形，找到它角上的造父二，再找到造父一，观察这颗4等暗星，品味造父的故事。

## 天文扩展1

### 造父变星亮度变化的秘密

造父变星的亮度为什么会变化呢?

美国的沙普利最早领悟到它的实质。造父变星都是明亮的黄色超巨星，体积膨胀得很大，正在步入老年，星体开始一胀一缩地脉动，星体膨胀和收缩的时候，就引起了亮度的增加和减少。

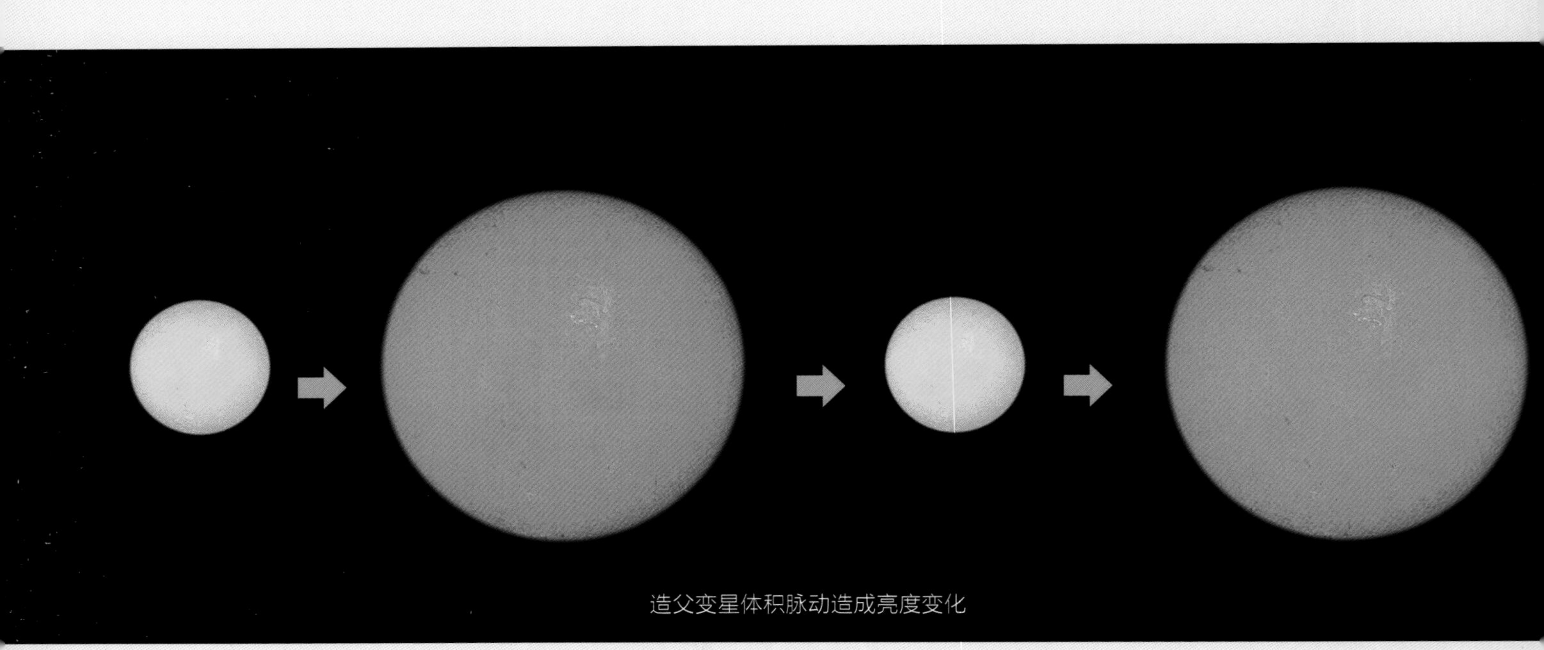

造父变星体积脉动造成亮度变化

## 天文扩展2

### 一把巨大的量天尺

哈佛大学在南半球的秘鲁有一个天文台，拍摄了许多大麦哲伦星系和小麦哲伦星系的照片。天文学家们对同一个目标拍摄很多张照片，就是想比较一下，照片上的星星会有什么变化。如果有变化，通常来说都是极微小的，这项工作要多枯燥有多枯燥，聋哑人莉维特做的就是这工作。

莉维特细心地检视一张张照片，结果真有问题。她发现，这两个星系里有1000多颗星亮度会变化，它们时显时隐闪烁不定，好像整整一窝萤火虫。不同的变星有着不同的光变周期规律，莉维特研究每颗变星的光变周期，确认小麦哲伦星系的变星中有25颗是造父变星。这25颗造父变星有亮有暗，光变周期有长有短，经过比对，莉维特发现了一个非常简单的规律：

亮的造父变星光变周期长，暗的造父变星光变周期短。

因为这25颗造父变星都位于遥远的小麦哲伦星系中，它们与地球的距离可以看作是近似相等的。由此可以简单地推知：那些看起来亮的造父变星，它们本身的亮度就大，看起来暗的星本身的亮度就暗，于是在1912年，莉维特就发现了造父变星的周期与光度关系：

造父变星的光变周期越长，光度就越大。

这个关系的最重大意义就是，可以利用造父变星的光变周期，来确定它的真实亮度，知道了真实亮度，就容易确定距离了。比如，两颗看起来亮度相同的造父变星，其中一颗的光变周期是另一颗的4倍，就可以知道前者的真实亮度是后者的4倍，从而得出前者的距离是后者的2倍，（恒星距离变成2倍，亮度减弱到1/4）。利用这把威力巨大的量天尺，天文学家们渐渐打开了通向宇宙深处的大门。

# 双鱼

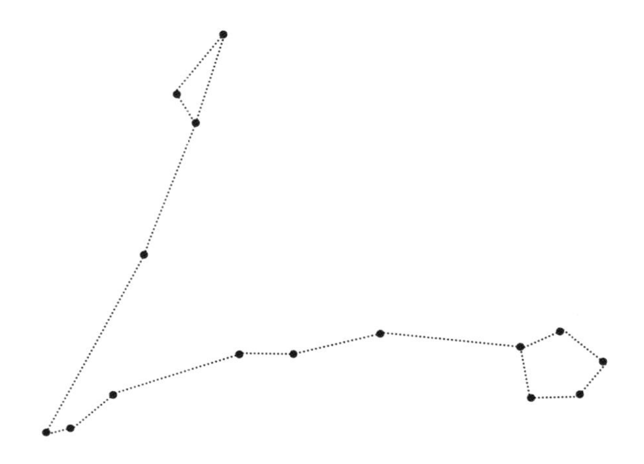

## 星空故事1

### 爱神母子历险记

飞马四边形东南角，有两串暗淡的星星，组成一个“V”字形，“V”字的开口正好对着四边形的东南角，这两串星星就是双鱼星座。

传说有一天，女神维纳斯和她的儿子小爱神丘比特在幼发拉底河边散步，突然有一个喷火巨人向他们奔袭而来，维纳斯知道打不过这个巨人，急中生智将自己和儿子变成两条鱼，从大河中逃走了。为了防止失散，维纳斯还把儿子和自己绑在一起。

## 观测指南1

### 双鱼的小环

双鱼座的星星都很暗淡。

飞马四边形南部，由七颗小星星组成一个小环，叫南鱼，代表着维纳斯。

飞马四边形东部，有几颗小星星组成一个小环，叫北鱼，代表着丘比特。

在星空里看到双鱼座并不容易，秋天或冬天的夜晚，你可以试着从飞马四边形寻找双鱼座，找到那两条鱼。

北
东
西
南

# 宝瓶

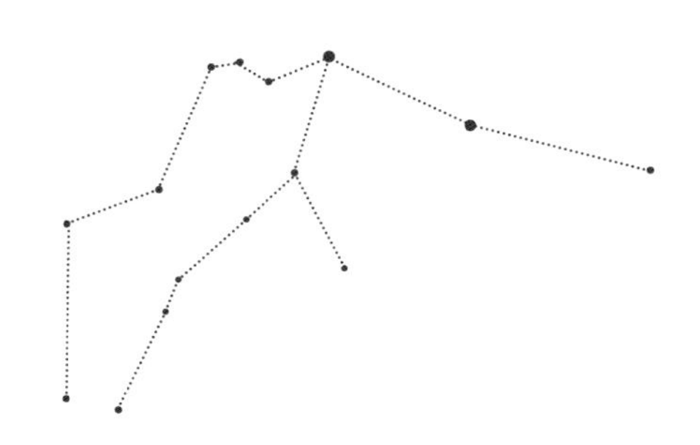

## 星空故事1

### 斟酒的美侍

双鱼座的西边是宝瓶座，俗称水瓶座。

奥林匹斯的众神经常在宙斯宫中举行盛大酒宴，宙斯的女儿赫柏就作为侍者提着宝瓶为众神添加琼浆玉液，后来赫柏长大出嫁了，宙斯便想到人间去找一个合适的人来代替女儿，于是化作一只大鹰盘旋下来。

在一个山坡上，一群伙伴在玩耍，其中一个少年非常俊美，宙斯便降落到他身边。这个少年叫该尼墨得斯，是国王的爱子，他看到一只大鹰突然降落到自己身边，样子十分可爱，温顺善良，便高兴地与大鹰玩耍起来，越玩越高兴，竟然骑到了大鹰的背上。

大鹰驮着该尼墨得斯展翅飞翔起来，在天上盘旋了几圈之后，一下子飞走了，再也没有回来。

宙斯把该尼墨得斯带到了奥林匹斯山，让他在宴席间为众神斟酒倒水，所以宝瓶星座的形象是一个少年手持一个宝瓶在倾倒。

大约 5000 年前，每当太阳进入宝瓶座，西亚北非一带的雨季就开始了，所以那里的人们把宝瓶那一群恒星视作天上的“水罐”。苏美尔人称它为暴雨之神拉曼的星座，他们相信那个“水罐”是幼发拉底河和底格里斯河的源泉。同样，古埃及人也相信天神每年要先装满天上的那个“水罐”，然后再将罐中之水倾入尼罗河，成为埃及人民赖以生存的乳汁。

## 星空故事2

### 请把望远镜对准宝瓶座内

100 多年前，在宝瓶座内有一个轰动世界的发现。

1781 年英国天文学家赫歇尔发现天王星后，人们又发现它在轨道上不停地跳着“摇摆舞”——实际观察到的位置与利用牛顿引力定律计算的理论位置，总是不能吻合。有人怀疑牛顿力学可能错了，也有人猜想，在天王星轨道外可能还隐藏着一个未知的行星在吸引着它。可是如何发现这颗未知的行星呢？它的亮度肯定很暗弱，如果用望远镜盲目寻找，简直如同大海捞针。如果先计算出它的位置，再找起来就会容易得多。可是这个计算太复杂了，绝大多数人都望而生畏，英国剑桥大学 23 岁的学生亚当斯站了出来。经过两年的思考和计算，他终于把这颗“天”外行星的轨道计算出来。亚当斯兴冲冲地把他的结果通知了英国的几位天文学家，请求他们协助证实。遗憾的是，这些天文学家对这个无名小辈的计算结果并没有给予重视。

在亚当斯计算的同时，法国青年天文学家勒威耶也在独立地进行这项计算。1846 年 9 月 23 日，勒威耶把计算结果寄给德国柏林天文台台长伽勒，信中写道：

“请您把望远镜对准黄道上的宝瓶座，在经度 326 度处 1 度范围内，你将会找到这颗新行星，亮度将近 9 等。”

伽勒接到勒威耶的来信，当天夜里便把他的望远镜指向了宝瓶座内，仅用了不到半个小时，伽勒就发现了那颗神秘的未知行星。它发出淡蓝的颜色，人们就用罗马神话中大海之神涅普顿的名字来称呼它，叫做海王星。

海王星是先由两位年轻人用笔在纸上计算“发现”的，所以人们也把海王星称为“笔尖下发现的行星”。这是人类智慧的结晶，生动地证明了科学预言的巨大威力。

（图见下页）

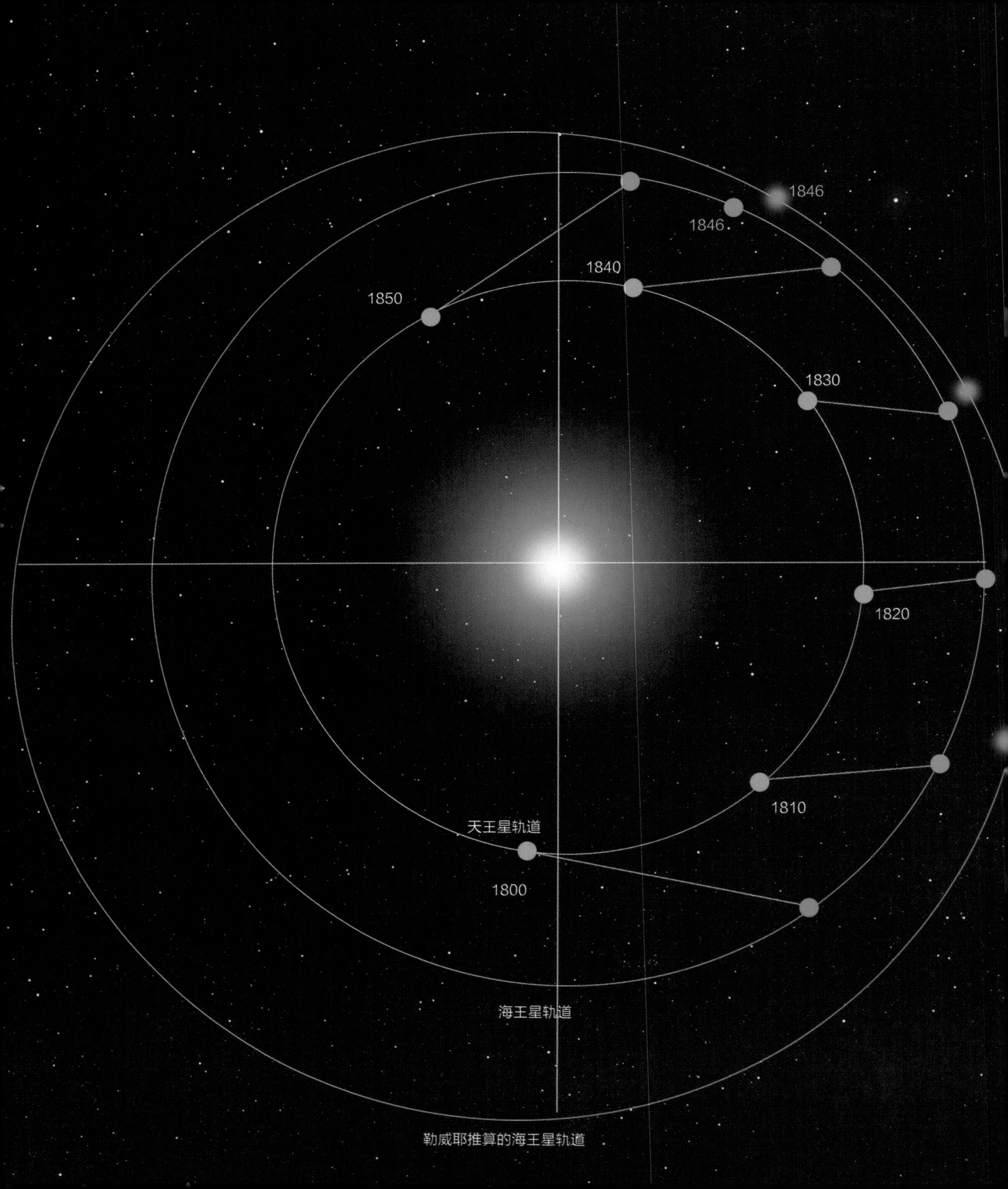
1846
1846
1840
1850
1830
1820
1810
天王星轨道
1800
海王星轨道
勒威耶推算的海王星轨道

## 天体鉴赏1

### 上帝之眼

宝瓶座里有一个编号为NGC 7293的星云，也称为螺旋星云，是一个行星状星云，距地球约650光年。它是最接近地球的行星状星云之一，直径约5光年。螺旋星云曾经被称为“上帝之眼”，而在2003年的电影“魔戒三部曲”风靡全球之后，它在网络上就被称为“索伦之眼”。

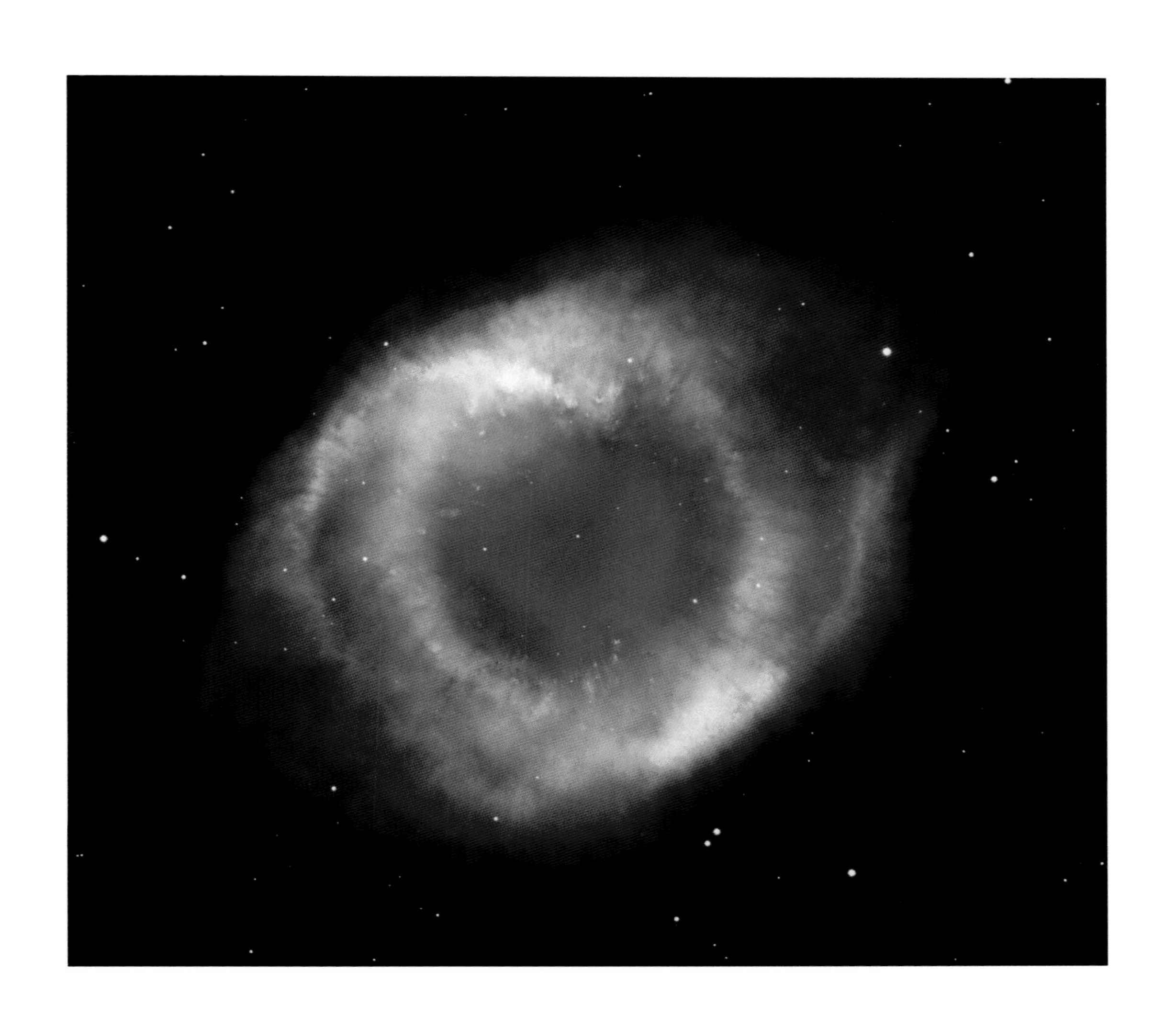

# 摩羯

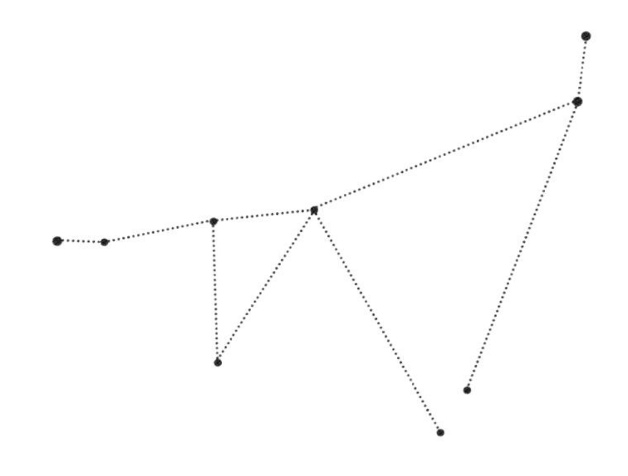

## 星空故事1

### 羊头鱼身的怪物

宝瓶座的西边是摩羯星座，形如一个尖端朝下的倒三角形，它是古希腊神话传说中一个半羊半鱼的怪样子，中国的牛宿就是它的头。

传说山林之神潘是天国使者赫尔墨斯的儿子，爱好音乐，经常用自己制作的芦笛，吹奏出美妙动听的乐曲。有一次，众天神在尼罗河畔举行宴会，潘又吹起芦笛为之助兴，这时突然出现一只可怕的半人半蛇的恶魔，众神纷纷化身逃去。正在演奏的潘也想化身成为一条鱼逃走，但因为过于惊慌，无法控制自己，结果他在水下的部分变成鱼形，水上部分却变成了羊的形状。

## 观测指南1

### 神仙之门

摩羯座的星组成一个倒三角形结构，在黑暗的夜晚不难辨别。对于天文爱好者来说，摩羯座没有多少有趣的星体。

摩羯的那个倒三角形很值得欣赏，古代中东人将其称为“神仙之门”，认为从地上各种名利是非解脱出来的人，其灵魂就可以通过此门登上天国。

天津四
织女星
牛郎星

牛宿二
牛宿一
摩羯座

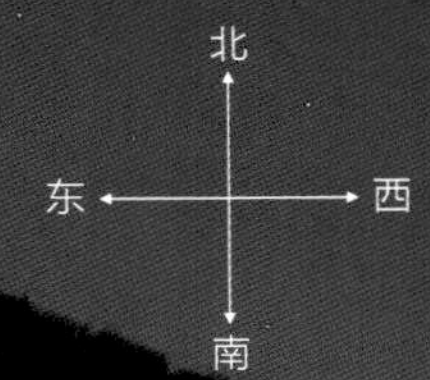
北
东
西
南

# 鲸鱼和南鱼

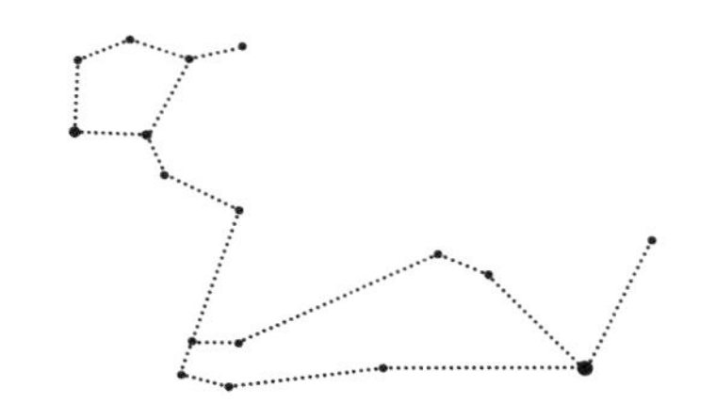

## 星空故事1

### 天上的粮仓

从飞马四边形往南，是两条鱼——鲸鱼座和南鱼座。鲸鱼就是海神波塞冬派来吞吃公主安德洛墨达的海怪，南鱼是维纳斯的另一个化身。

在中国古人眼里，鲸鱼座附近的一大片星空是天上的仓库。

鲸鱼头部有天囷（qūn）星，天囷是指谷仓，也泛指粮仓。鲸鱼尾部又有天仓星，天仓也是仓库，它们的区别在于外形，囷为圆形的，仓是方形的。

鲸鱼脖子处有刍藁（chú gǎo）星，刍藁是蒿子中的一种，可作马的饲料。鲸鱼尾部的二等亮星——土司空，即为掌管仓库的官员。

## 星空故事2

### 北方的战场

在中国古人眼里，南鱼和宝瓶这一片星区，是一个巨大的军事基地，北落师门就是这个军事基地的大门。

对于中国古代统治者来说，抵御外来入侵是头等大事。入侵主要来自三个方向——南方的苗蛮、北方的北夷、西北方的戎狄，所以中国古代星空里，也有三大军事基地，对应着这三个方向。

北落师门这个军事基地在玄武七宿附近；玄武象征北方，所以这个军事基地用作对付北夷少数民族；基地的军门叫北落师门。

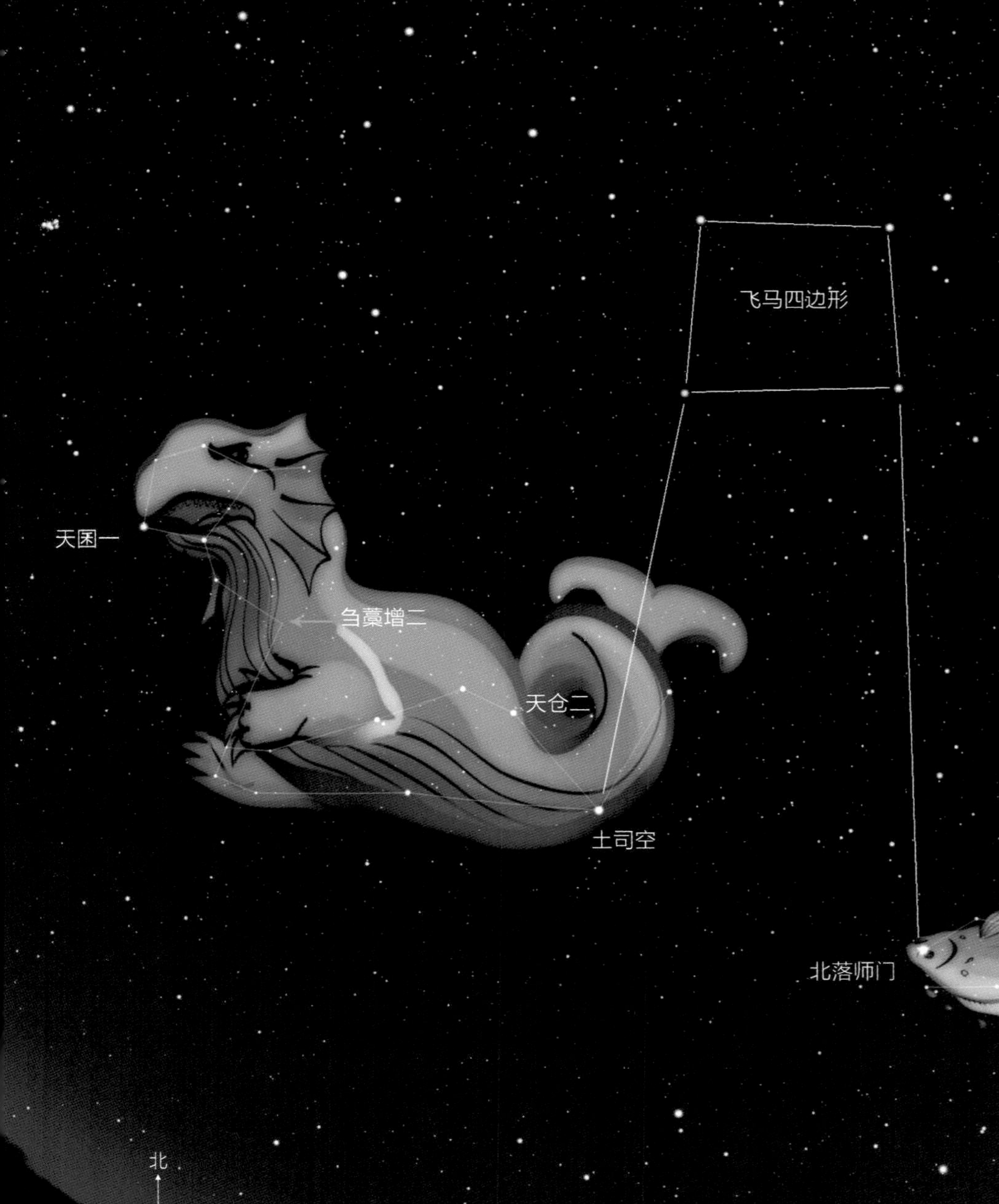

飞马四边形
天囷一
刍藁增二
天仓二
土司空
北落师门
北
东
西
南

## 观测指南1

### 土司空和北落师门

秋夜的南天里，亮星稀少，南鱼座的一等亮星北落师门和鲸鱼座的二等亮星土司空显得很醒目，它们分别对应着飞马四边形西边和东边的两条边。

## 观测指南2

### 刍藁增二

刍藁增二被称为“鲸鱼怪星”，是天空中最著名的几个变星之一。它最亮可以达到2等，和土司空一样亮，最暗只有10等，肉眼根本看不见。

刍藁增二实际上是一个双星系统，由两颗质量接近太阳的恒星组成：其中一颗是白矮星，另一颗是红巨星，它们相互围绕着对方作轨道运动。

肉眼看到的刍藁增二是双星中的红巨星，刍藁增二的亮度变化也来自于它。这颗红巨星的体积有时候会胀大，有时候会缩小，周期约11个月，亮度因此而改变，和造父变星的机制有些类似。

位于智利沙漠中的ALMA望远镜拍摄并经过图像处理的刍藁增二，右方是刍藁增二A，即红巨星；左边是刍藁增二B，即白矮星。

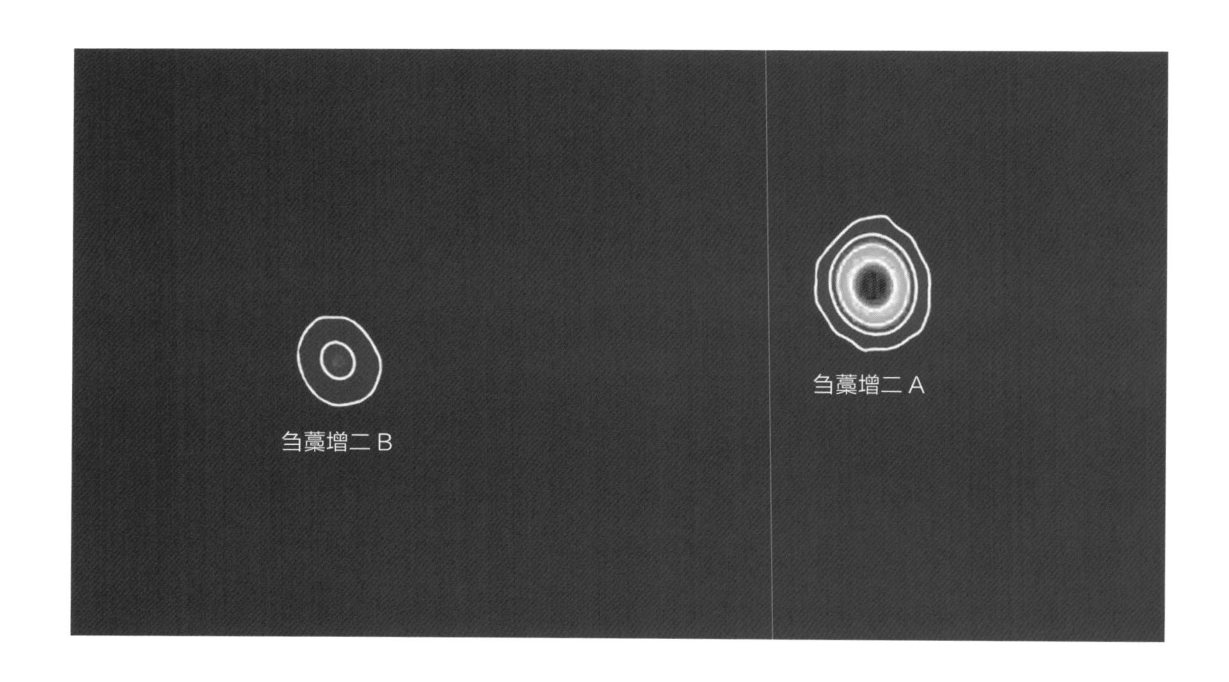

## 天体鉴赏1

**标准的棒旋星系**

鲸鱼座的NGC 1073，是一个非常标准的棒旋星系，正好以正面对着我们，清晰地展现出了它的中央棒和外围的旋臂。此图片为哈勃太空望远镜拍摄。

# 第六部分 冬夜星空

双子座

御夫座

小犬座

金牛座

大犬座

猎户座

巨蟹座

船底座

天兔座

罗盘座

船尾座

船帆座

波江座

麒麟座

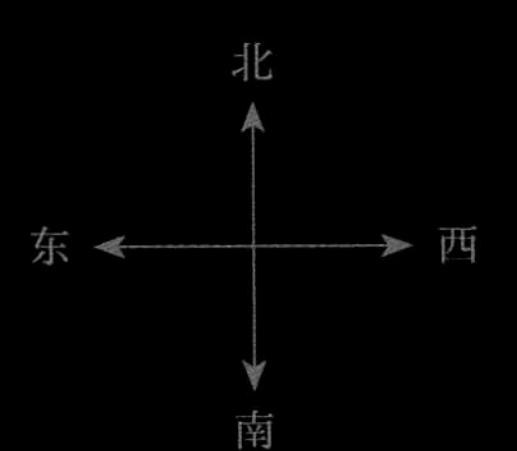


时间：12月15日：0点；
1月15日：22点；
2月15日：20点。

恒星每天比前一天提前约四分钟升起到同一位置。

# 猎户

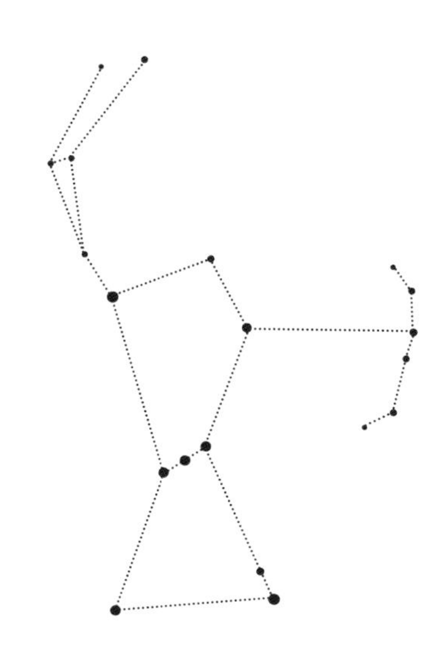

## 星空故事1

### 阿波罗的毒计

冬天傍晚，天寒地冻，一位勇敢的猎人悄悄从东方天空升起来，很快占据了星空舞台中央。这位猎人神采奕奕，光辉夺目，他就是全天最明亮的星座——猎户座。

猎户座很容易分辨，里面有七颗亮星，上面两颗是猎人的双肩，下面两颗是猎人的双腿，中间三颗星等距离排成一条直线，那是猎人的腰带。

猎人面向西方，左手拿着狮皮盾牌，右手高举着大棒，准备随时迎击来自西方的凶猛动物。

这位猎人来历不凡，他叫奥赖恩，有一个很厉害的爹——海神波塞冬。作为海神的儿子，奥赖恩拥有一种神奇的本领，可以在海上行走，就像走在平地上一样自如。但是奥赖恩不喜欢待在海里，他跑到山里当了一名猎人。

山里一位大美女吸引了奥赖恩，这位大美女是月亮女神阿尔忒弥斯，月亮女神不但貌美，同时也是狩猎女神，因为弯弯的月亮很像是一张弓。

阿尔忒弥斯很欣赏英俊威武的奥赖恩，两个人常常一起打猎，在山间奔跑游戏，感情日渐深厚，阿尔忒弥斯最后决定嫁给猎人做妻子。

阿尔忒弥斯的哥哥是太阳神阿波罗，他看不起猎人奥赖恩，想把两人拆开，可是阿尔忒弥斯根本不听，阿波罗很生气，他决定使出阴招。

一天，奥赖恩施展异能在水中行走，身体浸没在蔚蓝色的海水里，只有头部露出水面，远远看去只是一个小黑点。刚巧阿波罗和阿尔忒弥斯正飞越大海，阿波罗眼力非常好，一下认出在海面上那个小黑点是奥赖恩，他知道妹妹的视力不行，月亮女神嘛，总是昏昏暗暗的，于是眉头一皱，计上心来。

阿波罗停下来对阿尔忒弥斯说：“亲爱的妹妹，你是狩猎女神，都说你箭法高明。你看，海面上有一个小黑点，你如果能一箭射中它，我就真佩服你。”

阿尔忒弥斯感觉阿波罗语带嘲讽，气就不打一处来，立即抽出一枝利箭，瞄准海面上的小黑点，拉满弓弦，“嗖”的一声把箭射出去，那箭不偏不倚，正中小黑点，小黑点顿时停止了移动。

阿波罗装着吃惊的样子说：“妹妹真是厉害，哥哥我实在佩服至极！”说着诡异一笑，化作一道金光赶快跑了。

阿尔忒弥斯感觉有些不对劲，会不会中了阿波罗的计谋？她降下云端，想看看那个小黑点到底是什么。不看则已，一看立即悲痛欲绝，自己的利箭正牢牢地插在爱人奥赖恩的头上！

为了安抚阿尔忒弥斯，宙斯就把奥赖恩提升到天界，置他于群星之中最耀眼的地方，成为猎户座。

## 观测指南1

### 猎户座里的明亮大星

**红色巨星参宿四**

猎人右肩的亮星叫参宿四，它是全天第10亮的恒星，质量大约是太阳的20倍，光度约是太阳的10万倍，距离地球约500光年。

参宿四颜色稍微发红，是一颗红色超巨星，体积大约是太阳的10亿倍。如果把参宿四放在太阳的位置上，它的边缘就快接近木星的轨道。

在夜空里找到猎户座，找到右肩的那颗亮星，仰望着它，能看出它微微发红的颜色吗？想象一下它的体积，10亿个太阳那么大，要知道，一个太阳的体积是地球的130万倍呢，那颗小星星该有多大！

500光年的距离，意味着它发出的光以每秒30万千米的速度行进，照射到地球也需要500年时间！你今天看到的参宿四，它的光芒是在500年前的明朝发出的！

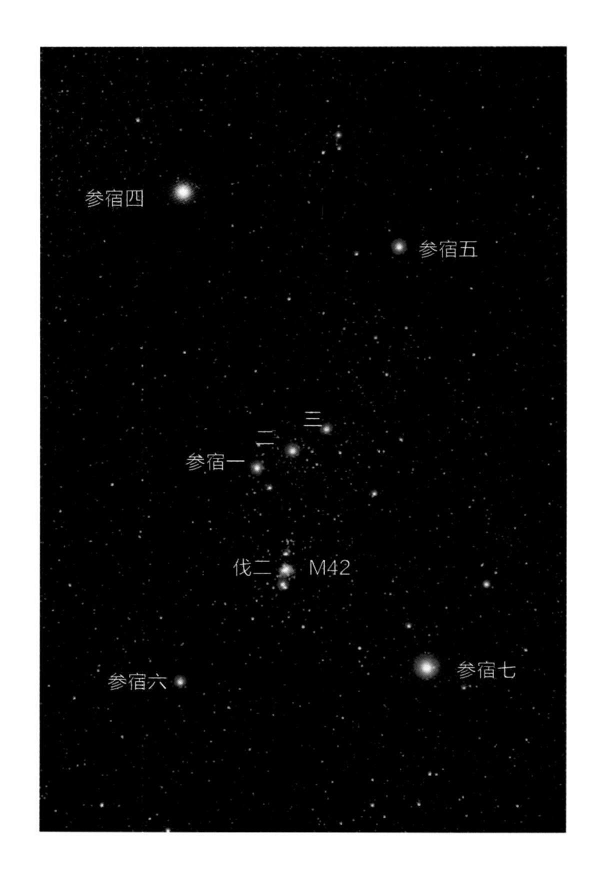


**蓝色巨星参宿七**

猎人左腿的亮星叫参宿七，它比参宿四更亮，它是全天第七亮的恒星，体积是太阳的好几十万倍，虽然比参宿四小得多，但它的温度要高得多。参宿四表面温度只有3000多度，所以发出红色的光芒，参宿七表面温度有一万多度，它发出蓝色的光芒，是一颗蓝色超巨星，其光度大约是太阳的12万倍，距离地球860光年。

在夜空里找到猎户座，找到参宿七，像仰望参宿四那样思考。仰望着它，你能看出它微微泛蓝的颜色吗？想象一下它的个头，它的真实亮度。860光年的距离，意味着它发出的光以每秒30万千米的速度行进，照射到地球也需要860年时间！你今天看到的参宿七，它的光芒来自860年前，宋朝！

体会一下，宇宙太空是多么浩瀚。

## 星空故事2

### 三星在天

3000 年前一个冬天的晚上，天气寒冷而晴朗，一个小院落里洋溢着热烈的气氛，院子中间竖立着一捆用红布捆着的柴禾，人们喜气洋洋地唱道：

绸缪（chóu móu）束薪，三星在天；
今夕何夕，见此良人？
子兮子兮，如此良人何？

这首记载在《诗经》里的诗翻译过来大致是：地上红布捆柴禾，天上三星高高照。今晚是什么好日子，见到你的好夫君？新娘子啊新娘子，你该如何待夫君？

原来这是一个婚礼的场面。诗中描述的三星，就是猎户腰带的三星，它是星空里一个非常醒目的标志，过去的人们对这三颗星相当熟悉，民间就有这样的谚语："三星高照，新年来到""三星正南，家家过年"，意思是说，当傍晚参宿三星升到正南方的天空时，就是该过年的时候了。

这三颗星，从东到西依次是参宿一、参宿二、参宿三，它们亮度差不多，排成一条直线，无论是谁，看它们一眼就终生难忘。我国民间，人们还把这三颗星看作是吉祥的三个星官，称为福、禄、寿三星，分别掌管人世间的福报、官运和寿命。一个人运气好一切顺利时，人们会说他三星高照，指的就是这三颗星。

## 观测指南2

### 三星——恒星中的巨人

三星在天是非常值得仰望的，因为这三颗星都是非常了不起的恒星巨人。

参宿一

它看起来是一颗星，实际上是三颗星——分别称为 A、B、C 三星，仅仅是其中的 A 星，辐射总量就是太阳的 25 万倍！如果把太阳换成参宿一 A 星，地球瞬间就会变成焦土。

参宿一 A 星之所以这么厉害，因为它的质量大——太阳的 33 倍，要知道，太阳的质量已经超过了银河系 95% 的恒星，33 倍于太阳质量的恒星绝对是凤毛麟角，所以它是名副其实不折不扣的超级巨星，是非常罕见的 O 型星。

参宿一的另外两个成员也都很不简单。B 星是太阳质量的 19 倍，C 星是太阳质量的 17 倍，它们都是明亮的蓝色超巨星，真实光度都是太阳的好多万倍，用它们中的任何一个替换太阳，地球生命都会在瞬间被消灭。

参宿二

这是一颗大质量单星，这一颗星的质量就是太阳的 40 倍，辐射总光度是太阳的 50 万倍！

参宿三

参宿三也绝非等闲之辈，它也是一个多星系统——共有四颗星，总质量是太阳的 65 倍，每一个成员都是高温而明亮的蓝色超巨星，其中最大的一颗是非常罕见的 O 型星。

好在三星与地球的距离比较遥远，参宿一距离地球 817 光年，参宿二距离地球约 2000 光年，参宿三距离地球 916 光年，遥远的距离使这些明亮的巨星在地球上看起来成了温柔小星。

## 星空故事3

### 一只白色大老虎

猎户座的七颗亮星，又称为参宿七星，腰带三颗是参宿一、参宿二、参宿三，双肩的两颗是参宿四、参宿五，双腿的两颗是参宿六、参宿七。

中国古代有一首教认星的诗歌，叫《步天歌》，里面有这样一句：

“参宿七星明烛宵，两肩两足三为腰。”

意思是说，参宿的七颗星都像火烛那样明亮，两颗星代表双肩，两颗星代表双足，中间三颗是腰。

真是太令人奇怪了，猎户座是西方人划定的星座，中国古代人怎么知道得那么清楚呢？

其实，《步天歌》里说的“两肩两足三为腰”，可不是指的猎人。在中国古代人眼里，参宿七星的形象是一只凶猛的动物——一只白色的大老虎。

这是一只坐着的大老虎，跟猎人几乎完全重合：猎人的双肩就是白虎的双肩，猎人的双腿就是白虎的双腿，组成猎人腰带的三颗星，则是白虎腰上的斑纹。

白虎是星空里的四大名兽之一，这四大名兽是：

东方苍龙

西方白虎

南方朱雀

北方玄武

关于白虎，有两种划分方法，一种是参宿即白虎，一种是西方七宿——奎、娄、胃、昴、毕、觜、参组成白虎。四大名兽在星空里环绕一周，和西方的黄道十二宫很相似。

## 星空故事4

### 萧瑟的杀伐之气

白虎是凶猛的，所以这一片星空很有杀伐之气。刘禹锡有一句诗：

鼙鼓夜闻惊朔雁，旌旗晓动拂参星。

形容雄兵出师，鼓声阵天，惊动栖息的秋雁，透过飘扬的旌旗可以看到拂晓前的参星。这里，战场的旌旗与代表白虎的参星联系在一起，不但增加杀伐气息，也大大提升了文学意境。如果不懂中国古代的星空文化，是体会不到这种意境的。

猎户，或者白虎这一带的星官，都是和杀伐有关，那是中国古人在天上建立的一个军事基地。

猎户腰带——参宿三星的南方，又有三颗更小的星，排成一条直线，挨得更近，与参宿三星相垂直，这三颗星在猎户座里是猎人腰间佩带的短剑。有意思的是，中国古人给它们起的名字也有类似的含义——伐星，杀伐之星。

腰带的参宿三星是大三星，短剑的伐星是小三星，这两组星互相垂直，组合在一起，很象一个犁地的犁头，中国民间又把这六颗星称为犁头星。这种工具过去人们非常熟悉，现在大多数人已经不知道是什么东西了。

猎户座大星云，M42

## 观测指南3

### 伐三星

看看能否找到猎人腰间佩戴的短剑，它在腰带三星——参宿一、参宿二、参宿三的南方不远，小一点的三颗星，伐一、伐二、伐三。

这是猎户座一个非常精彩的地方。

## 观测指南4

### 猎户座大星云

伐三星中间的那颗，也就是伐二，肉眼看上去，呈模糊的云雾状，因为那里有一个星云，叫猎户座大星云，又叫M42。

猎户座大星云是北半球最有名的星云，用小型望远镜会观测得更清楚一些，但不会观察到颜色，长时间拍摄才会显出颜色。

M42形状犹如一只展开双翅的大鸟，直径约16光年，距地球1500光年，它里面有很多恒星正在孕育形成。（图见189页）

## 天体鉴赏1

### 马头星云

参宿一往南不远，有一个著名的星云，叫马头星云。普通望远镜拍摄的马头星云，是明亮的星云背景衬托出一个黑暗的马头形状。哈勃太空望远镜的红外相机拍摄到了它的清晰细节，马头星云位于右上角；在左下方，年轻的炽热恒星照亮了气体尘埃，形成明亮的反射星云NGC 2023。你能看出马头吗？



马头星云

# 大犬和小犬

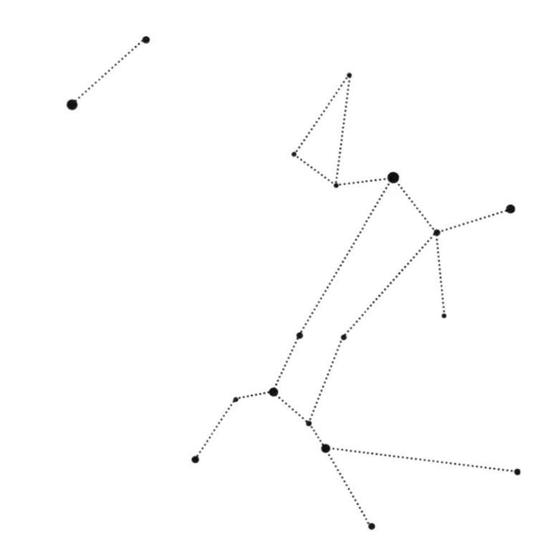

## 星空故事1

### 天狼星人来到了地球？

猎人有两只猎犬，它们跟随着猎人从东方升起，这就是大犬座、小犬座。在春夜星空里，牧夫也带着两只猎犬，那是猎犬座。

大犬座非常好辨认，因为它里面有一颗非常明亮的恒星——天狼星。天狼星地位显赫——它是全天最亮的恒星，自古以来就吸引了各民族关注的目光。

20 世纪 50 年代，两位法国生物学家在非洲马里共和国一个与世隔绝的原始部落达贡生活了 20 年之后，在《非洲科学杂志》上发表了达贡老人讲述的一个传说。他们说天狼星由两颗星组成，一大一小，小星绕着大星转动，旋转周期是 50 年，他们还说那个伴星是天上最小又最重的星星。

达贡老人的传说令人震惊，因为他们说的天狼星伴星的知识在西方天文界也是刚被发现。

天狼星的伴星比地球还小，亮度不到天狼星的万分之一，质量竟然是地球的 35 万倍！也就是说，它上面一立方厘米的小块物质，质量就有好几吨！科学家们对此大惑不解，将信将疑。直到 1925 年才最终确认，天狼星的伴星是恒星演化到末期的一种特殊形态，称为白矮星。

西方科学家们刚刚获得的宇宙奥秘，非洲原始部落的人们是如何知道的？连文字都没有的达贡人，为什么有如此丰富的天文知识？

美国考古学家坦普尔决心揭开这个秘密。他沿着法国人的足迹重访了达贡，并在那里生活了 8 年，采访了达贡的老人和祭师，搜集了许多原始实物，出版了一本《天狼星的奥秘》。书中绘声绘色地描述了“天狼星人”驾驶着宇宙飞船来到地球的奇闻，这些天狼星人有一个半人半鱼的奇怪身体，类似美人鱼。正是天狼星人的造访，才将有关天文知识传授给了达贡人。

到底有没有超级智慧的天狼星人呢？

## 星空故事2

### 忠诚的猎犬

天狼星是大犬座最亮的星，大犬叫塞雷斯，是猎人奥赖恩的得力助手，每当奥赖恩打猎时，它总是忠心耿耿地保护主人，勇敢抓捕猎物。奥赖恩被狩猎女神阿尔忒弥斯误杀而死之后，塞雷斯十分悲伤，整天不吃不喝，只是悲哀地吠叫，最后饿死在主人的房子里。它的忠义感动了宙斯，宙斯就把这只犬升到天上化为大犬座。

为了不使猎户的大犬塞雷斯在天上感到寂寞，宙斯又找了一只小狗来与它作伴，这就是小犬座。如今这两只猎犬总是在猎户奥赖恩的后面，时刻准备着扑向前方。

南

## 星空故事3

### 何以西北射天狼

在中国古人眼里，天狼星的形象显得有些可怕：那是一匹来自北方的凶猛的狼——代表着经常从北方侵略过来的少数民族。

将如此明亮的一颗星定为侵略的胡兵夷将，可见古代中国面临的北方外患是多么严重。

苏东坡《江城子·密州出猎》就提到这颗星："会挽雕弓如满月，西北望，射天狼。"描述的就是那时的严峻形势。

天狼星位于南方天空，它是从东南方升起，向西南方落下，永远也不可能跑到西北方向，苏东坡却要望向西北去射天狼，难道是醉醺醺不辨南北？

这首诗描绘的其实是天上的图景。在天狼星的东南不远处，大犬座的后半部，有中国古人设置的弧矢星官，那是一把拉满弦的大弓，弓上搭着一只箭，瞄向西北方向的天狼，使其不敢轻举妄动。苏轼这句诗的意境升华了：他想象自己升上了天空，手握弧矢星这把大弓，对准前方（西北方）的天狼，要射落它。

## 观测指南1

### 天狼星

在夜空里找到天狼星，这并不难——它是最亮的恒星，在众星之中引人注目。

天狼星距离地球8.6光年，它的光芒照射到地球需要8.6年时间，你今天看到的天狼星光芒来自8.6年前，这些光芒发出的时候你是多大年龄?

仰望天狼星，想象它旁边那颗看不见的伴星，它上面一个手指头肚大小的物质，质量有几吨，这是多大的密度?

找到射天狼的那张弓，也就是大犬星座的后半身，想象自己像苏东坡诗中写的那样，升上天空，手握大弓，来一次天上的射天狼。

## 观测指南2

### 地球夜空里空前绝后的最亮恒星

大犬座后腿部，有大犬座的第二亮星——弧矢七，这也是一颗非常值得欣赏的恒星。

弧矢七是双星系统，距离地球约405光年，主星是一颗蓝白色的巨星，表面温度为22,300开，总辐射能量则达太阳的3万多倍。

在几百万年以前，弧矢七的位置比现在更接近太阳，也是夜空中一颗更为明亮的恒星。大约在470万年以前，弧矢七与太阳之间的距离只有34光年，它是当时天空中最明亮的恒星，视亮度约是现在天狼星的10倍。除了弧矢七以外，没有其他恒星曾经达到这个亮度，天文学家估计至少在500万年以内也不会有任何恒星可以达到这个亮度。

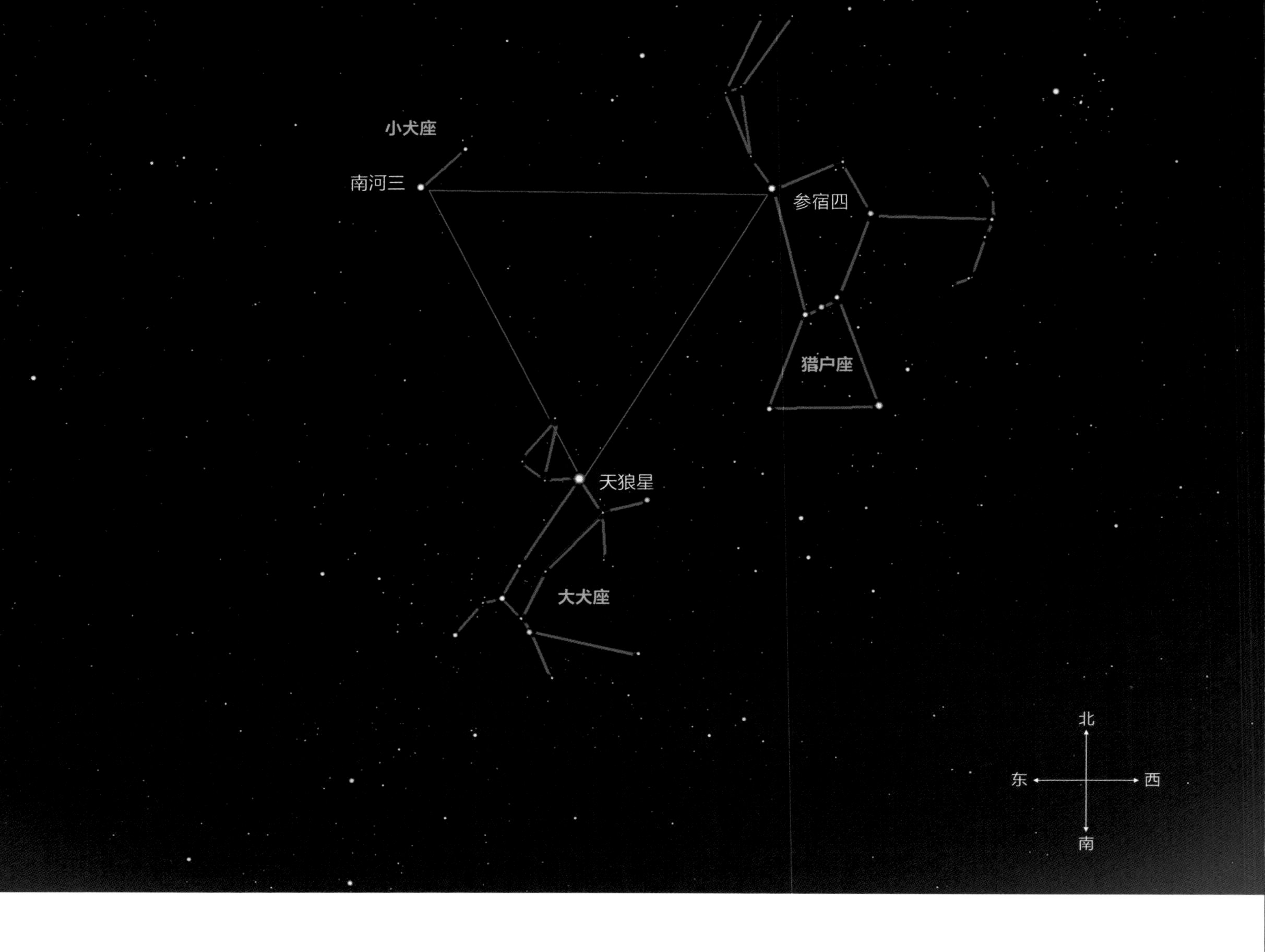


## 观测指南3

### 冬夜大三角

小犬座的亮星南河三、大犬座的天狼星、猎户座的参宿四，这三颗亮星组成一个等边三角形，称为“冬季大三角”，在冬季的夜晚十分醒目，是冬夜认星的标志。

## 天体鉴赏1

### 顶牛的星系

大犬座内的一对星系——NGC 2207和IC 2163，正在迎头相撞，看起来就像顶牛一样。这对星系距离我们约1.4亿光年。

# 天兔

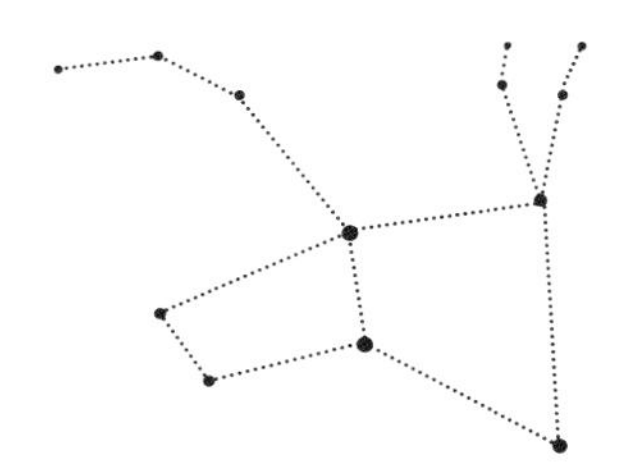

## 星空故事1

### 可怜的天兔

猎人奥赖恩升上天空成为猎户座之后，狩猎女神阿尔忒弥斯对他还非常关心，因为奥赖恩喜欢打猎，为了减少奥赖恩在狩猎时遇到凶猛动物的攻击，阿尔忒弥斯特地请求宙斯在猎户的脚前放一只弱小的兔子，这就是天兔座。这只兔子多么可怜啊，它与猎人和大犬近在咫尺，西边的大犬已经跃起，正准备向它扑来，它只好全力向西方奔逃而去。

## 天体鉴赏1

### 螺线图星云

天兔背部，有一个编号为IC 418的行星状星云，非常像一幅用循环绘图工具画出来的图案，又称为滚筒仪星云。

IC 418的前身星是一颗和太阳差不多的恒星，后来这颗恒星老了，膨胀了，成为一颗红巨星，再接下来，旋转的恒星把外围的气体一圈一圈地抛出来，就形成了螺线圈的图案。（见右图）

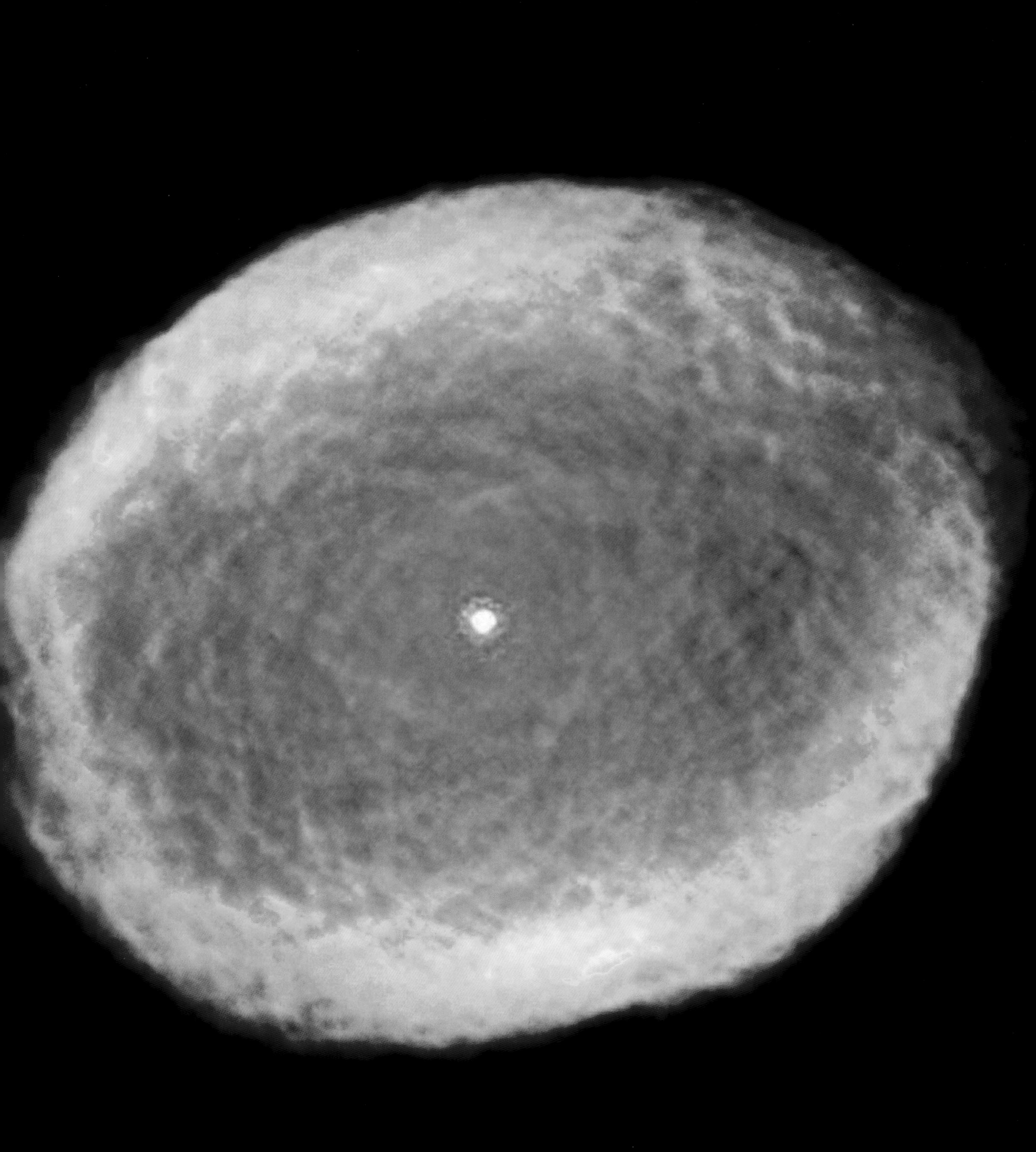

# 金牛

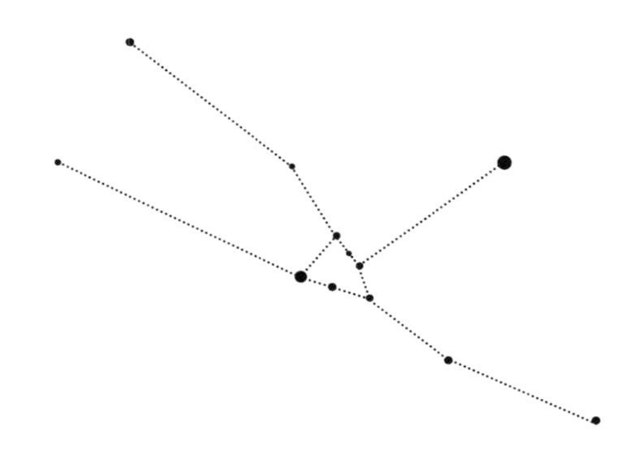

## 星空故事1

### 冬夜猎户斗金牛

虽然猎人奥赖恩受到阿尔忒弥斯的关爱，在他的脚下放置一只弱小的猎物——兔子，但他也不得不面对更强大的敌人，因为在他的前方，一个凶猛的动物正气势汹汹地向他冲过来，那就是金牛。

这头牛的来头可不小。

在非常遥远的古希腊时代，欧洲大陆还没有名字，那里有一个美丽而富饶的王国叫腓尼基，国王阿革诺耳有一个美丽的女儿，叫欧罗巴。一天清晨，欧罗巴像往常一样和同伴们来到海边的草地上嬉戏，她们快乐地采摘鲜花，编织花环，在草地上和花丛中尽情玩耍。

忽然，不知从哪里跑来一群牛，牛群中间，有一头牛金光闪闪，看上去高贵华丽，牛角小巧玲珑，犹如精雕细刻的工艺品，晶莹闪亮，额前闪烁着一弯新月型的银色胎记，它的毛是金黄色的，一双蓝色的眼睛燃烧着情欲。

欧罗巴被这头奇怪的牛吸引住了，一种无形的诱惑让欧罗巴难以抗拒，她欣喜地跳上牛背，并呼唤同伴一起上来，可是同伴们并没有人响应，她们都有些害怕。

金牛从地上轻轻跃起，飞跑起来，欧罗巴吓得紧紧地搂着牛的脖子。金牛跑着跑着，竟然飞了起来，在同伴们惊慌的喊叫声中，飞向远方。金牛飞越沙滩，飞越大海，一直飞到一座孤岛上，才缓缓降落下来。

金牛蹲伏下来，欧罗巴下了牛背，金牛竟然站了起来，变成了一个俊美如天神的男子，原来是宙斯，宙斯化身的金牛后来就成为金牛座。

## 观测指南1

### 牛脸——毕星团

金牛的头部，有两串星星呈“V”字形，看上去很像一张牛脸；其中最亮的是一颗发红的亮星，叫毕宿五，是金牛那瞪得发红的眼睛。

冬夜里出去仰望星空，看看能不能找到“V”字形的牛脸，还有金牛泛红的眼睛——毕宿五，它就在猎人的西北方。

“V”字形这两串星星叫毕宿，其实是一个星团，叫毕星团，里面有300多个成员，这样的星团叫疏散星团，这些恒星距离地球在150光年左右。

明亮的毕宿五并不是毕星团的成员，因为它距离地球只有65光年。

# 星空故事2

## 雨神毕宿

在中国古人眼中，毕宿是雨神，掌管下雨之事。

《三国演义》第九十九回，有一个“司马懿入寇西蜀”的故事。司马懿和曹真率领四十万大军进犯蜀国，诸葛亮却仅仅派将领张嶷、王平率一千士兵迎敌。二人听了非常害怕，对诸葛亮说，“人报魏军四十万，诈称八十万，声势甚大，如何只与一千兵去守隘口？倘魏兵大至，何以拒之？”诸葛亮说：“吾欲多与，恐士卒辛苦耳。”张嶷和王平面面相觑，都不敢去。诸葛亮说：“如果有疏失，不是你们的罪过。不必多言，赶快去吧。”二人苦苦哀求说：“丞相想要杀我们两个，现在就请杀吧，只是不敢去。”

诸葛亮哈哈大笑说道：“我昨夜仰观天文，见月亮走到了毕星附近，这个月内必有大雨淋漓。魏兵虽有四十万，决不敢深入山险之地。”二人听了，才放心地拜辞而去。

谁知诸葛亮的对手司马懿也非等闲之辈。当魏国大军开到陈仓时，曹真要明渡陈仓，继续西进。司马懿阻拦道：“不能轻进。前日我夜观天文，发现月亮走进了毕宿，此月必有大雨。倘若深入，到时候就难以退回来了。”

果然，不到半月，大雨滂沱，河水暴涨，陈仓城平地水深三尺，寸步难行，魏军没有办法，只好撤退。

看来，诸葛亮和司马懿都是上知天文下知地理的神人。其实不然，这个故事只不过是小说里的文学杜撰而已。

月亮围绕地球运行，27 天就转一圈，而月亮的轨道就经过毕宿，也就是说，每过 27 天，月亮都要经过毕宿一次。如果月亮运行到毕宿都要下大雨，那岂不是每个月都会大雨滂沱了吗？

古人为什么会认为月亮运行到毕宿要下雨呢？很可能来源于古人对于经典的崇拜。《诗经·小雅·渐渐之石》中有这样的诗句：

月离于毕，俾滂沱矣。
武人东征，不皇他矣。

翻译过来就是：

月亮靠近毕宿星，大雨滂沱汇成河。将帅士兵去东征，其他事情无暇做。这本来是《诗经》常见的比兴手法，但《诗经》被后代的读书人奉为经典之后，有些诗句甚至成为了占星的依据，毕宿是雨神的观念很可能就来源于此。

## 观测指南2

### 七姐妹——昴（mǎo）星团

金牛的肩膀上，有一团明亮的星，非常引人注目，六七颗星密密地聚在一起，面积有好几个月亮大，显得光辉灿烂，这就是美丽的七姐妹星团，这团星在中国古代属于昴宿，又称昴星团。

昴星团相当壮观，明亮亮的一大片，如果你能在满天繁星中看到它，肯定会被它深深震撼。

找到昴星团，看你能从中数出几颗星。视力好的人可以在这个星团里数出7颗星，但多数人只能看到六颗，因为其中一颗（昴宿三）是较暗的6等星，不容易看到。实际上，昴星团里面有3000多颗恒星，这些恒星分布在直径约13光年的空间里，而在太阳系附近同样大小的空间里，只有几十颗恒星而已。即便如此，昴星团依然是一个疏散星团。

## 星空故事3

### 漂亮的七姐妹

在古希腊神话传说中，从前有七个美丽的仙女，生活在地中海边的一个山林里，经常跟随着狩猎女神阿耳忒弥斯在山林里打猎。一天，七仙女路过林间的一条小溪边，清澈的溪水和岸边芬芳的花朵吸引了她们，于是她们在小溪边游戏玩耍起来。

猎人奥赖恩也在这个山林里打猎，恰巧也路过这里。奥赖恩看见美丽的七仙女，便鲁莽地向她们奔来，七仙女吓得赶忙逃跑。

奥赖恩在后面追赶，他身强力壮，越跑越快，眼看就要追上了，七仙女一边奔跑，一边大声呼救。

七仙女的呼救声被宙斯听到，宙斯便起了怜悯之心，为救她们脱离猎人的掌心，便将她们变为七只灵巧的鸽子，飞上天空。这七只鸽子越飞越高，最后飞到了众星之中，成为天上的七颗星。

七个仙女在天上还紧密地团聚在一起，虽然每一颗星都不是很亮，但聚在一起的她们却显得光彩华丽。人们看到它，就想起了传说中美丽的七姐妹，于是叫它七姐妹星。

## 星空故事4

### 可恨的旄头星

七姐妹虽然漂亮，但在中国古人眼里是另一番感受，这个星团在中国古代还被称为髦头星——一团乱蓬蓬的头发，古人常用它来代指北方的胡人。

李白在晚年写了一首很长的诗，诗的最后有一句话：

安得羿善射，一箭落髦头！

要是找来曾经射落九个太阳的后羿，一箭把髦头星射落下来，该有多好！

李白为什么对髦头星这么有意见呢？当然，他愤愤不平的是髦头星所代表的胡人。

公元 8 世纪的大唐，国力强盛，四方来朝，一派盛世景象。繁荣的背后，皇帝和官员们开始腐化堕落。皇帝唐玄宗为了博取杨贵妃的欢心，不惜动用为国家公务服务的驿马，长途奔驰数千里，把南方特产的荔枝运至首都长安。人们看到驿马飞驰，还以为是十万火急的情报，谁知道竟是为杨贵妃送荔枝的呢！杜牧的诗《过华清宫》写道：

一骑红尘妃子笑，无人知是荔枝来。

有一个节度使叫安禄山，看到唐朝皇帝和大臣都骄奢淫逸，感觉自己的机会来了，于是在公元 755 年起兵叛乱。叛军很快攻入长安，逼得唐玄宗带着杨贵妃仓皇向四川逃命。逃到马嵬坡时，将士哗变，杨贵妃被处死。

大诗人李白一直有报效国家的壮志。安史之乱爆发的第二年，新皇帝唐肃宗李亨的兄弟，永王李璘以平定叛乱为名，从四川起兵，56 岁的李白欣然受邀加入了部队。然而皇帝认为李璘起兵是借机与他争夺皇位，便派军队讨伐，结果李璘兵败被杀，李白也锒铛入狱。两年后李白出狱，被流放到边远的夜郎，后在流放途中被皇帝赦免，此时李白已经 58 岁。

一天晚上，李白仰望星空，看到了明亮的髦头星，想起了胡人，悲愤之情油然而生。可恨的胡人啊，给国家，给自己带来多大的灾难，多大的痛苦，安得羿善射，一箭落髦头！

李白壮志未酬，心中不甘，61 岁时再随军平叛，结果途中生病，只好返回，第二年便离开了人世。

## 星空故事5

### 天关客星传奇

金牛头部偏南的牛角尖，是一颗名叫天关的星，这颗星一点也不起眼，但是名气大得很，因为在这颗星附近，曾经发生过一次非常奇异的事件。

公元 1054 年（宋至和元年）7 月 4 日的这天夜里，皇家的天文官员们像往常一样在天文台上监视着星空。天快要亮了，天文官们辛苦地观察了一夜，终于可以松口气了。

忽然，有人直愣愣地观看着东方，惊讶地张大了嘴巴。大家顺着他的目光看去，原来在东方的地平线上升起了一颗明亮的星，这是启明星吗？不可能，这一段时间根本没有启明星，而且这颗星比天空中最亮的启明星还要亮得多，它四周仿佛还带着尖角，闪耀在天关星的旁边，发出

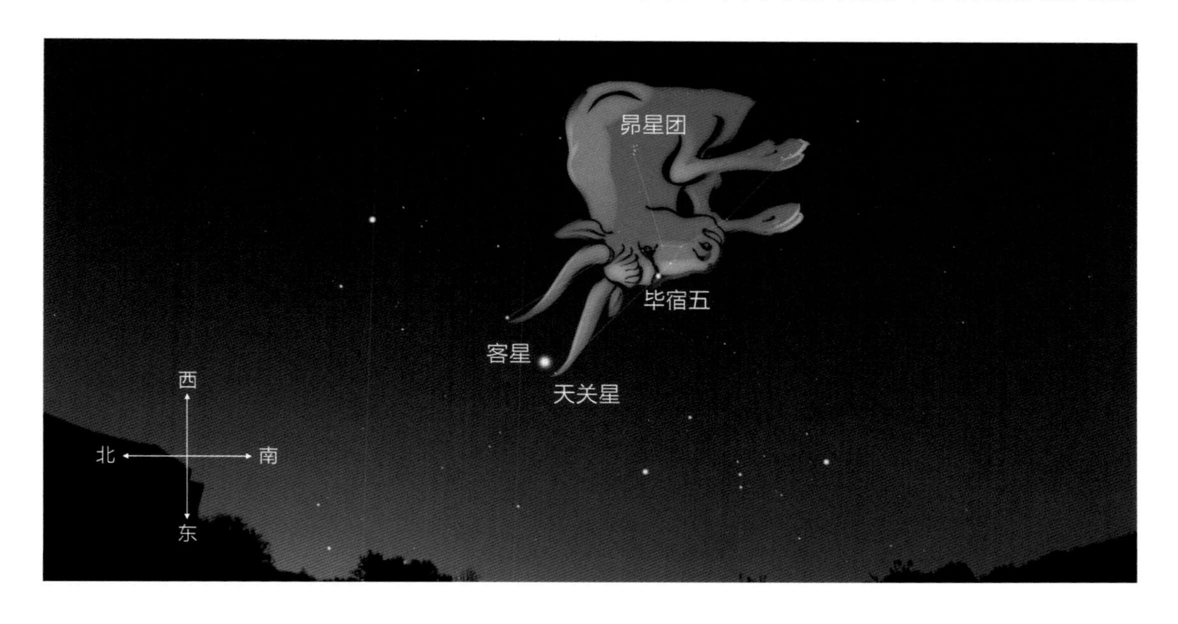

白中带红的光芒。

客星出现了!

这是一个重大的天象,天文官员们赶快上报了朝廷。所谓客星是不同于恒星和行星的星,它们就像星空中的来访者一样,突然出现,过一段时间就消失不见了。

出现在天关星附近的这个客星,就叫天关客星,其亮度如此之大,以至于它出现后 23 天,在白天都可以看到它。之后渐渐暗淡下去,但夜晚还可以看到,一直到 1056 年 4 月 6 日,天关客星终于消失不见,一共出现了 643 天。

《宋会要》这本史书里记载了这件事:

"至和元年五月,晨出东方,守天关。昼见如太白,芒角四出,色赤白,凡见二十三日。"

这里的五月,指的是农历。

## 星空故事6

### 星空里有只大螃蟹

天关客星消失 600 多年之后的 1731 年,英国一个天文爱好者用望远镜在天关星附近发现了一个云雾状的天体,一个朦胧的小星云。这个小星云后来被法国天文学家梅西耶排在他星云表的第一号,命名为"M1"。

100 多年后,英国出现了一位天文爱好者罗斯伯爵,他花了 10 年时间亲自制造了一架口径 1.8 米的天文望远镜,这是当时世界上最大的天文望远镜。然后罗斯伯爵又花了几十年时间对天关星附近的 M1 星云进行了仔细观测,把 M1 的形状详细描绘下来,发现它像一个张牙舞爪的螃蟹,于是给它起了个名字叫"蟹状星云"。

1921 年,天文学家检查蟹状星云过去的照片时发现,这个天空中的螃蟹居然在一年一年地长大!

到了 1928 年,美国天文学家哈勃根据蟹状星云长大的速度推断,倒推到大约 900 年前,蟹状星云应该是一个点,这就意味着,蟹状星云是大约 900 年前一颗超新星爆发的遗迹!

西方的天文学家们和汉学家们合作,在中国的古书里寻找超新星爆发的记载,最后他们一致确认,中国史书里记载的公元 1054 年出现的天关客星,就是一颗超新星爆发,爆发时它本身的亮度相当于几亿个太阳!这颗超新星的记载,在西方史书中是找不到的,发现 1054 天关客星是中国人的一个骄傲。



右图:哈勃太空望远镜拍摄的蟹状星云

## 星空故事7

### 小绿人的呼唤？

1968年11月9日，中美洲波多黎各一个山谷里发生了一件奇怪的事情。那里有一个依山而建的大锅——口径305米的阿雷西博射电望远镜，在中国贵州500米口径的FAST建成之前的半个世纪里，阿雷西博射电望远镜一直雄居世界第一。

1968年11月9日，这一天，大锅里传来了来自蟹状星云的奇怪信号，很简单，只是一个一个的脉冲，类似“滴，滴，滴……”的声音，只是滴的非常快，一秒钟有30次，周期非常精确，0.03309756505419秒，精确到小数点后面14位，百万亿分之一秒，比一般的钟表精确太多了。

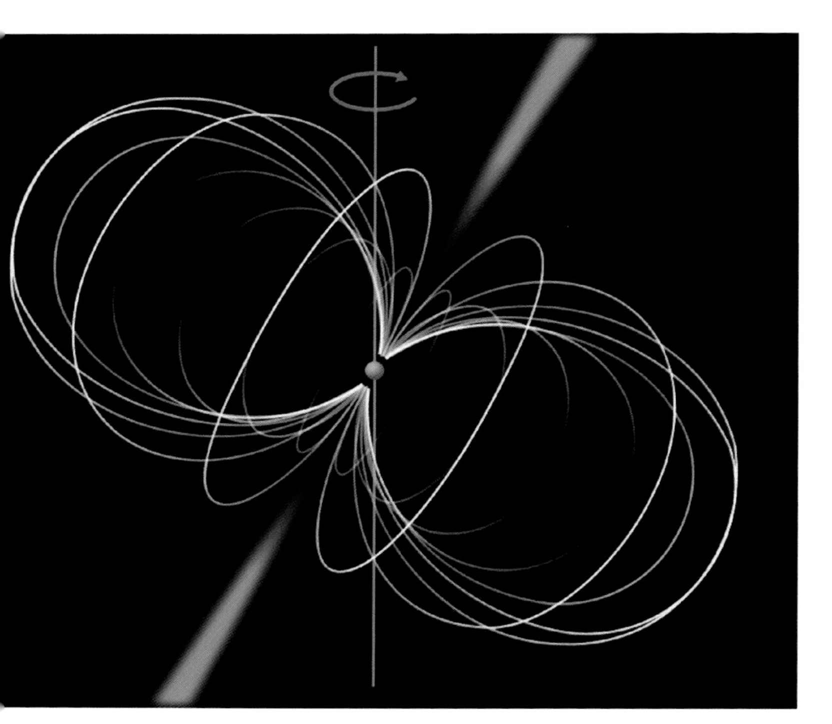

小绿人又在发信号了？

那两年天文学家已经接收到好几个这样的脉冲信号，一般的天体辐射不可能这么规则，它很像某种高级智慧生命发射的信息，有天文学家脑洞大开地认为这是一种小个子绿皮肤的外星人向地球发送的问候。

从蟹状星云里向外发送脉冲信号的当然不是小绿人，而是一颗快速旋转的中子星，它就是超新星爆发留下的致密残骸，它的质量比太阳还大，但是直径却只有十来千米，密度达每立方厘米上亿吨。

从1054年的天关客星，到18世纪的蟹状星云，再到20世纪的脉冲星，超新星故事有了圆满结局。

## 观测指南3

### 找一找牛角尖——天关星

从金牛的“V”字形的两条边延长出去，可以找到两颗暗一点儿的星，那就是金牛的牛角尖，靠南的那颗就是天关星。

## 观测指南4

### 超新W星的辉煌——蟹状星云

天关客星的遗迹——蟹状星云M1，就在天关星往北一点，但是肉眼完全不可见，用小型望远镜可以看到暗弱的云斑。

想象1054年7月4日宋代人看到客星时的心情，惊讶？茫然？

蟹状星云距离我们6500光年，超新星的光芒传递到地球需要6500年时间。请想象这样的情景：在宋代人看到它之前的6500年前，也就是距今7400多年前，地球上还是一片原始洪荒，太空里一颗巨大的恒星爆炸了。爆炸发出的光芒大约有5亿个太阳那么亮，这光芒以每秒30万千米的速度向太空飞奔，在1054年7月4日到达地球，被宋代人看到。期间地球上已经从从原始的洪荒发展到清明上河图里的繁华，真可谓沧海桑田。

## 天体鉴赏1

### 蟹状星云中央的脉冲星

脉冲星犹如一台功率强大的宇宙发电机，又像跳动的心脏，输出强大的辐射能量，在星云里激发出一圈圈涟漪。

哈勃太空望远镜拍摄的蟹状星中央心脏部位

# 双子

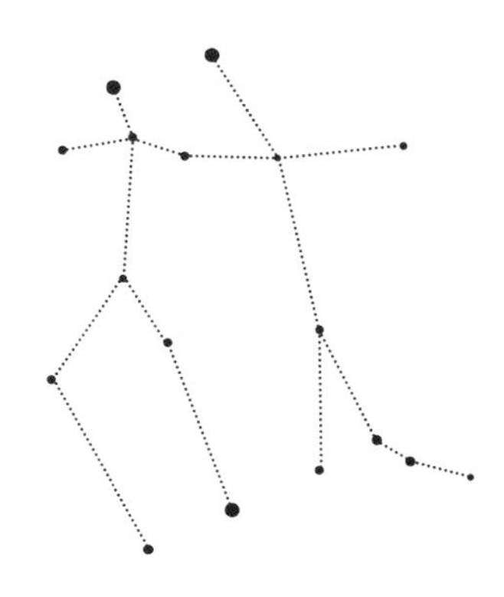

## 星空故事1

### 真挚的兄弟

金牛座的东方，是另一个黄道星座双子座。这两个弟兄是一对双胞胎，哥哥叫卡斯托尔，弟弟叫波吕丢刻斯，传说他们是宙斯的儿子，母亲是美丽的公主勒达。双生子长大成人后，出落得雄姿英发，勇武刚强，各自学得一身好武艺。哥哥擅长马术，骑马驰骋的本领没有人能超越；弟弟精于拳术，打遍天下无敌手。他们曾多次参加远征冒险，经历无数次激烈的战斗，取得了辉煌的战绩。

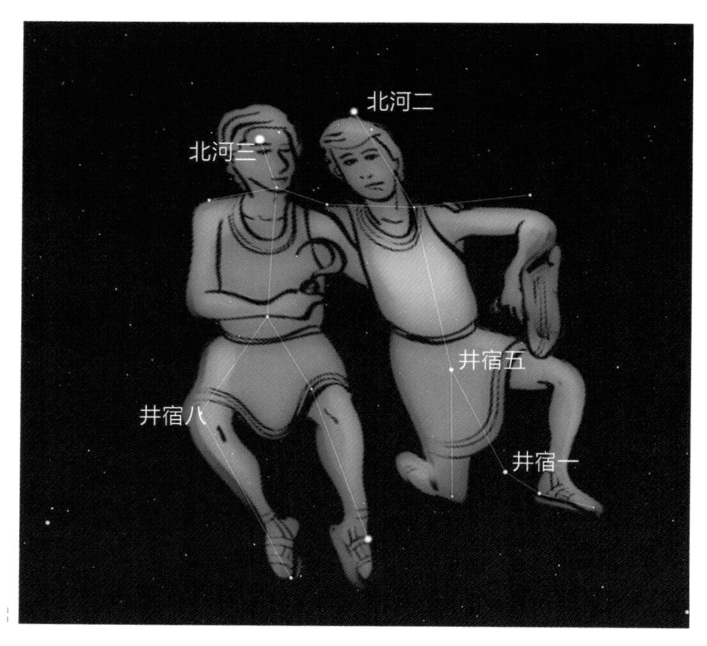


有一天，希腊遭遇了一头巨大的野猪的攻击，王子们召集勇士们去捕杀这头野猪。野猪虽然被杀死，勇士们却因为争功而起了内乱，进而打斗起来。混战之中，有人拿长矛刺向哥哥卡斯托尔，弟弟波吕丢刻斯为了保护哥哥，奋勇扑上去挡在哥哥身前，结果，弟弟被杀死了。

哥哥痛不欲生，回到天上请求宙斯让弟弟起死回生。宙斯皱了皱眉头，说道："唯一的办法是把你的生命力分一半给他，这样，他会活过来，而你也将成为一个凡人，随时都会死。"哥哥毫不犹豫地答应了，宙斯非常感动，以兄弟俩的名义创造了一个星座，这就是双子座。

## 星空故事2

### 银河岸边一口井

北河三、北河二，这种名字听起来怪怪的，其实这两颗星和小犬座的南河三、南河二一样，都位于银河岸边，银河是天上的一条大河，古人要在河边建立军事基地，北河、南河就是两组守卫的士卒。

双子座下部的两串星星，组成了一个长方形，就像一个斜着的“井”字，这就是中国二十八宿之一的井宿。

井宿不但是银河岸边的一口水井，同时也代表了中国古代一个古老的国家——井国。

上古时代，三皇五帝之一的帝喾，他的大儿子叫伯益，伯益辅佐舜治理国家，发明了打井技术，成为打井的始祖。伯益的后代中，便有一支以井作为自己的姓氏，在陕西宝鸡一带建立了古井国。

周文王时，井国出了一个人叫姜子牙，年轻时家境贫困，到了50岁还靠摆摊卖饭度日，70岁时在商朝首都朝歌屠宰卖肉，后来看到商纣王昏庸无道，于是来到宝鸡渭河南岸，隐居下来，以钓鱼为乐。

一天，有一个砍柴的人路过河边，看姜子牙钓鱼，看见他的钓鱼钩根本就没有落到水里，距离水面足有三尺。再仔细看那鱼钩，竟然是直的！砍柴人忍不住大笑，姜子牙却说：“老夫钓鱼，只要愿者上钩。”砍柴人对姜子牙冷嘲热讽一番离去。

这天夜里，周文王姬昌做了个梦，第二天找人解梦，说是应该到渭河边寻访大贤之人。姬昌便以打猎为名来到河边，果见一人童颜鹤发，在那儿悠然垂钓。周文王向他询问天下大事，姜子牙纵横议论，指点江山，如谈家常。姬昌知道这是个大贤人，就把姜子牙扶上自己的车，亲自拉车，以示尊老敬贤。拉了一里多地，实在拉不动了，只好停下。这时候姜子牙说道：“你拉我走了八百零八步，你们大周将来一统天下之后，有八百零八年的江山。”周文王大喜，当即拜姜子牙为太公，立国师。

姜子牙辅佐周文王、周武王南征北讨，推翻商纣，建立周朝，功勋卓著，被周武王分封到东海之滨建立齐国。但他特别怀念他家乡的垂钓故地——宝鸡渭河边，就把他后代的一支留在那里，在古井国故地重新建立了新的井国，这个井国名气很大，最后还升上了天空，成为二十八宿之一。

## 观测指南1

### 双子的脑袋

双子座的两颗亮星——北河三和北河二，被看成弟兄二人的脑袋。北河三亮一些，按说应该是哥哥，但它其实是弟弟波吕丢刻斯的脑袋——双子座β星；暗一些的北河二是哥哥卡斯托尔——双子座α星。

这当然是很奇怪的，很可能在古代北河二更亮，然后，北河二变暗了，或者北河三变亮了，或者两种情况都有。

观察北河三和北河二，比较它们南方不远处小犬座的南河三和南河二，这两对星很相似，都是一颗亮，一颗暗一点。

## 观测指南2

### 银河系最著名的聚星系统

北河二距离地球50光年，用小望远镜就能看清它是一对双星，如果用更好的观测设备，可以发现这双星的每个子星又都是双星，也就是说，北河二里面有四颗恒星！

更有趣的是，这四颗恒星是青白色的主序星，在更远的地方，还有一对红色的暗星在围绕着这四颗恒星运行，北河二实际上是由六颗恒星组成的聚星系统，这是宇宙中最著名的聚星系统。

北河三距离地球34光年，是一颗美丽的橙色巨星，北河三经过望远镜观测，也是六合星！

北河二双星

## 观测指南3

### 双子座流星雨

每年12月4日至12月17日，会有大量流星从双子座辐射出来，这就是双子座流星雨，它是一年中最后一个登场的大流星雨。双子座流星大多是明亮的、速度中等的流星，除白色流星外，还有红、黄、蓝、绿等多种颜色，极大流量每小时超过一百颗。

由于12月份双子座整夜可见，所以双子座流星雨观测起来非常方便，不过寒冷的天气是很大的障碍。

# 白羊

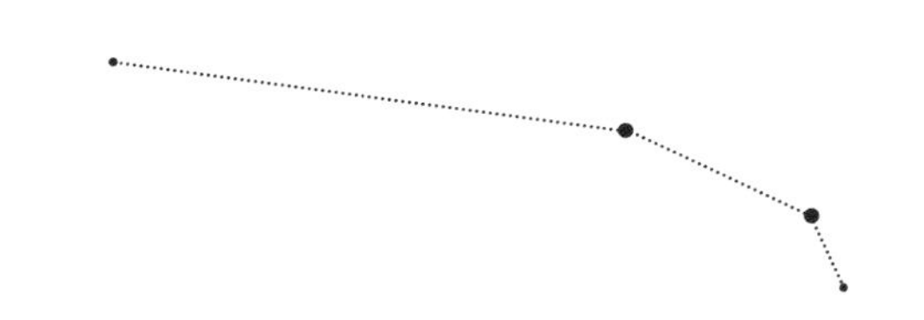

## 星空故事1

### 白羊的故事

金牛座的西方，是另一个黄道星座——白羊座。

传说古希腊有个国王叫阿塔玛斯，娶了云间仙女涅斐勒为妻，涅斐勒为他生了两个孩子——姐姐赫勒和弟弟佛里克索斯。后来，国王被一个叫伊诺的女人迷住，抛弃了涅斐勒，涅斐勒悲伤地离开国王和孩子们，返回云间。

伊诺是一个爱忌妒又狠心的女人，她把涅斐勒的两个孩子视为眼中钉，总是变着法地折磨他们。涅斐勒在云间看到孩子受苦，非常气愤，就请求宙斯降灾给这个国家。伊诺见国家遭受灾难，就对国王说，灾难因为王子佛里克索斯而生，只有将佛里克索斯献祭给神，才能免除灾难。

宙斯同情佛里克索斯，于是送给他一只羊，这羊浑身长着金毛，还有一对翅膀。佛里克索斯和姐姐赫勒骑着神奇的金毛羊，腾空而行，逃离国家。

在飞过一片大海时，姐姐赫勒往下看，看见下面是汪洋大海和滔天巨浪，头晕目眩支撑不住，坠海而死。佛里克索斯悲伤地独自飞越大海，安全地来到了黑海东岸的科尔喀斯，国王热情地接待了他，还把自己的女儿嫁给他。

佛里克索斯宰了飞羊，将羊皮剥下来献给国王。那羊毛是纯金的，极为贵重，国王将金羊毛钉在战神阿瑞斯圣林里的一棵大树上，又让终年不合眼的天龙看守，这就是白羊座的来历。

## 观测指南1

### 星空里的一把手枪

白羊座大名鼎鼎，因为它是黄道第一星座，但却很小，里面只有三颗较亮的星——娄宿一、娄宿三、胃宿三，还有一颗更暗的娄宿二，四颗星组成了一把手枪的形状。

你能在星空里找到这把手枪吗？

# 御夫

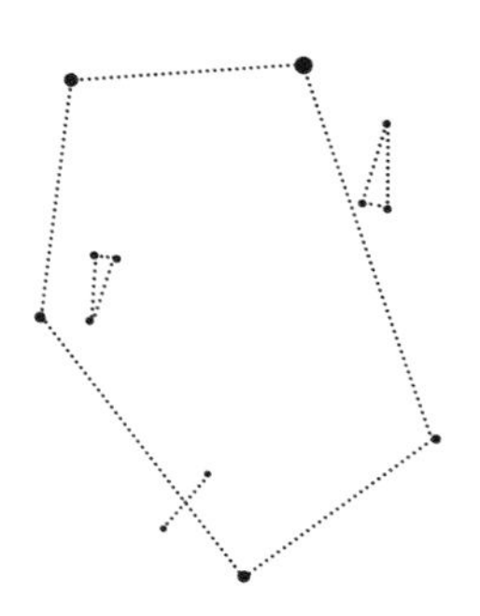

## 星空故事1

### 莽撞的车夫

从猎户星座往北，可以看到有五颗星组成一个五边形，那是御夫星座。

古希腊神话传说太阳神阿波罗有一个人间的儿子叫法厄同，他从小没有见过自己的父亲，听妈妈说整天驾着太阳车在天空穿梭的太阳神阿波罗就是自己的父亲，便天天仰望太阳，想见到太阳神阿波罗。

法厄同长大以后，历尽千辛万苦去找阿波罗。阿波罗见到自己的儿子，非常高兴，就许诺给法厄同一个礼物，答应实现他的一个愿望，无论是什么。

法厄同说，自己就想驾驶太阳车在天上跑一趟。

阿波罗知道这很不合适，可是已经承诺了，就只好答应。

黑夜过去，黎明来临，法厄同便急不可耐地跳上太阳车，向西方进发了。广阔的大地呈现在法厄同眼底，自己给世界带来了光明！法厄同无比兴奋，挥鞭向拉太阳车的神马抽打过去，神马立即狂奔起来，拉着太阳车到处乱撞，法厄同根本控制不住。

太阳车向上冲去，点燃了天庭；又向下俯冲，烧着了云层，高山震动崩毁，天地之间到处是熊熊燃烧的大火。

宙斯很快知道了，宇宙的秩序怎么能被破坏呢？他取出雷锤，打向太阳车，法厄同顿时浑身着火，跌落下来，化作一颗流星，坠落到一条大江之中。为了安慰阿波罗，宙斯把法厄同提到天上，成为御夫星座。

## 星空故事2

### 五车（jū）星的故事

在中国古人眼里，这个位于银河岸边的五边形是一个军事基地，驻扎着五支战车部队。战车是古代军事上的重武器，地位比现在的坦克还高，战车的数量能够衡量一个国家军事力量的强弱。万乘之国，即拥有一万辆战车的国家是非常强大的国家，千乘之国则是中等国家。

亮星五车二的旁边，有三颗稍暗的星组成一个尖尖的三角形，这 3 颗星叫柱星。柱是军旗的旗杆，有部队驻扎的地方，肯定就有军旗和旗杆了。

在古代天文占星家眼里，这三颗柱星象征着全国的战车，占星家通过观察这三颗星的变化来预测战争。怎么预测呢？

如果有一柱看不见，就说明发生局部战争，国家三分之一的战车都出动了；

二柱看不见，就说明战争的规模已经扩大，国家三分之二的战车都出动了；

三柱看不见，就说明战事已经升级到全面战争，国家全部的战车出动，天子亲自率领军队征战了。

## 观测指南1

### 五车二

在夜空里寻找御夫五边形，找到五边形中最亮的那颗星——五车二，它是全天第六亮星，以肉眼观测略呈黄色，事实上它是分光双星，含有两颗黄色的巨星，每104天环绕一周，距离地球42光年。

仰望五车二，想象一下，进入你眼中的五车二光芒，在它从恒星发出的时候，地球上现在活着的人有一半还没有出生。

## 观测指南2

### 柱星

找到亮星五车二旁边的三颗柱星——柱一、柱二、柱三，看着这个小小的三角形，想象古代占星家仰望柱星占卜的情景。

离五车二最近的柱星，就是小三角形尖上的那颗，叫柱一，它很不寻常，亮度确实会变化——每27年变化一次。这是一对双星，由明亮的白色超巨星和一颗黑暗伴星组成。伴星每27年通过主星前方，这时候星体的亮度会减少一半以上。

柱一的主星是一个白色超巨星，直径约有57亿千米，体积是太阳的几百亿倍。如果把它放在太阳的位置上，它的边缘直逼天王星的轨道，从水星到土星的6颗行星都被包在它肚子里了。

柱一是银河系已知的最大恒星之一。

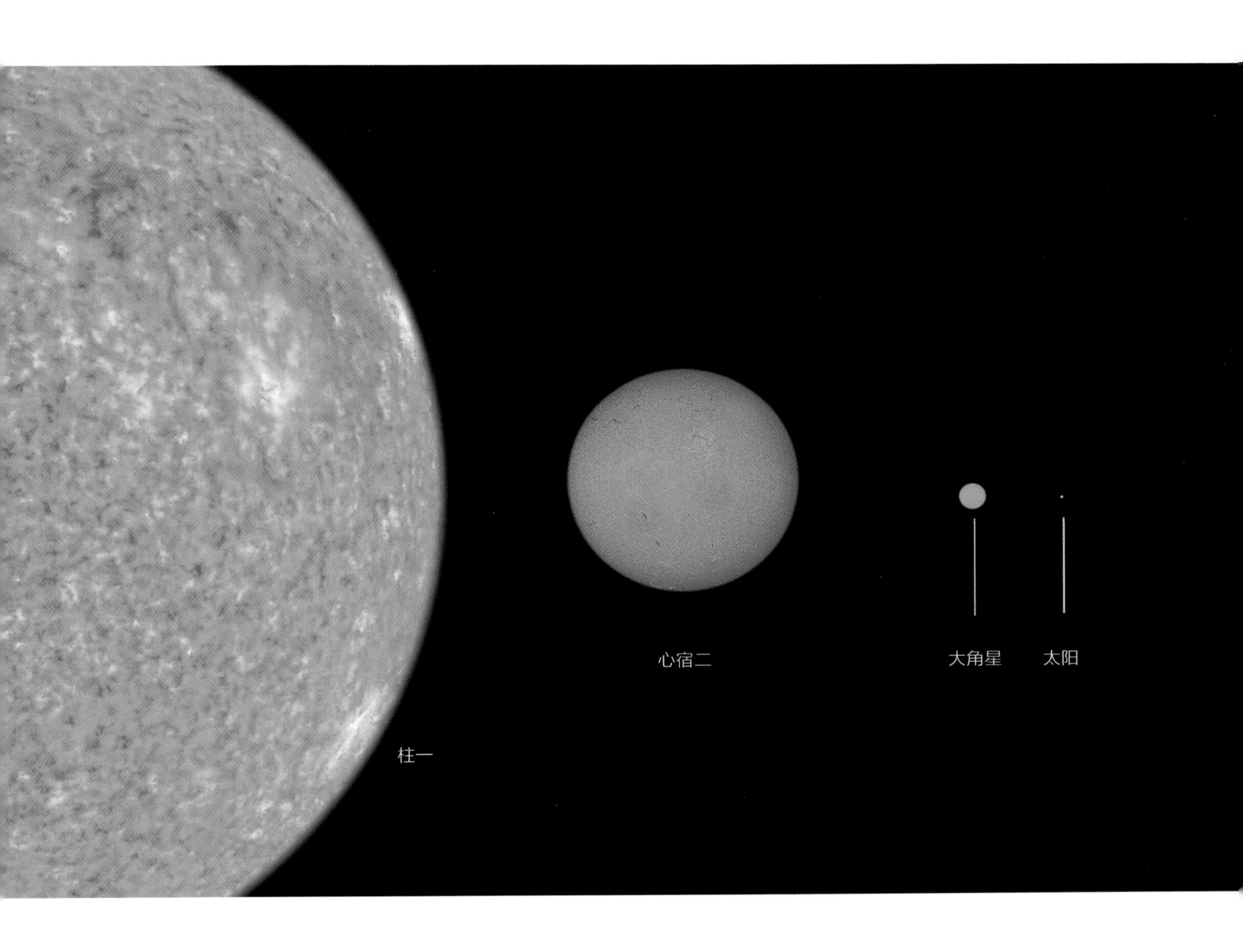
心宿二
大角星
太阳
柱一

# 波江和天炉

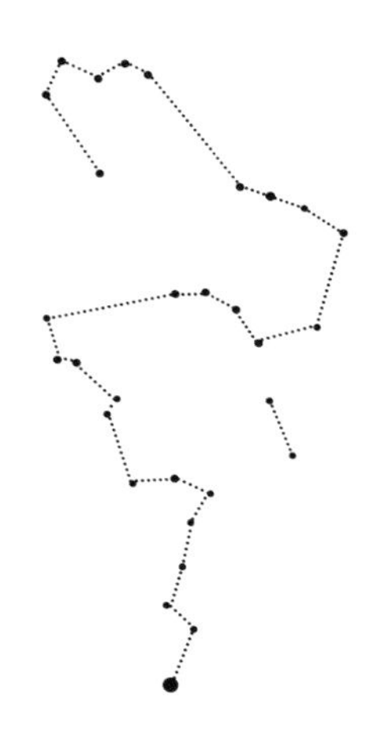

## 星空故事1

### 波江的故事

波江座位于猎户座南面，但它的故事却和猎户座北面的御夫有关。阿波罗的儿子法厄同驾驶太阳车失控，被宙斯的雷锤击打，跌落到一条大江中，这条江就是波江。

波江很长，由一串串暗弱的小星组成，蜿蜒曲折地流向南方，一直流向南方的地平线下。在它的尽头，是一颗明亮的1等星——水委一，水委一的西文含义就是河流的尽头，这颗星只有在我国南方沿海地区才能看到。

## 星空故事2

### 天上的园囿

波江座这一长串蜿蜒曲折的星，主要对应着中国的两个星官：天苑和天园。

天苑星官有16颗星，好像围栏围起了一个巨大的园子，只在东方有一个开口。这是皇家的牧场，饲养着各种牲畜，以供皇家食用和田猎。

天苑的南方，是另一个皇家园林——天园，这个园子里种植着水果和蔬菜。

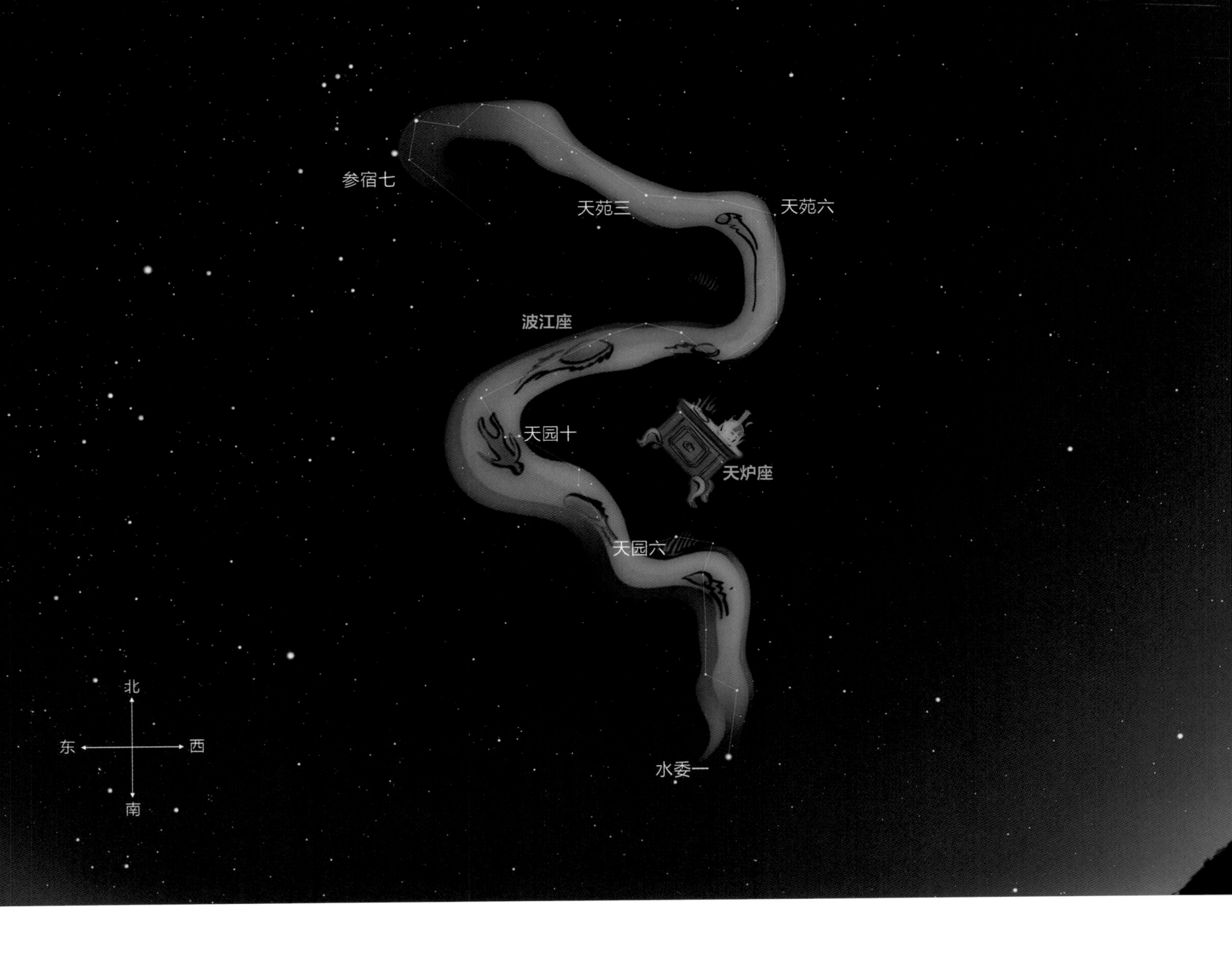


## 观测指南1

### 水委一

波江座最南端的亮星，全天21颗亮星之一，排名第九。公元前3000年，水委一曾经是当时的南极星。

水委一是一颗明亮的蓝色恒星，质量约为太阳的8倍，质量大，燃烧猛烈，表面温度一万多度，真实亮度是太阳的3000多倍，发出蓝色的光芒。

水委一自转非常快，它的赤道因离心力高高隆起。因为太扁，水委一表面温度随着纬度而产生剧烈变化，极区的温度可能超过20000度，而赤道地区则可能不到10000度，平均下来有15000度。

## 天体鉴赏1

### NGC 1300

NGC 1300是波江座一个典型的棒旋星系，哈勃太空望远镜拍摄的图片中，NGC 1300内星光闪耀，充满热气体和暗星际尘埃云，这个星系距离我们大约7000万光年。（下图）

## 星空故事3

### 没有故事的星座

在波江的环抱中，有一个小小的星座——天炉座。

南天有一片星空，在北半球中纬度地区是看不到的，那里就一直没有划分星座。直到16世纪以后，南天的空白区域才慢慢被增补起来。天炉座就是一个新设的星座，那是一个化学熔炉，没什么神话故事。

天炉座很暗淡，最亮的也只是两颗四等星，然而天文学家们对这个星座却情有独钟。

## 天文扩展1

### 哈勃超深空

如果你想眺望银河系外的宇宙深处，天炉座是个好地方，因为这里远离银河，受到银盘气体尘埃的影响最小。在这个星座里有一小块区域，更是极其黑暗，即使用望远镜也看不到一颗星，这是一个瞭望银河系之外宇宙深处的极佳窗口。

2003年9月24日，哈勃太空望远镜硕大的镜头转向了天炉座方向，对准了约1/10个月亮大小的一片黑暗天空，从2003年9月24日至2004年1月16日的100多天里，“哈勃”对它进行了800次拍摄，其先进的巡天照相机累计曝光11.3天时间——将近一百万秒。

这是一次宇宙深空“钻探”，“哈勃”得到的图像称为“哈勃超深空”，它显示了由近到远以至130亿光年深处的宇宙图景，也是130亿年前的宇宙图景，里面约有一万个星系，照片中最暗的星系，每分钟只有一粒光子进入望远镜中。

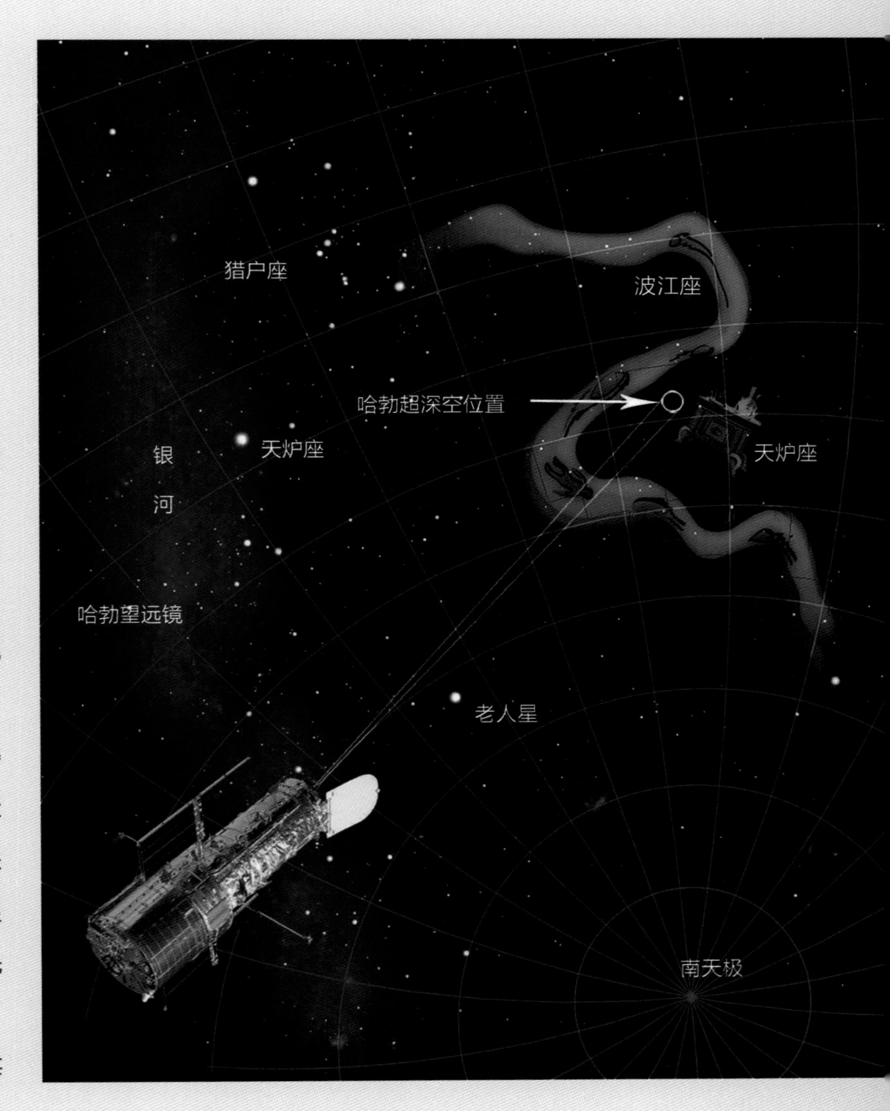


在接下来的十年间，哈勃太空望远镜每

年都接连不断地对那个区域进行拍照，钻探不断深入，“哈勃超深空”不断被刷新，变成“哈勃极深空”。2014年发布的“哈勃极深空”图像，深入到了132亿光年远，也就是132亿年前，比2004年“哈勃超深空”多了约5500个星系，其中最暗星系的光度只有肉眼可分辨光度下限的一百亿分之一。

“哈勃超级深空”展示给人类这样一幅经典的宇宙图景：在幽暗而遥远的太空里，每一个方向上都分布着不计其数的星系。

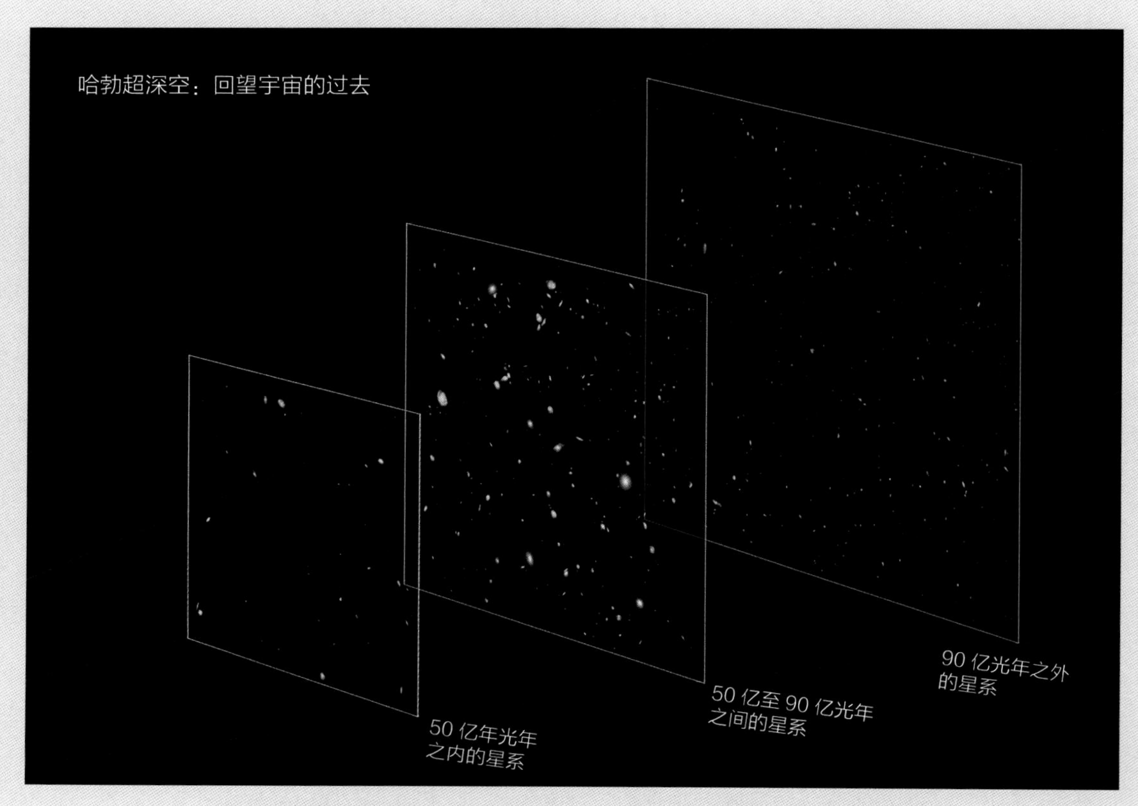


哈勃超深空显示了由近到远以至 130 多亿光年深处的宇宙图景

一幅经典宇宙画面：哈勃超级深空

# 银河里的大船

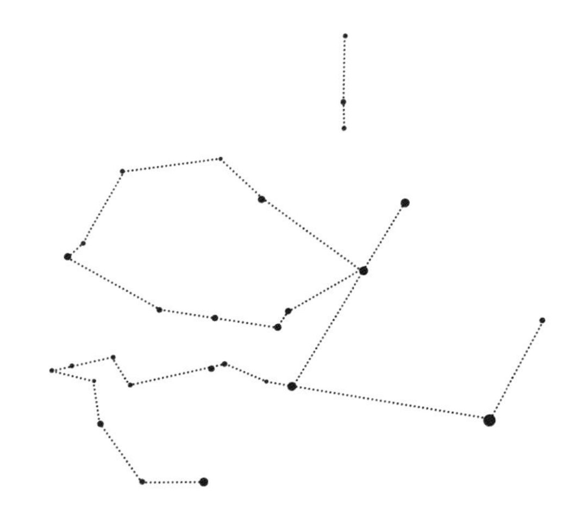

## 星空故事1

### 银河里的大船

从猎户座和大犬座往南，南方的银河里，漂浮着一艘很大的船，它在南十字的指引下乘风破浪前进。这艘船叫阿尔戈号，它是希腊英雄伊阿宋取金羊毛时乘座的船。

古希腊北部色萨利地区有个伊俄尔科斯国，国王埃宋有个儿子叫伊阿宋，后来伊阿宋的叔叔珀利阿斯篡夺了王位，伊阿宋流亡到半人半马的贤者喀戎那里，跟着喀戎学习各种武艺，成为一位青年英雄。

流亡 20 年后，伊阿宋回到自己的国家，要求叔父交还属于他的王位。叔父提出一个条件，要伊阿宋用金羊毛来换。

金羊毛是无价之宝，属于战神阿瑞斯，战神把它钉在阿瑞斯圣林中一棵橡树上，让一条会喷火的毒龙看守——那就是天龙座。

显然，狡猾的叔父并不想把王位交给伊阿宋，而是想让他去送死。但伊阿宋是个敢于冒险的人，他答应了这个条件，召集了全希腊的 50 位大英雄，乘一艘大船去远征，志在夺取金羊毛。

这些英雄中有大力神赫拉克勒斯（武仙座）、宙斯的双生子（双子座）、太阳神之子俄尔甫斯（天琴座）等。

远征遭遇了许多艰难险阻，都被他们全力克服，胜利到达了金羊毛所在的科尔喀斯王国，但国王对他们非常疑惧，处处加以刁难。爱神丘比特出来帮忙，把一枝爱情之箭射中了国王的女儿美狄亚，她爱上了伊阿宋，帮助伊阿宋摆脱了国王的恶意刁难，最后他们使用催眠术使看守金羊毛的恶龙进入梦乡，成功夺得了金羊毛，并胜利回到希腊。

伊阿宋最终取得了王位，把阿尔戈号航船献给了海神波塞冬。天神宙斯感于伊阿宋等人的勇敢精神，将阿戈尔号航船送上天宇，成为南船座。

由于南船座太大了，1751 年，法国天文学家拉卡耶将它分为了四个星座：船尾座、船底座、船帆座、罗盘座。

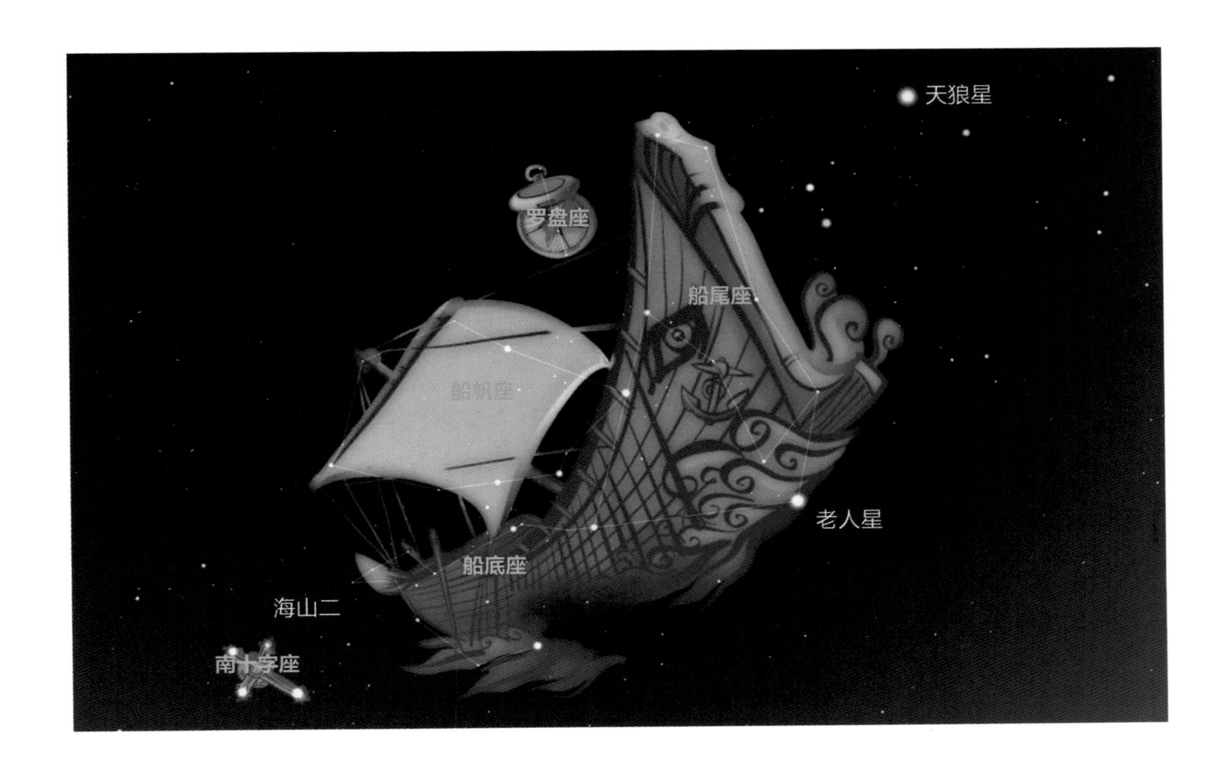


## 星空故事2

### 老人星的故事

船底座最亮的星叫老人星，它是全天第二亮的恒星，亮度仅次于天狼星。

老人星也称南极老人星、南极仙翁。《步天歌》说："有个老人南极中，春秋出入寿无穷。"这并不是说这颗星位于南极，而是因为这颗星在南天的星空中，从黄河流域看来，这颗星的位置几乎就在地平线上，北方人看不到老人星，需要到南方才能看到。

古代的占星家们认为，老人星是一颗吉祥的星，掌管寿命和安康。如果它看起来明亮而大，则老人们身体健康，天下安宁。如果看起来暗弱微小、若隐若现的样子，则老人身体不强壮，天下不安宁，将有兵起。

康熙皇帝是一个天文爱好者，1689年，康熙南巡到了南京，想起了在北京看不到的老人星，于是在一个晴朗的夜晚登上了紫金山，终于看到了南天地平线附近的发着黄光的老人星。康熙非常高兴，给随身的大臣指认老人星，并展开携带的星图，给大家讲解老人星在星图上的位置。

一个叫李光地的大学士恭维康熙说："臣听书本上说，老人星见，天下太平。"康熙听了，很不高兴地说道："老人星和天下太平有什么相干？老人星在南天，北京自然看不见，难道说北京永远都不太平？若到你们福建广东一带，老人星天天看得见，就永远太平了？"李光地吓得哑口无言，再不敢说话。康熙回到北京后，把李光地降了两级。

## 观测指南1

### 老人星

假如你在黄河流域，看到老人星就很困难，因为它在南方的低空，很接近地平线，不过这是全天第二亮恒星，很值得寻觅。

老人星虽然看起来亮度比天狼星弱，但其真实亮度却远超天狼星，因为老人星距离地球比天狼星远得多，天狼星距我们只有8.6光年，老人星与我们的距离则是310光年，我们现在看到的老人星光芒，是它在清朝初期发出的。

老人星的真实亮度是太阳的16000倍，而天狼星真实亮度只是太阳的20多倍。

老人星半径大约是太阳的70多倍，如果把它放到太阳的位置，从地球处看，它将有5000个太阳那么大，地球需要远离到冥王星距离的3倍，才能凉快下来。

## 观测指南2

### 海山二

在船底座的最南端，还有一颗非常了不起的星——海山二。

海山二表面看起来不太起眼，但其真实亮度大得惊人——是太阳的500万倍！它潜藏在距地7500光年的银河深处，虽然距离如此遥远，却是肉眼可以看见的，这是你肉眼能够看到的最远恒星。

海山二是一对双星，主星质量约是太阳的100倍，伴星质量约是太阳的50倍。

海山二相当怪异，显得狂躁不安，历史上有好几次变亮，1841年——鸦片战争后的那一年，它变得非常亮，和最亮的恒星——天狼星差不多亮。

要知道，天狼星是太阳系的近邻，只有8.6光年，海山二的距离是它的近千倍，可想而知它本身该有多明亮。

这似乎已经是超新星爆发了，可之后它还是好好地待在那里，只不过又变暗了。

海山二的照片显示，它已经抛出了大约10个太阳质量的气体物质，这些气体在海山二外围形成一个复杂的哑铃型，它看起来即将爆发超新星。

如果海山二爆发超新星，它将成为宇宙中最为明亮的天体，危险程度也远高于一切天体。海山二是否已经爆发了，谁也不知道，因为它在7500光年之外，即便是它现在爆发，也要到7500年后人类才能看到。

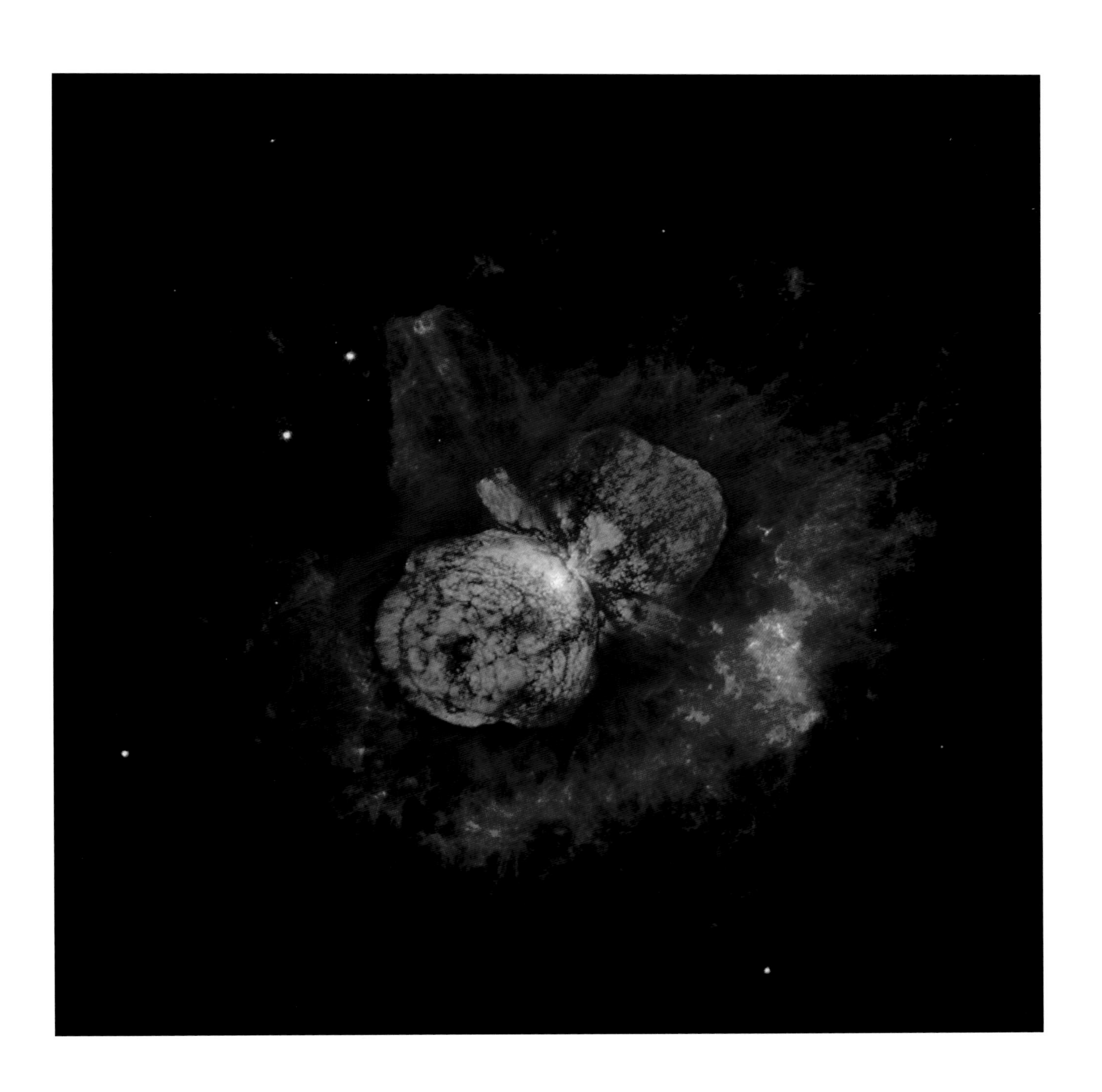

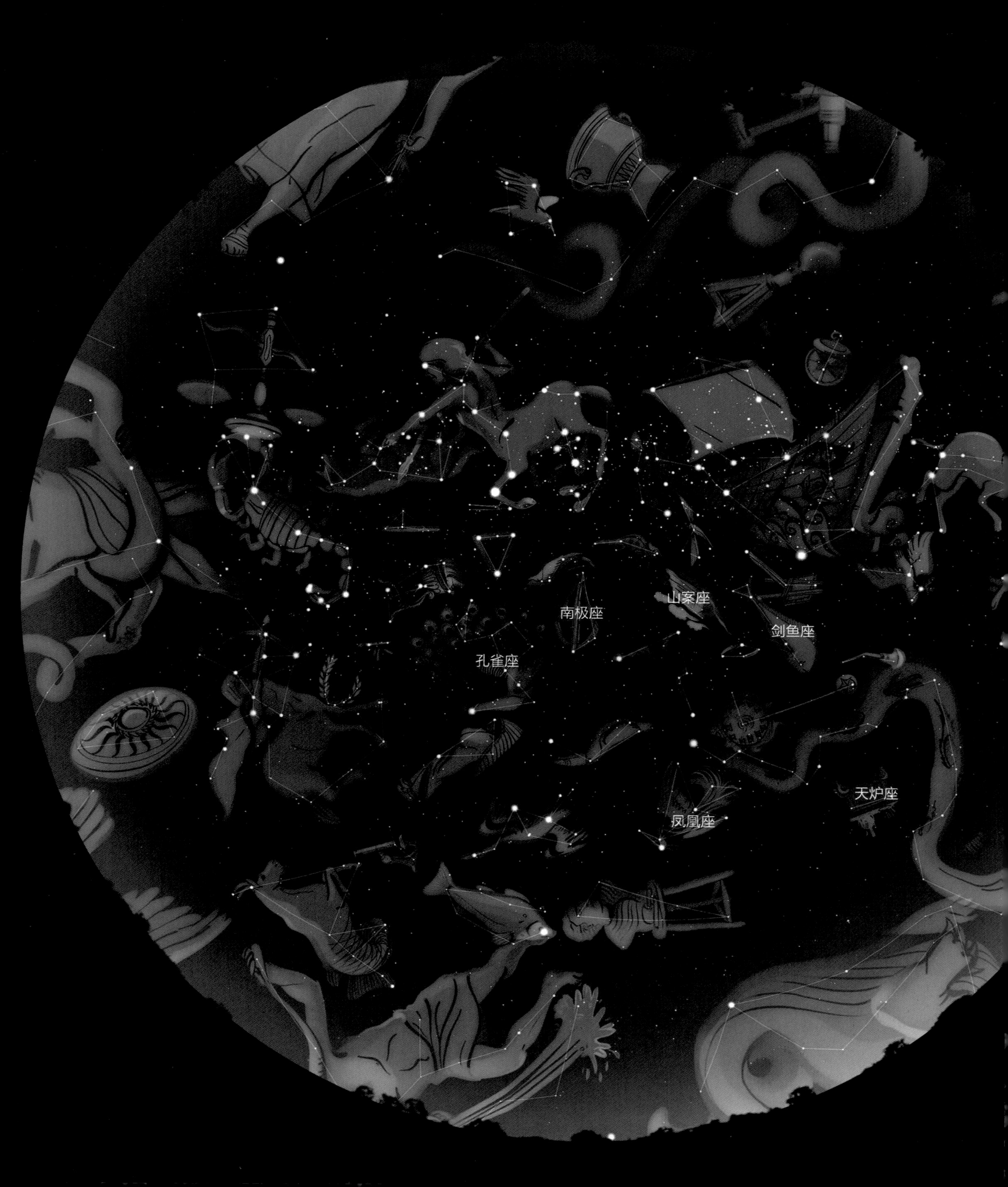
山案座
南极座
剑鱼座
孔雀座
天炉座
凤凰座

# 第七部分 南天星空

山案座

剑鱼座

南极座

杜鹃座

# 剑鱼和山案

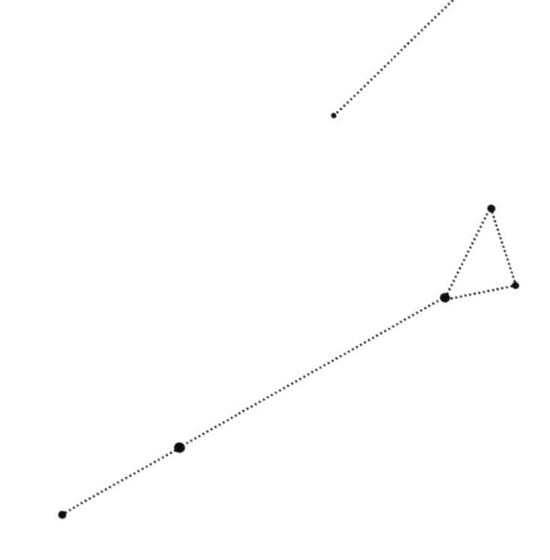

## 星空故事1

### 麦哲伦的奇遇

对于生活在北半球的很多人来说，南天有一部分星空是永远也看不到的，除非往南方去。

公元1520年10月份，葡萄牙航海家麦哲伦带领的环球航行进入了第二个年头，他的船队越过赤道，沿巴西海岸南下。夜幕降临的时候，麦哲伦抬头眺望星空，两块明亮的云斑吸引了他的目光。

这两个云斑一个大，一个小，大的相当于200多个满月，小的相当于30个满月。它们高悬于南天顶附近，争相辉映，十分壮观。

这一对南天瑰宝深深震撼了麦哲伦，他把它们详细地记录在自己的航海日记中，这就是大麦哲伦星云和小麦哲伦星云，它们是银河系的两个伴星系。

## 星空故事2

### 无聊的南天星座

相比北天的星座，南天极附近的星座都是后来划分的，大都缺乏生动的故事，显得有些乏味。

1595—1597年，荷兰航海家凯泽和豪特曼航行到南半球时，在南天命名了一批共12个星座，剑鱼座是其中之一。

剑鱼只是海洋生物，并没有什么神话故事，星座又小又暗，在全天88星座中排名第72。

1750—1754年，法国天文学家拉卡耶在南非开普敦的桌案山观测南天星空，划定了一批新的星座。山案座是其中之一，因为其中的星云令他想起山顶常被云雾笼罩的桌案山。

剑鱼座和山案座本来寂寂无名，大麦哲伦星云的存在使这两个星座显得光辉灿烂，大麦哲伦星云就在剑鱼座与山案座之间，其中2/3在剑鱼座界内。

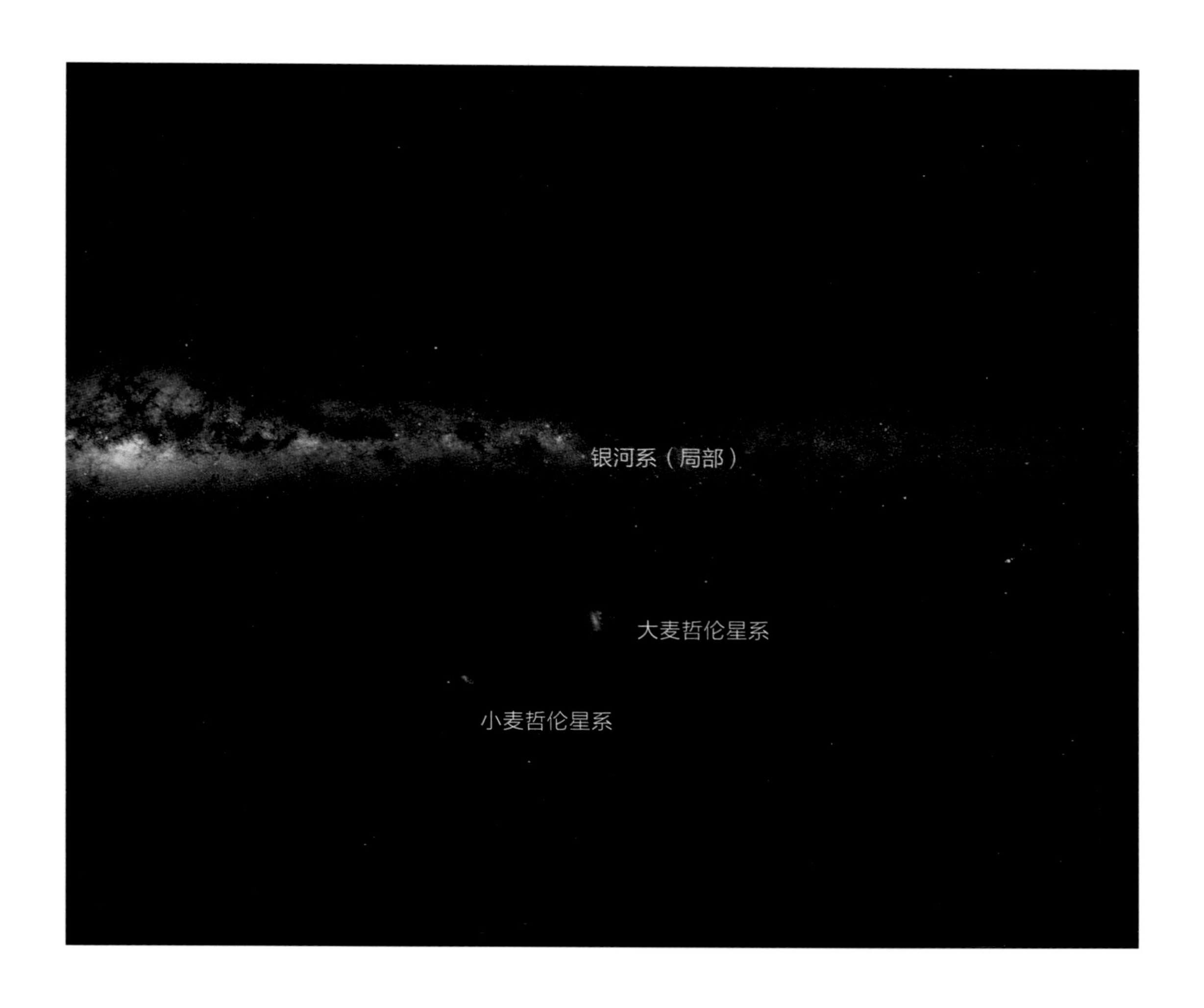


## 观测指南1

### 大麦哲伦星系

大麦哲伦星系目视欣赏起来就非常震撼，不过它太朝南，你若有机会到南半球可以好好欣赏一下。这个银河系最大的伴星系直径约1.5万光年，恒星数目约200亿颗，距离地球约16万光年，大约15亿年围绕银河系旋转一圈。

大麦哲伦星系和蜘蛛星云

## 天体鉴赏1

### 蜘蛛星云

大麦哲伦星系里有一个星云，在地球上就可以清楚看见，看起来和满月大小相当，形状像一只毛茸茸的淡红色蜘蛛，又称毒蜘蛛星云，NGC 2070。

这个星云的实际直径有1500多光年，是大麦哲伦星系中一个巨大的恒星诞生区，如果把它移到银河系的猎户座大星云处（距离地球1500光年），它看起来会有几百个满月大。

蜘蛛星云里有很多大质量恒星正在生成。尤其是在蜘蛛星云中央，隐藏着一个超级大质量恒星——R136a1，一颗蓝色超巨星，是目前已知质量最大的恒星，约是太阳质量的200多倍，亮度是太阳的800多万倍。

右图：蜘蛛星云中刚刚孕育诞生的恒星

## 星空故事3

### 大麦哲伦星系里的超新星

1987 年 2 月 23 日夜，智利安第斯山上的天文台上，一个天文学家在户外散步，漫不经心地瞭望幽暗的太空，他很快注意到一件不寻常的事，大麦哲伦星云边上出现了一颗明亮的星，就像北极星的亮度，这让他大为惊讶，那里并没有星星呀！

很快他意识到，一颗超新星爆发了！

消息闪电般传遍整个世界，这是现代人肉眼看到的第一颗超新星，也是自 1604 年开普勒超新星以来第一颗肉眼可见的超新星，但它不在银河系内，而是在 16 万光年外的大麦哲伦星系内，它称为超新星 1987A。

目视发现超新星之后几个小时，澳大利亚天文学家已经在大麦哲伦星系里认证出哪一颗恒星发生了爆发，那是一颗蓝色超巨星，质量约是太阳的 20 倍，亮度相当于 10 万个太阳，它爆发后的最大亮度是太阳的 2.5 亿倍。

超新星 1987A 实际上爆发于 16 万年前，在 1987 年天文学家们看到它之前，超新星的光芒已经在太空奔走了 16 万年多的时间。

21 世纪初，哈勃太空望远镜拍摄了超新星 1987A 的遗迹，加上爆发前的喷发，其遗迹现在成为极为复杂的气体环，就像一个璀璨的太空项链。



右图：超新星 1987A 遗迹

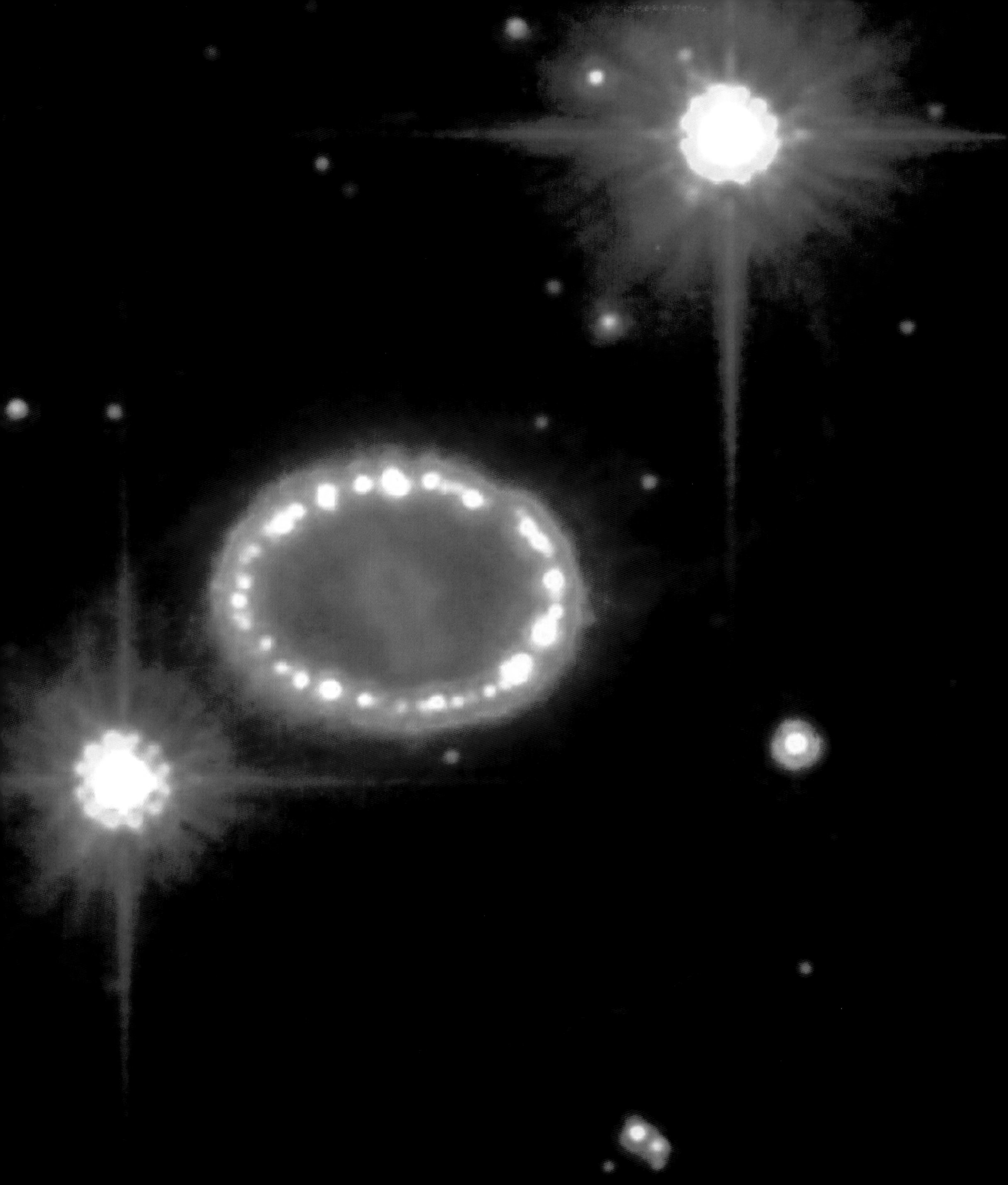

# 杜鹃和南极

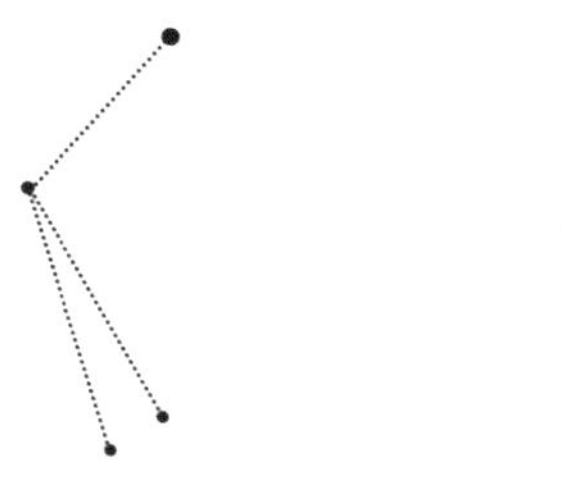

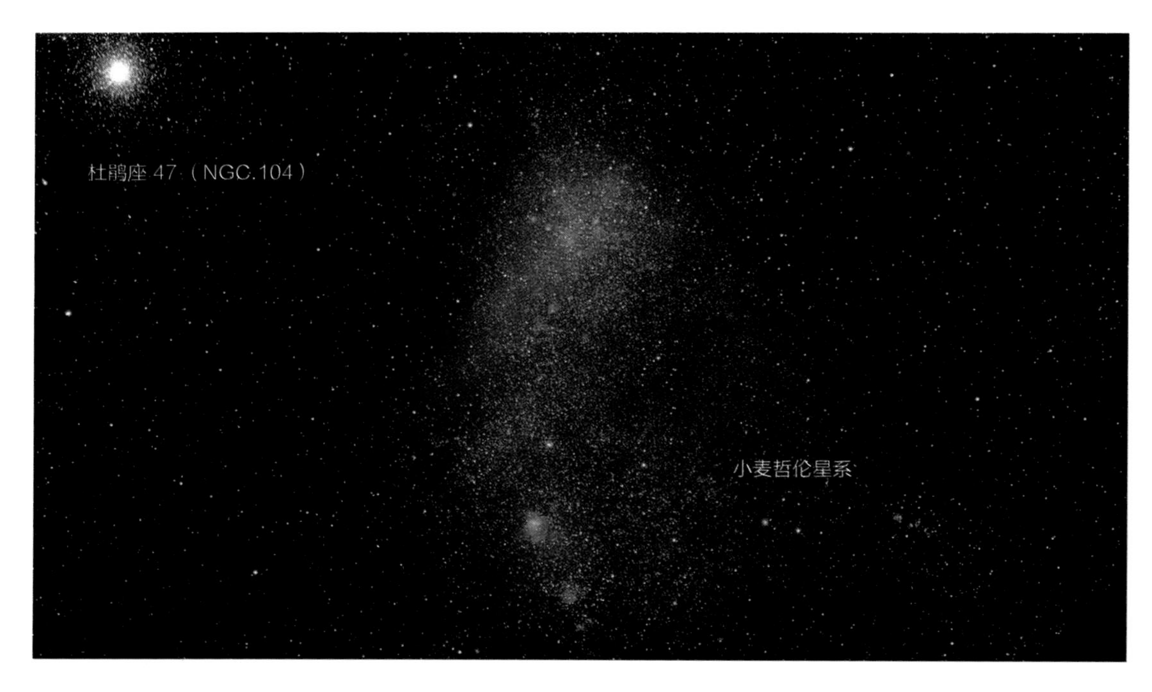


## 观测指南1

### 小麦哲伦星系

小麦哲伦星系位于杜鹃座，也是银河系的伴星系，比大麦哲伦星系小，距离也远，距离地球约20万光年，直径约15000光年，恒星数量几亿颗，看起来比大麦哲伦星系暗淡很多。

## 观测指南2

### 杜鹃座47

杜鹃座47是南半球星空的一颗明珠，紧挨着小麦哲伦星系，但不属于这个星系，它是银河系内的球状星团，距离我们约13000光年，是肉眼可见的第二明亮的球状星团，仅次于半人马座欧米伽星团，直径约120光年，有数百万颗恒星。

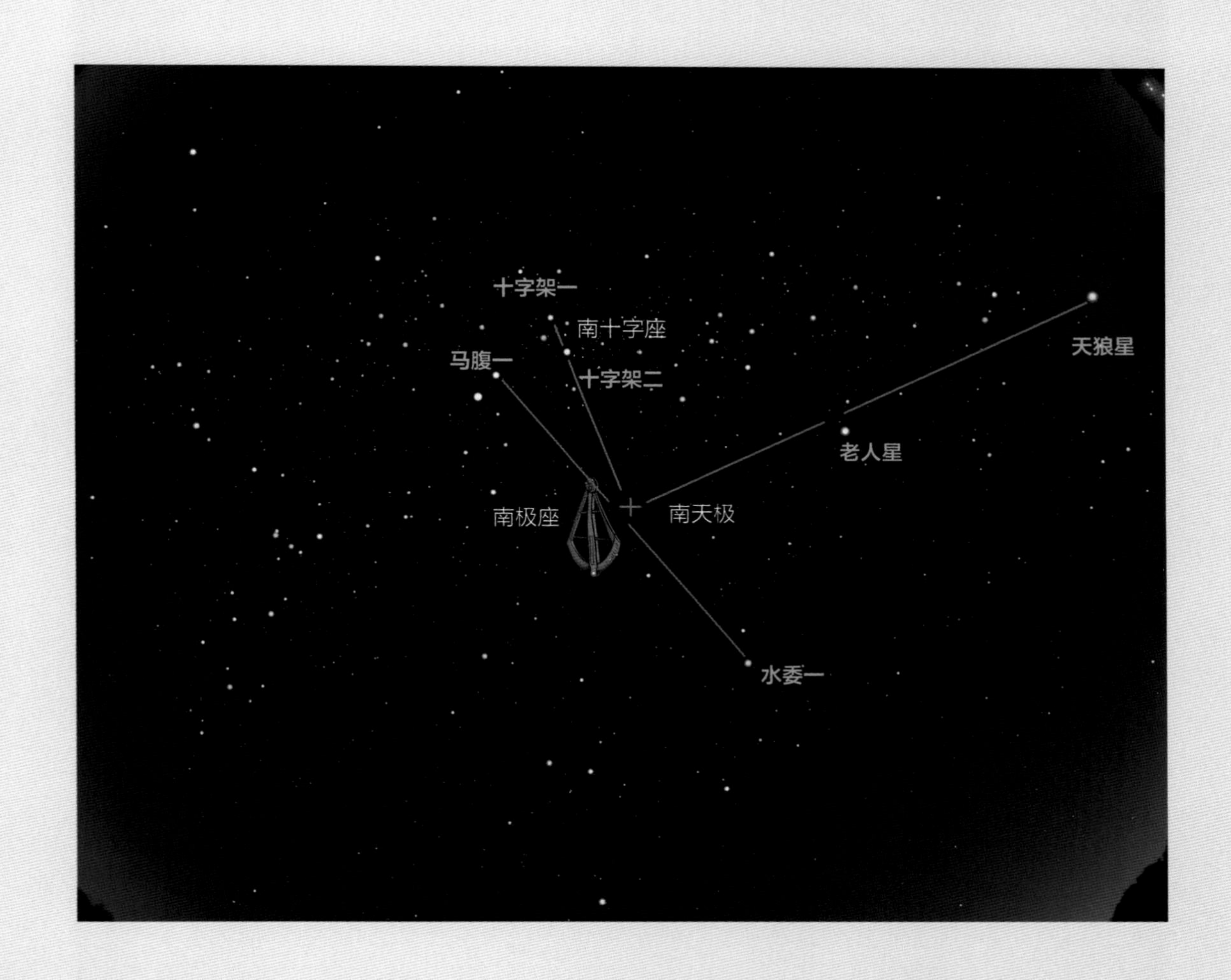


## 天文扩展1

### 没有南极星的南天极

就像北天极位于小熊座一样，南天极位于南极座，因而南极座是一个地位显赫的星座。

小熊座有北极星，可惜南极座的星都很暗，没有能与北极星相媲美的南极星。肉眼能观测到的最靠近南天极的恒星，是一颗5等星，比北极星暗20倍，不足以担当南极星的使命，所以说，天上只有北极星，没有南极星。

因为没有南极星，人们只能根据南极周围的亮星，大致确定南天极的位置：

天狼星和老人星连线向南延长1倍距离；南十字座"十"字形的一竖向南延伸4倍距离；波江座的水委一和半人马座的马腹一连线的中点。

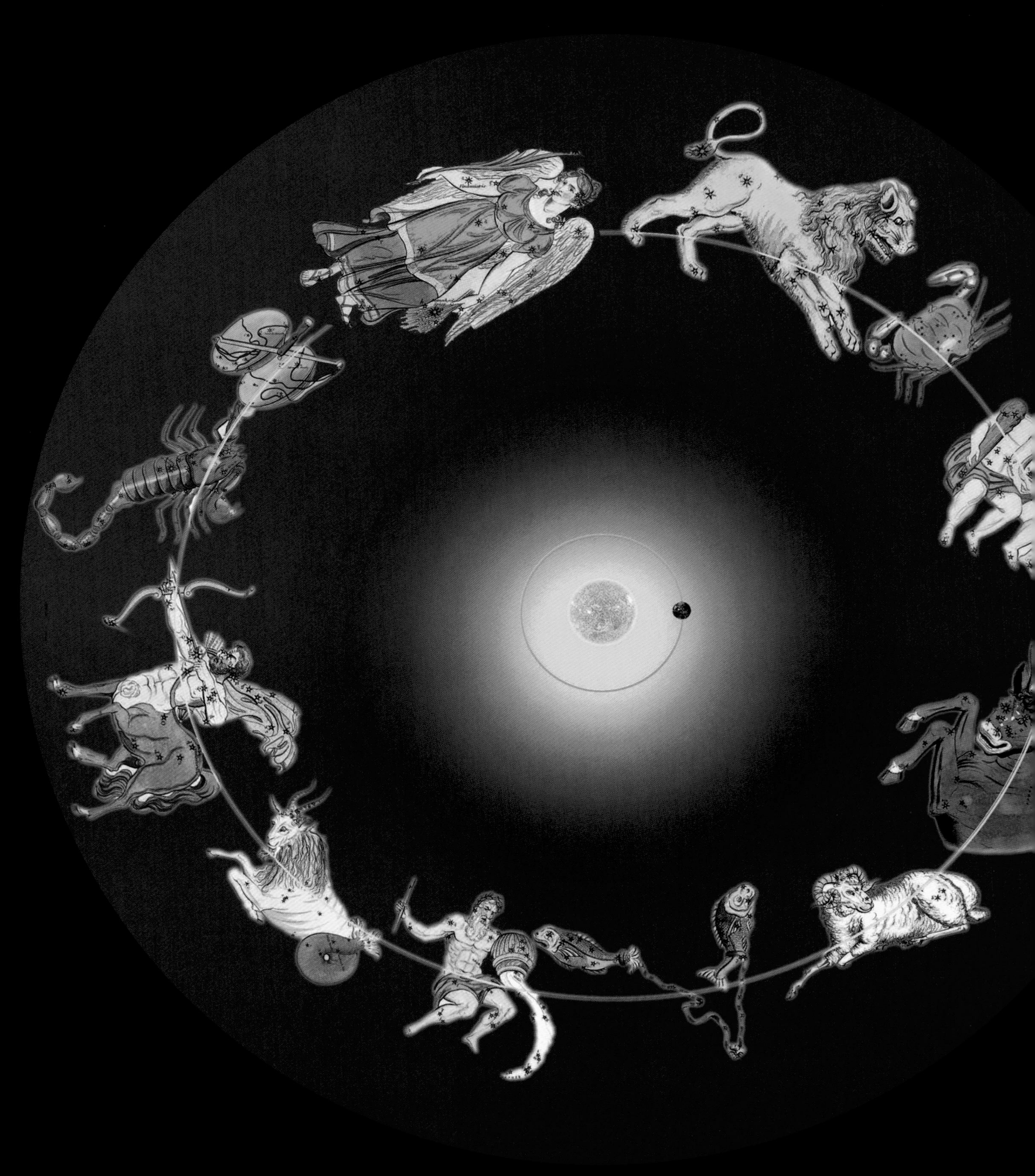

# 第八部分

# 黄道星座漫游

# 黄道十二星座

如果你随机问一个人："天上有多少个星座？"

答案通常是："12 个。"

经过本书的星座漫游，你现在当然知道星座是 88 个。人们之所以认为答案是 12 个，是因为那熟悉的黄道十二星座：

白羊座、金牛座、双子座、巨蟹座、狮子座、室女座、天秤座、天蝎座、人马座、摩羯座、宝瓶座、双鱼座。

其中室女座又称处女座，天秤座又称天平座，人马座又称射手座，宝瓶座又称水瓶座。

这十二星座为什么被称为黄道星座呢？

因为天空中有一条很特殊的轨道——黄道，穿越了这些星座。

## 黄道

所谓黄道，就是从地球看太阳在星空中走的轨道。

很早的古代，人们就发现太阳在星空里缓慢移动，从一个星座穿行到另一个星座。

太阳出来的时候，根本看不到星星，怎么发现它在星空里穿行呢？

可以在黎明和傍晚的时候观察。黎明前，太阳没有升起来的时候，可以看到太阳西边的星星，这些星星比太阳早升起来；傍晚后，太阳刚落下去，太阳东边的星星又出现了。知道了太阳西边和东边的星星，就可以推断出太阳在星空里的准确位置了。

结果古人发现，太阳在星空里的穿行非常有规律，它走了一条几乎完全固定不变的轨道，这就是黄道。

## 黄道上的十二个行宫

在古代所有民族心目中，太阳是神，是至尊至贵的神，万物生长靠太阳，光明和温暖源自于它。

地上的君王长久在外，就要在各地修建行宫，太阳神这么重要，它的轨道上是不是也需要行宫呢？

于是，西方人就把黄道等分为十二份，为太阳神划定了十二个行宫，这就是黄道十二宫，用十二星座的形象来表示。

黄道是星空里的一个大圈，太阳在其上循环往复，本没有起点和终点，可是在天文学家眼里，春分这一天很特别，因为这一天太阳走到了黄道和天赤道的交点处，开始向北半球移动，于是春分就成了黄道的起始点。

从春分开始，黄道十二宫依次是：白羊宫、金牛宫、双子宫、巨蟹宫、狮子宫、室女宫、天秤宫、天蝎宫、人马宫、摩羯宫、宝瓶宫、双鱼宫。

十二宫的形象就是十二星座，这就是黄道十二星座的来历。

## 如何界定你的星座

星座的界定非常简单，你生日那天，太阳运行到哪一宫，你就属于哪个星座。

假如你生日处于黄道两个宫的交界处，怎样准确弄清自己到底属于哪一个星座呢？

其实，黄道十二宫的界定和二十四节气是一样的。二十四节气把黄道均分为 24 份，每一个节气都是黄道上的一个点，而不是一天，它对应着一个准确时刻，查到这些时刻，就可以准确划分黄道十二宫的边界了。

比如，2016 年黄道十二星座范围如下（每年会有一两天的差别）：

春分（ 3 月 20 日 12:30，黄经 0 度）白羊宫起始

谷雨（ 4 月 19 日 23:29，黄经 30 度）金牛宫起始

小满（ 5 月 20 日 22:36，黄经 60 度）双子宫起始

夏至（ 6 月 21 日 06:34，黄经 90 度）巨蟹宫起始

大暑（ 7 月 22 日 17:30，黄经 120 度）狮子宫起始

处暑（ 8 月 23 日 00:38，黄经 150 度）室女宫起始

秋分（ 9 月 22 日 22:21，黄经 180 度）天秤宫起始

霜降（10 月 23 日 07:45，黄经 210 度）天蝎宫起始

小雪（11 月 22 日 05:22，黄经 240 度）人马宫起始

冬至（12 月 21 日 18:44，黄经 270 度）摩羯宫起始

大寒（ 1 月 20 日 05:23，黄经 300 度）水瓶宫起始

雨水（ 2 月 19 日 13:33，黄经 330 度）双鱼宫起始

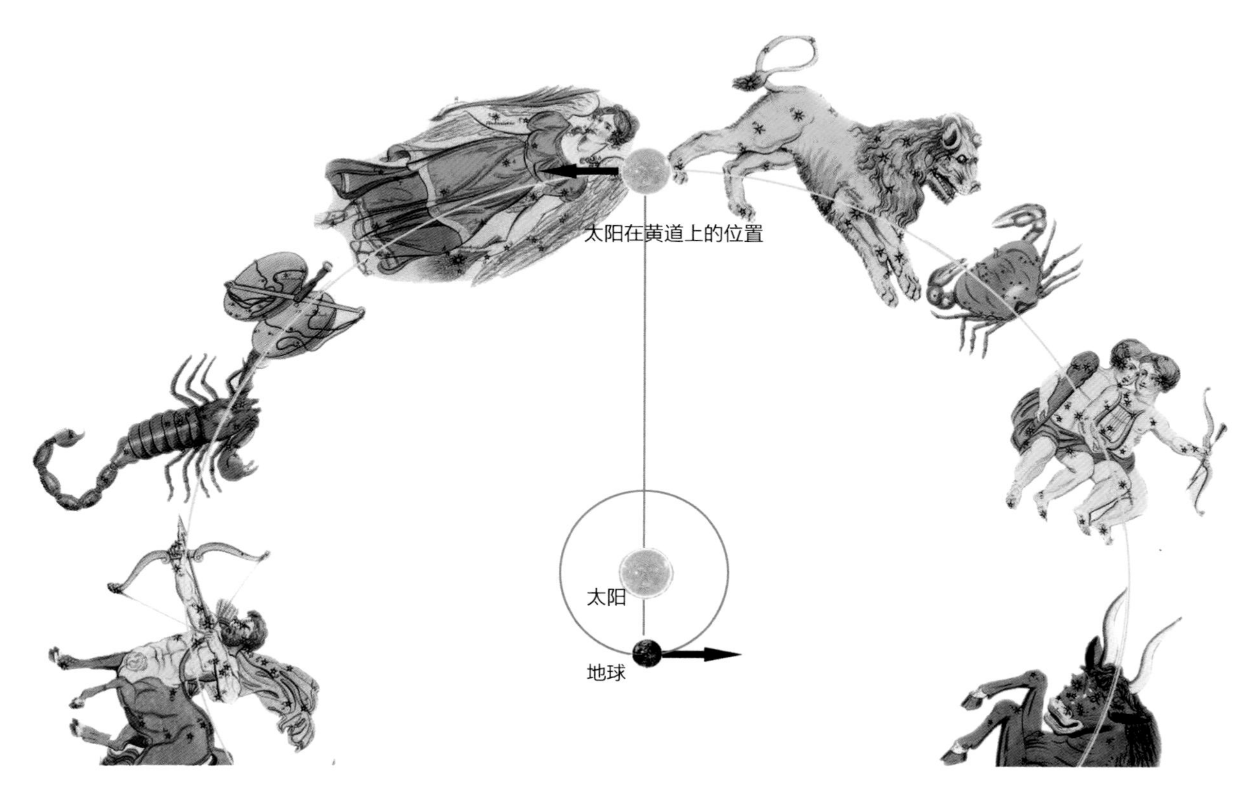

## 太阳为什么会在黄道上移动?

太阳当然没有移动，移动的是地球。地球围绕太阳公转，我们站在地球上看太阳，会感觉到太阳在星空背景前移动，这是一种相对效应。

当地球围绕太阳公转一圈时，从地球上看太阳，太阳也在黄道上围绕地球转动了一圈，无论是运行方向，还是周期，都和地球绕太阳公转完全一样。（图示见前页）

## 你的星座已经偷偷改变了

黄道十二星座的划分是两千多年前的事情，经过两千多年的演变，情况已经大大不同了。

现在，若考察太阳在黄道星座的实际日期，你大致会得到下面这个表：

双鱼座：3 月 13 日 ~ 4 月 19 日

白羊座：4 月 19 日 ~ 5 月 15 日

金牛座：5 月 15 日 ~ 6 月 22 日

双子座：6 月 22 日 ~ 7 月 21 日

巨蟹座：7 月 21 日 ~ 8 月 11 日

狮子座：8 月 11 日 ~ 9 月 17 日

室女座：9 月 17 日 ~ 11 月 1 日

天秤座：11 月 1 日 ~ 11 月 23 日

天蝎座：11 月 23 日 ~ 11 月 30 日

蛇夫座：11 月 30 日 ~ 12 月 18 日

人马座：12 月 18 日 ~ 1 月 20 日

摩羯座：1 月 20 日 ~ 2 月 17 日

宝瓶座：2 月 17 日 ~ 3 月 13 日

如果要按实际天象——太阳与星座的结合才是决定性的因素，你的星座就应该按这个表重新界定了。这样，大多数人的星座都要改变了。

## 地轴旋转的结果

太阳在黄道星座的运行日期为什么会变化呢？

主要是地球自转轴的旋转造成的。

通常我们在描述地球公转的时候，说地球自转轴是不动的，它稳定地指向北极星。但这只是一个近似，地轴其实也在旋转，只是非常缓慢——25800 年旋转一周。

当地轴旋转的时候，春分点会沿着黄道缓慢西退，25800 年退行一周，看起来很抽象，其实你旋转一下就会很清楚。（图示见前页）

每一年，春分点在黄道上向西退一点点，50 角秒，这是一个很小的角度，想一想，1 度有 3600 角秒。

50 角秒很微不足道，但如果积累两千多年，就大约是 30 度了。

也就是说，现在的春分点在黄道上的位置，比两千多年前偏离了大约 30 度，早已从白羊座

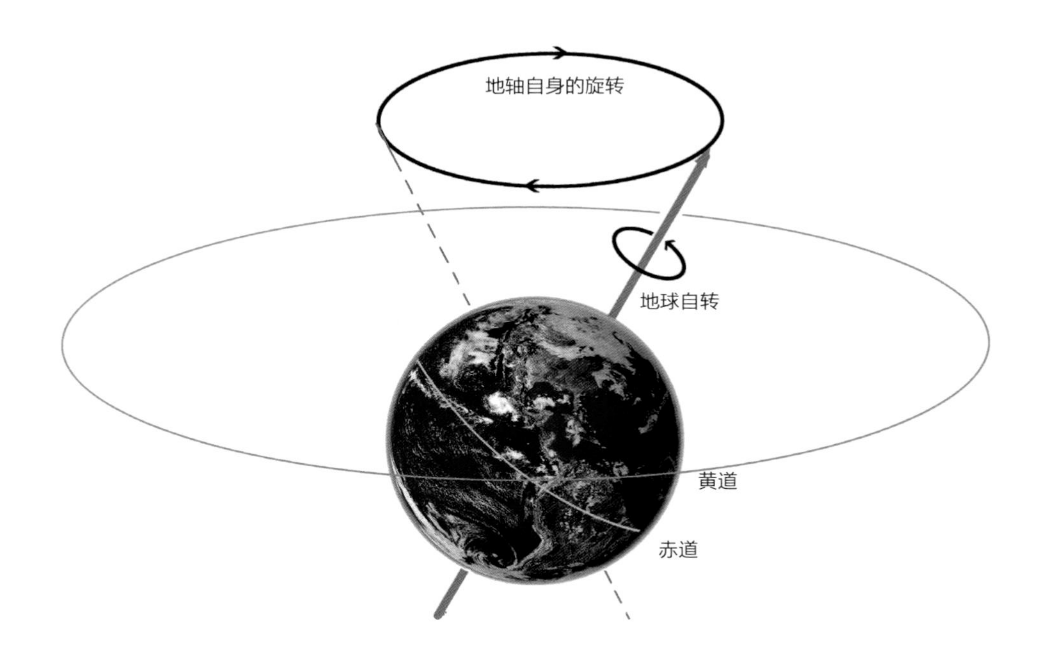


跑到双鱼座了。

这样，现在的春分当天，太阳是在双鱼座运行，你的生日若是在这一天，就应该属于双鱼座。

双鱼座本来是黄道的最后一个星座，现在已经成为第一星座了。有的占星学家把现在的时代称为双鱼时代，原因就在于此。

## 进退两难的占星家

现在的占星家们面临两难的境地。如果坚持传统的黄道十二宫来划分黄道十二星座，依然以春分点为白羊座起始，那就和太阳在星座里的实际运行时间不相符合了。

如果以太阳在黄道星座的实际运行时间为准，又要抛弃坚守两千多年的传统，这对占星家们来说是更困难的事情。

你会为此纠结吗?

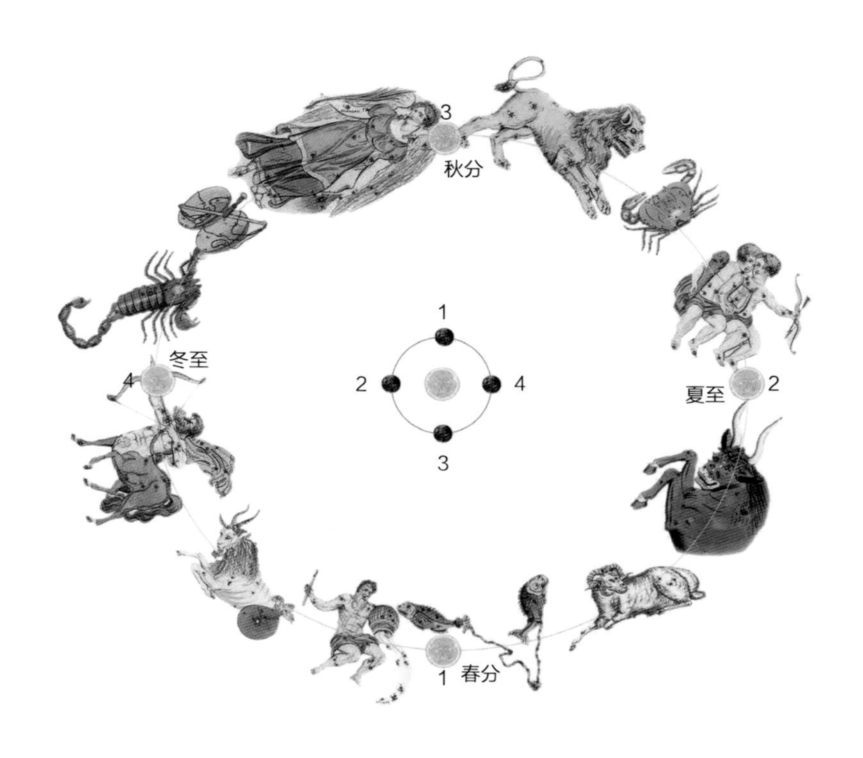


## 什么时候看自己的星座

人们会想，自己生日前后的那段时间，应该最容易欣赏到自己的星座，结果恰恰相反，那是最不容易看到自己星座的时候。

因为你生日的时候，太阳在你的星座运行，你的星座是在白天出现，根本看不到。

要想理解这一点，请看图示：

春分时，地球运行到位置1，从地球上看，太阳位于双鱼座中的位置1。

夏至时，地球运行到位置2，从地球上看，太阳运行到双子座的位置2。

秋分时，地球运行到位置3，从地球上看，太阳运行到室女座的位置3。

冬至时，地球运行到位置4，从地球上看，太阳运行到人马座的位置4。

在你的生日半年之后，才是欣赏你星座的最佳时间。那时候，太阳运行到黄道的另一面，你的星座和太阳相对，太阳从西方落下之时，你的星座从东方升起。具体来说就是：

春季（地球在位置1前后）：

巨蟹座、狮子座、室女座

夏季（地球在位置2前后）：

天秤座、天蝎座、人马座

秋季（地球在位置3前后）：

摩羯座、宝瓶座、双鱼座

冬至（地球在位置4前后）：

白羊座、金牛座、双子座

土星

木星

火星

金星

月球

水星

# 第九部分

# 黄道带上的流浪者

# 五星与七曜

在遥远的古代，人们就注意到夜空里有五颗与众不同的星。同满天恒定不动的恒星相比，这五颗星总是行踪不定，它们就是肉眼可见的五大行星——水星、金星、火星、木星和土星。

五大行星加上太阳和月亮，就是天空最为引人注目的七大天体——七曜。

七曜是古代各民族共同关注的对象。古巴比伦人曾经建造了七星坛祭祀七曜，七星坛分七层，每层一个星神，从上到下依此为日、月、火、水、木、金、土七神，七神轮流主管一天，周而复始，这就是星期的由来：

| 星期日 | 星期一 | 星期二 | 星期三 | 星期四 | 星期五 | 星期六 |
| --- | --- | --- | --- | --- | --- | --- |
| 太阳神 | 月亮神 | 火星神 | 水星神 | 木星神 | 金星神 | 土星神 |

五大行星加上地球，以及肉眼看不见的天王星、海王星，就是围绕太阳运行的八大行星。

八大行星的出没非常有规律，它们都在黄道附近，也就是在黄道星座内运行，这是为什么呢?

因为太阳系的行星具有共面性，即行星差不多是在同一个平面内运行的。地球的公转轨道面叫黄道面，其他行星的公转轨道面和黄道面的夹角很小，这样，从地球上看去，其他行星都在黄道附近徘徊了。

# 顺行和逆行

行星在黄道星座里漫游时，大多数时候相对于星座背景自西向东运行，这叫顺行。有时候行星会掉转头向西退回去，这叫逆行，逆行时行星通常会变得更亮。在顺行和逆行转换时，行星会有一段时间停滞不动，这称为留。

千百年来，人们对天上的星体有一种说不清的崇拜，认为行星的运行会产生出强大的能量，不同的运行方向散发的能量性质也截然不同，顺行大致代表着一种正的能量，逆行则相反。

比如木星，它是行星之王，是众神之王朱庇特，是一颗主宰之星，拥有令人畏惧的伟大力量，它可以影响到人生的方方面面。

木星顺行，你的情绪很容易亢奋，你和情人的关系总是甜甜密密，你的工作会顺风顺水，你的财务状况一路高歌。

木星逆行，你的情绪就容易陷入低落，你和情人之间容易出现误解和争吵，你的工作可能会遇到麻烦，你的财务状况也容易陷入窘境。

又比如水星，水星总在太阳两侧出没，速度之快，远超其他行星，西方天文学家就把它看作罗马神话中的信使之神——墨丘利。

水星的行踪总是反复不定，时而向东顺行，时而调头折返逆行，其逆行机会比其他行星多很多。

水星逆行意味着什么呢?

墨丘利负责信息的传递和交流。如果水星逆行，意味着墨丘利把事情搞糟了，可能是信件丢失了，他又返回去寻找了。因此，水星逆行在占星学中常常意味着文书错误、信息丢失、机械故障、交通麻烦等，占星师通常会建议你不要在此期间做出新的重大决策，因为你可能被“水逆”带来的各种意外搞得心烦意乱，你需要做的是静静地反思。

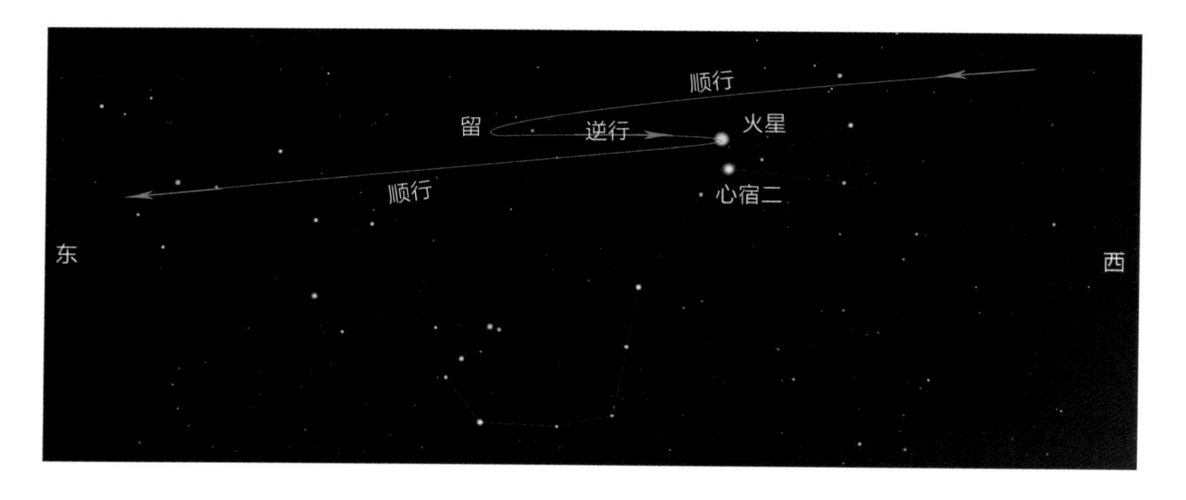


## 荧惑守心的故事

历史上，行星的运行曾经对社会产生了重大影响，甚至改写了人类的历史进程。比如，围绕着“荧惑守心”这个天象，就发了很多故事。

荧惑是火星，它那暗红的颜色，让人联想到血，因此古代中国和西方都把它看成是战争、死亡的象征。

心宿是二十八宿之一，是东方苍龙的心脏，在中国古代占星家眼里，它代表着帝王。

荧惑守心，就是火星停留在心宿附近，尤其是逆行守心，在占星家眼里是大凶的天象，对帝王很不利。

西汉末年的丞相翟方进可没有遇到宋景公这样的明君，那时候的皇帝是刘骜，王莽作为大司马辅政。

公元前 7 年春天，有天文官奏报皇帝，出现了荧惑守心的不吉天象。王莽的亲信李寻赶忙向皇帝进言:“荧惑守心天象的出现，表明丞相翟方进没有尽到责任。以前先皇帝永光元年时，发生了春天禾苗上结霜、夏天降雪、白天伸手不见五指的异象，丞相辞了官，一切才转为正轨。”

于是皇帝诏见翟方进，命他辞职。翟方进惊恐不安地回到家，皇帝的诏书又到了，翟方进受到了严厉指责:

你身为丞相十年，十年灾害连连，人民饥饿，又多疾病死亡……身为丞相对种种灾难怎能心安理得? 如果不显示出忠君的诚意，显尊的名声恐怕难以长保……

翟方进为了保全名声和宗族，当日自杀而死。

然而，导致翟方进自杀身死的荧惑守心天象，实际上并没有发生。根据天文软件推测，天文官员春天向皇帝报荧惑守心天象的时候，火星还在室女座悠然顺行，距离天蝎座的心宿尚远。

根据考证和推演，历代正史中记载的荧惑守心天象共有 23 次，只有 6 次是真实的。

神秘的逆行到底是怎么回事呢? 我们来看看行星的运行规律。

## 内行星的运行规律

水星和金星在地球轨道内部，称为内行星。

内行星的最大特点是，它们总是在太阳两侧出没——要么在太阳的东边，要么在太阳的西边，原因很简单，它们的轨道比地球小，看看下图就很清楚。

内行星绕太阳公转的轨道小，速度快，周期短，水星公转一周只需 88 天，金星需要 225 天。所以，我们可以假定地球不动，内行星以一个较小的速度在轨道上运行，对地球上的观察者来说，内行星将依次经历以下节点：

上合 – 东大距 – 下合 – 西大距 – 上合

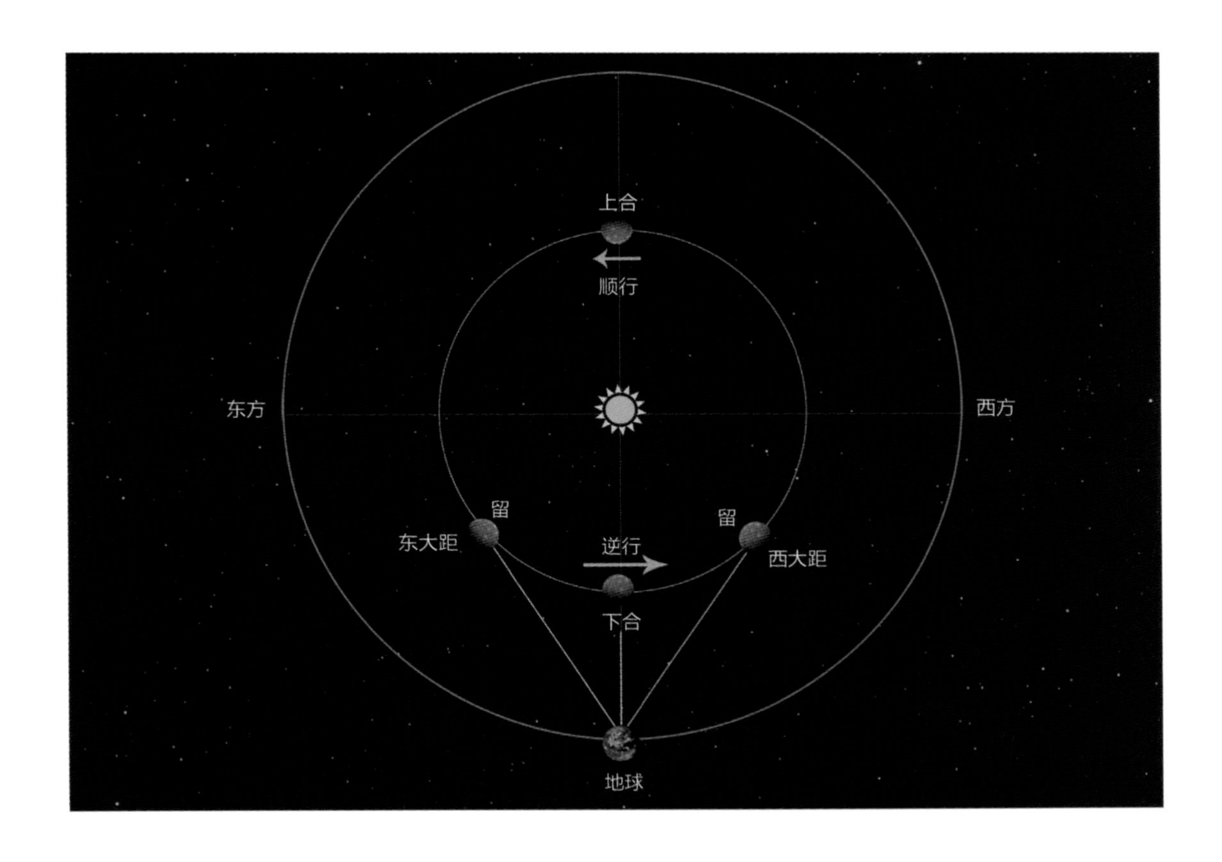

一颗内行星从上合开始，再次回到上合，或者从下合开始，再次回到下合，称为和地球的一个会合周期。

**上合：**

在一个会合周期中，当内行星位于上合时，从地球上看，它和太阳在同一个方向，和太阳一起升落，这时候它是不可见的。

**昏星：**

上合之后，内行星开始出现在太阳的东方。这时候，它会比太阳落得晚，傍晚时分，当太阳向西落下地平线时，内行星出现在西方的天空，成为昏星。

**东大距：**

随着内行星离太阳越来越远，傍晚时分它在西方天空的位置也越来越高，当它和太阳的角距离分开到最大时，称为东大距。

**下合：**

东大距之后，内行星开始靠近太阳，离太阳越来越近，渐渐淹没在太阳的光辉里，这时候叫下合。

**晨星：**

下合之后，内行星跑到了太阳的西边，这时候傍晚就看不见它了。在黎明前，内行星会早于太阳升起，这时候它是晨星。

**西大距：**

随着内行星离太阳越来越远，黎明时分它在东方天空的位置也越来越高，当它和太阳的角距离分开到最大时，就是西大距。

**上合：**

之后，内行星又会再次靠近太阳，渐渐淹没在太阳的光辉里，回到了上合位置，完成了和地球的一次会合周期。

## 内行星的逆行原理

注意观察地内行星出没规律一图，假定地球不动，你很容易看清楚地内行星的顺行与逆行原理：

当内行星远离地球时，即从西大距，经上合，到东大距这一段，内行星是自西向东运行的，这就是顺行。

当内行星靠近地球时，即从东大距到西大距这一段，内行星的运行是自东向西的，这就是逆行。尤其是下合前后，逆行速度最快。

东大距和西大距前后，内行星看起来停留不动，这就是留。

# 外行星的运行规律

地外行星的运行位置有东方照、西方照、冲日等，看到这些名称，现代人会感觉非常陌生，其实它们都非常简单。几千年前的迦勒底人在牧羊的夜晚，星星就是他们世界的一部分，那时他们就开始使用这些名词。在现今依然十分流行的星座占星学里，这些名词也有很高的使用频率，不明白天文学的人常会觉得星象神秘莫测，进而把自己的命运和它们联系在一起。

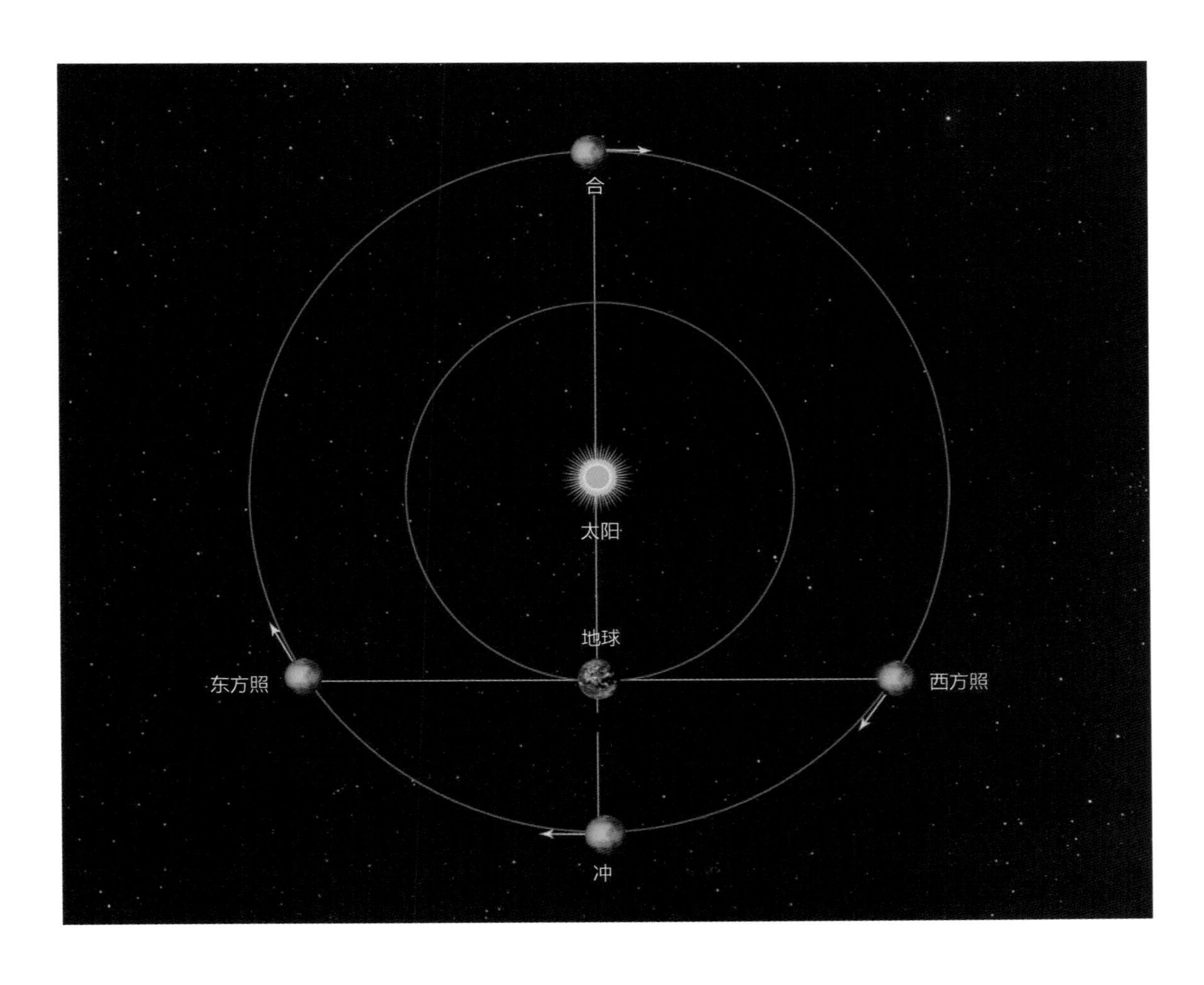

火星、木星、土星、天王星、海王星是外行星，它们的公转轨道大，走得又慢，每过一段时间就会被地球赶上，与地球会合一次。为了便于理解，我们可以假定地球不动，外行星以一个较慢的速度反方向公转。

这样，对地球上的观察者来说，外行星将依次经历以下节点（请结合图示理解）：

合－西方照－冲－东方照－合

合：

当外行星和太阳处于同一个方向时，就是处于合的位置，这时候行星位于太阳后方，淹没在太阳的光芒里，隐没不见。

西方照：

随着时间的推移，外行星与太阳的夹角越来越大，它在黎明前升起得越来越高。当黎明时分外行星升起到天顶时，它与太阳正好呈 90 度夹角，这称为西方照。

冲：

西方照以后，地外行星与太阳的夹角继续拉大，黎明时它位于越来越偏西的天空，最后达到 180 度，它和太阳分别位于地球相对的两侧，这就是外行星冲日。

冲日前后，当傍晚太阳在西方落下时，地外行星便从东方升起，整夜都可以看到，它比平时更加明亮，因为离地球距离更近，是观测的最佳时机。

东方照：

冲日之后，我们转向傍晚来观察地外行星。随着时间的推移，傍晚时分，地外行星在东方天空升得越来越高，渐渐向西移近太阳。当地外行星于傍晚时分位于中天时，它和西方地平线附近的太阳再次呈 90 度夹角，这就是东方照。

合：

接着，外行星隐没在太阳的光芒里，和太阳相合，完成了和地球的一个会合周期。

## 外行星的逆行原理

地外行星走得比地球慢，当地球离它较远时，我们看到的主要是它自身的运动，也就是在黄道星座里自西向东顺行。当地球在自己的轨道上接近并开始超越外行星时，从地球上看，外行星就向西退去了，这就是逆行。这就如同两辆同向行驶的汽车，后面一辆超越前面一辆时，坐在后车的人会看到前辆车在向后退去了。

在古代人看起来无比神秘的逆行，就是这么简单。

地外行星的顺行和逆行原理

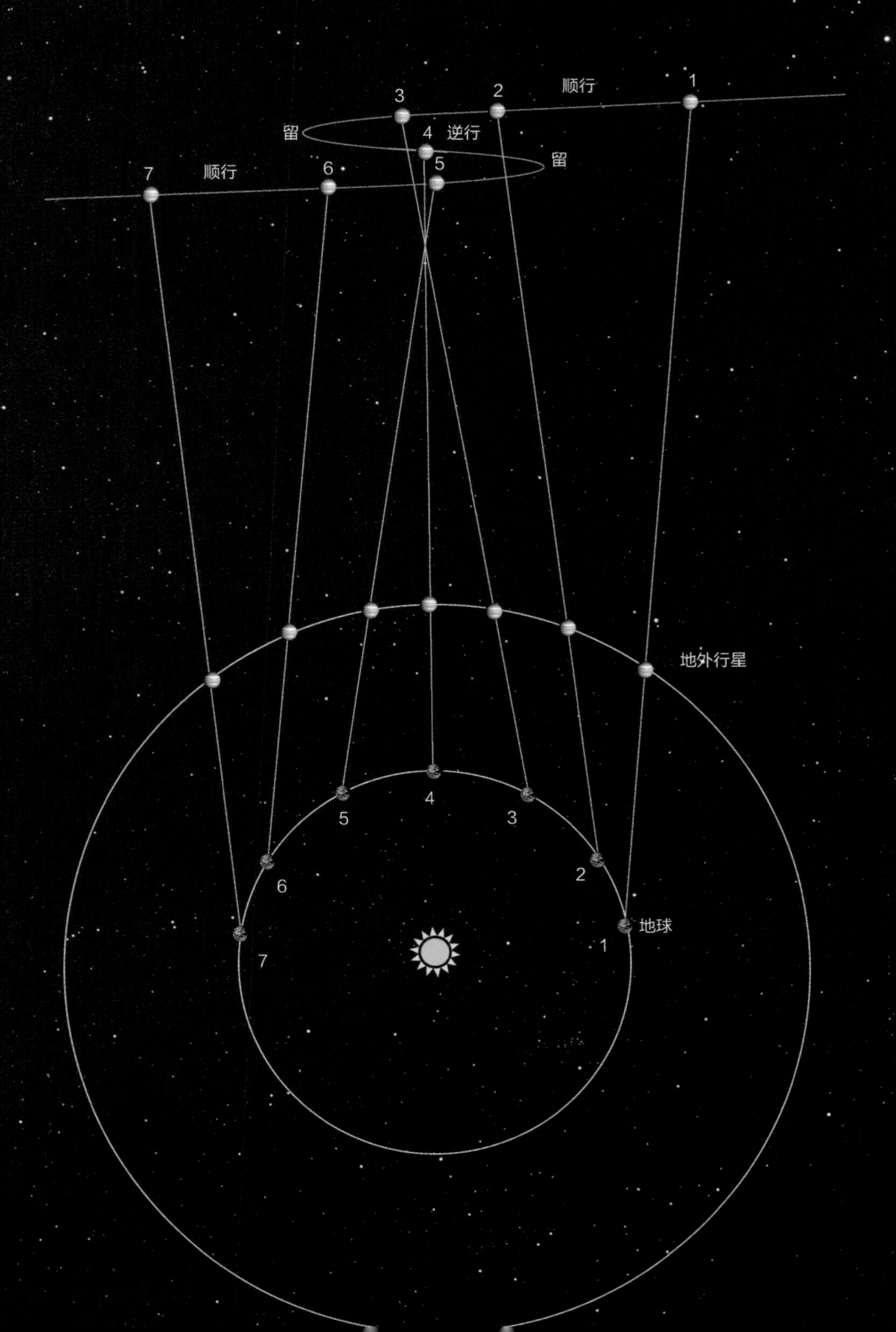

# 如何观测行星

## 如何确定行星？

全天肉眼可见星的数量约是 6000 颗，其中只有五颗是行星，即水星、金星、火星、木星、土星。如何确定行星呢？

### 行星不会眨眼睛

当你看到一颗星星会一闪一闪的，就像在向你眨眼睛一样，这样的星就不是行星，而是恒星，因为行星不会眨眼睛。

恒星因为距离遥远，所以在地球上看来，都是针尖一般大小，近似一个点光源，它射到你眼里的光就像一根极细的直线。恒星的光线穿越大气层的时候，因为大气不是静止的，它里面的气流会不停运动，恒星因为光线太细，很容易受大气抖动的影响，看起来就会一闪一闪的了。

但是行星是太阳系的天体，近得多，从地球上看去，它们会有一个小小的圆面，这样它们射到你眼里的光就是一个圆柱，比恒星光粗得多，不容易受大气抖动的影响，所以不会闪烁。

### 行星只出现在黄道附近

行星都在黄道附近运行，不会出现在远离黄道的地方。黄道在天空的什么位置呢？你大概无法确定，但它是太阳运行的轨道，肯定就在太阳东升西落走的路线附近。而且月亮也在黄道附近运行，这样你就大致可以确定，行星肯定是出现在太阳和月亮经常出现的位置。假如你在北方天空看到一颗星，它肯定不会是行星了。

### 行星是比较亮的

从亮度来说，金星遥遥领先，从 -3.3 等到 -4.4 等，它一出现，就如同一盏明灯，其它的星都会黯然失色。

木星的亮度在大部分时间里排在第二，从 -1.6 等到 -2.9 等，也相当夺目，它在最暗的时候，亮度也超过最亮的恒星——天狼星。

火星的亮度变化幅度较大，最亮时（冲日前后）可达 -2.9 等，多数时候是一颗明亮的 1 等星，只是在靠近太阳时变成 2 等。

土星的亮度在 0 等和 1 等之间徘徊。

水星的亮度变化幅度很大，最亮时比天狼星还亮，最暗时肉眼看不见。当然，水星在大多数时候本身就很难看到。

### 手机星图软件

利用手机星图软件可以很方便地认星，比如虚拟天文馆（Stellarium）、星图等，这些软件都很好用，打开软件，用手机对着某颗星，软件上就会显示出它是哪颗星，以及距离、亮度等很多信息。

## 行星观测要点

### 水星

水星的观测是困难的，因为水星的轨道很小，即便是在东大距或者西大距时，它离开太阳也不会太远，最远也就是 20 多度，所以人们只能在黎明的东方地平线或傍晚的西方地平线附近看到它，它偶一露面，便转身隐去。所以对于水星观测来说，能够用肉眼看到就是巨大成功。

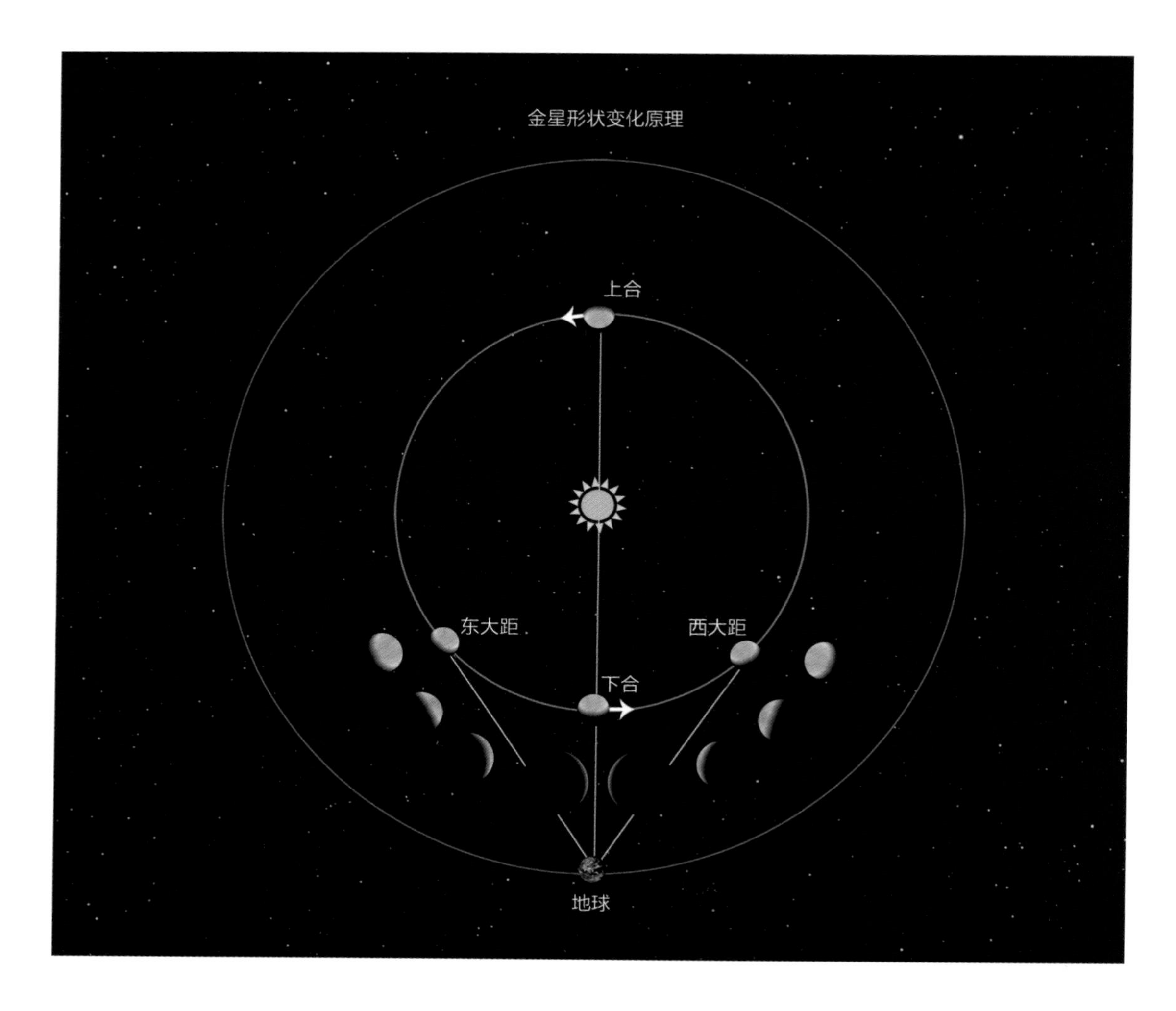


## 金星

金星的轨道比水星大很多，所以它可以离开太阳更远，在东大距和西大距的时候，金星可以远离太阳 40 多度，但也不会离开太远，所以你不可能在深夜看到金星。

在西大距前后，金星于黎明前在东方天空高高升起，预示着黎明即将来临，人们又称它为启明星。在东大距前后，傍晚时分高悬于西方天空，人们又称它为长庚星。

金星观测的第一个要点，就是要在夜空里辨认出这颗最亮的星，认出启明星或者长庚星。

金星观测的第二个要点是，它有时候会呈现月牙形，尤其是下合前后，会出现很细的月牙形，但这需要用望远镜观测，双筒望远镜或者小型望远镜即可。原理如图。

金星因为有着浓密而不透明的大气层，所以望远镜看不到金星表面的细节。

## 火星

火星比较小，想要看清火星表面细节很困难，用一台小型望远镜可以看到火星表面有明暗不同，南北极的白色极冠是重点。

火星冲日前后，距离近而明亮，是观测火星的好时机。未来十年的火星冲日时间是：

2020 年 10 月 13 日。

2022 年 12 月 08 日。

2025 年 01 月 16 日。

2027 年 02 月 19 日。

2029 年 03 月 25 日。

2031 年 05 月 04 日。

## 木星

木星是一颗液态行星，体积巨大，直径 14 万公里，虽然远在 7 亿公里之外，也显得很明亮。

用一台不太大的望远镜就可以看到木星表面的条纹，大红斑。随着木星自转，大红斑会改变位置。

木星的四颗大卫星——木卫一、木卫二、木卫三、木卫四，也很容易看到，它们是木星周围的四个小光点，每一天它们的位置都不一样。

木星当然也是冲日时候最亮，但由于它的距离比火星远很多，冲日时到地球的距离变化相对较小，亮度和平常的差别就不像火星那样明显。

未来 10 年的木星冲日时间：

2020 年 7 月 14 日

2021 年 8 月 20 日

2022 年 9 月 26 日

2023 年 11 月 3 日

2024 年 12 月 7 日

2026 年 1 月 10 日

2027 年 2 月 11 日

2028 年 3 月 12 日

2029 年 4 月 12 日

## 土星

土星环是夜空中最迷人的观测目标，伽利略在 1610 年就用他那小而简陋的望远镜看到了土星环，只是不太清楚。现在随便用一台小望远镜就可以比伽利略看得更清晰。

在不同的年份里，土星环看上去倾斜的程度不一样；因为土星围绕太阳公转的周期是 29 年半，每过大约 15 年，从地球上看，土星环就会消失一次。

## 天王星和海王星

天王星和海王星肉眼不可见，一般需要用电脑自动寻星的望远镜寻找，在普通的望远镜里，它们只是很小的蓝绿色圆斑。

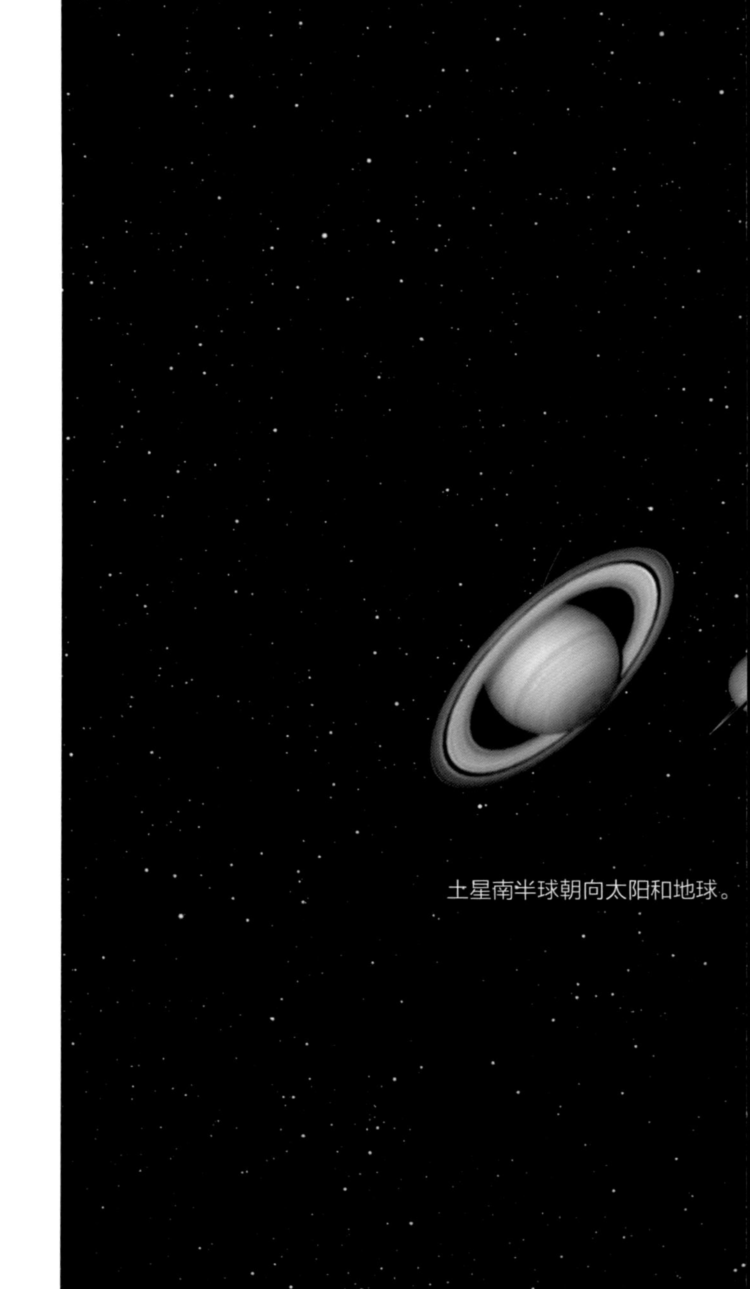

土星南半球朝向太阳和地球。

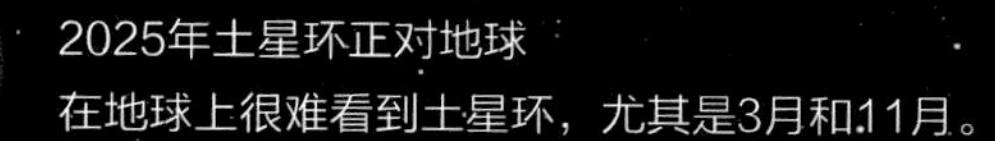

2025年土星环正对地球

在地球上很难看到土星环，尤其是3月和11月。

2025年

太阳

地球

2017年

土星北半球朝向太阳和地球。

2038年

2038年土星环正对地球

地球上很难看到土星环，尤其是2038年10月和2039年3月。

后 记

# 对话星星

二十多年前，我从北京师范大学天文系毕业，来到河南省妇女儿童活动中心天文馆，从事少年儿童天文教育工作。当时在很多人看来，这是一件很不起眼的工作；我却非常高兴，能够把儿时的梦想延续下去，在星辰大海里遨游，岂不是一件很有意思的事情？

遨游神奇的星辰大海需要一本好的指南，我很早就开始筹划写作，2009 年本书初稿已大致完成，然后束之电脑，直到 2019 年时代华文出版社高磊老师邀约，才得以付梓。

我们仰望星空，究竟要仰望什么呢？伽利略有一段话非常好：

不要让任何人以为，阅读天空这本大书，不过是让人看到日月星辰的光辉，这些无论是野兽还是平民百姓，只要有眼睛，都能看得到。天空这本书所显示的奥秘是那样难解，所表达的思想是那样高深，甚至在经过成千上万不停顿的探索之后，成千上万个思想最敏锐的人彻夜苦思，依然不能看透它。

虽然看不透，但探索本身就能得到非凡的回报，正如爱因斯坦说的，很多人因此找到了内心的自由与安宁。

尝试着仰望星空，与星星对话，你会发现，那些缥缈虚无的小星星其实很真实。它就在那里！照耀着你！虽很遥远，却近在咫尺；空间和时间看似不可逾越，却又似乎根本就不存在。这实在是一种独特而美妙的体验。

慢慢地，天空这本大书的思想就会由这些星星字符显露出来。

李德范

2020 年 1 月

## 《星座漫游指南》图片版权说明

第 9，35，42，45，51，57，58（上图），73，74，75，80，84，120，121，132，140，151，175，181，190，197，199，207，209，222，224，229，235，237 页图片，来自 NASA/ESO

P36：M81 M82：Johannes Schedler (Panther Observatory)

P44：刀锋星系 : R Jay Gabany (Blackbird Observatory)

P58 M87 中央黑洞 : Event Horizon Telescope Collaboration

P59 ARP 271: Gemini Observatory, GMOS–South, NSF

P64 NGC3628: Alessandro FalesiediP65 星系里的珍禽异兽馆 : MASIL Imaging Team

P83 天线星系 NGC 4038 和 NGC 4039: Star Shadows Remote Observatory and PROMPT/CTIO

P99 M57: Composite Image Data – Subaru Telescope (NAOJ), Hubble Legacy Archive

P109 NGC 6960: Martin Pugh (Heaven's Mirror Observatory)

P112 M13: Adam Block, Mt. Lemmon SkyCenter, U. Arizona

P131 三裂星云 : Adam Block, Mt. Lemmon SkyCenter, U. Arizona

P138 NGC5128: Tim Carruthers

P154 M31: Robert Gendler

P159 英仙座双星团 : F. Antonucci, M. Angelini, & F. Tagliani, ADARA Astrobrallo

P165 白矮星吸积爆发，图片来自：www.astroart.org

P189 M42: Christoph Kaltseis, CEDIC 2017

P203 M45: David Malin (AAO), ROE, UKS Telescope

P208 脉冲星，图片来自：www.taringa.net

书中的星图图片：

利用星图软件 Stellarium 合成，

合成制作人：李德范